L'européanisation du secteur de l'énergie
dans le contexte de crise de la dette

Collection « Droit international »
Collection fondée et dirigée par Gérard Teboul, professeur à l'université Paris-Est

Au regard du champ disciplinaire qu'elle couvre, la collection « Droit international » présente un caractère transversal : si elle accueille des ouvrages de droit international public ou de droit international privé, elle est ouverte également à des études portant sur des thématiques – nouvelles et de plus en plus nombreuses – se situant au confluent de ces deux disciplines. Par ailleurs, la collection « Droit international » n'entend aucunement privilégier des travaux de nature théorique ou de nature pratique : toute théorie maîtrisée doit reposer sur une connaissance sérieuse de la pratique tandis que toute analyse pratique ne saurait valablement éclairer une problématique juridique sans une compréhension de ses fondements théoriques. Ainsi, la présente collection se propose de contribuer à la connaissance de tous les aspects du droit international, branche du droit qui, au fil des ans, tient une place croissante au sein des disciplines juridiques.

Déjà parus

Hélène Sabalbal, *Le choix du droit applicable dans l'arbitrage d'investissement. Expérience euro-arabe*, 2022.

Bienvenu Okiemy, *La justice pénale internationale au prisme du parcours judiciaire de Jean-Pierre Bemba Gombo*, 2022.

Sinem Yargiç, *La visibilité des femmes au Parlement turc. Ordre juridique international et ordre juridique turc*, 2022

Alexandre Zourabichvili, *La sécurité nationale et le droit international. Tome 2 : La sécurité nationale dans la conduite unilatérale des États*, 2021.

Alexandre Zourabichvili, *La sécurité nationale et le droit international. Tome 1 : La sécurité nationale dans les traités internationaux*, 2021.

Nicolas Eskenazi, *La lutte contre le financement du terrorisme et les dynamiques nouvelles du droit international*, volume 1 et volume 2, 2021.

Suzanne Azizé, *L'organisation de la coopération islamique (OCI)*, 2021.

Nadia Belrhomari, *Génome humain, espèce humaine et droit*, 2013.

Ira LYMPEROPOULOU

L'européanisation du secteur de l'énergie dans le contexte de crise de la dette

Volume I.
Les mutations structurelles :
La création des marchés de l'énergie

Préface de Maryse Deguergue et Théodore Fortsakis

L'Harmattan

5-7, rue de l'École polytechnique, 75005 Paris

www.harmattan.fr

ISBN : 978-2-14-031355-4
EAN : 9782140313554

À mes parents bien aimés,
Chrysiida & *Giorgos*.

Sommaire

Préface

Avec une intuition sans égale, notre regretté collègue et ami Gérard Marcou, disparu trop tôt, avait donné en 2013 le sujet de thèse « L'européanisation du secteur de l'énergie dans le contexte de la crise de la dette » à Ira Lymperopoulou, en étant assuré qu'elle saurait mener à bien une entreprise semée d'embûches. De fait, le présent ouvrage est une version actualisée au mois d'août 2022 de la thèse qui a été soutenue à l'Université Paris 1 Panthéon-Sorbonne le 30 septembre 2020 et qui a obtenu les plus hautes distinctions. Cette thèse est aussi le témoignage d'une longue tradition de coopération entre Athènes et Paris que les deux signataires de cette préface ont eux-mêmes connue pendant leurs études.

« L'européanisation » n'est pas un concept simple et « la crise » en chasse une autre et prépare la suivante. L'Union européenne a poursuivi initialement le développement du marché intérieur de l'énergie, mais, sous la pression des événements, elle s'est rapidement assignée deux nouveaux buts, à savoir atteindre la neutralité climatique en 2050 grâce aux énergies renouvelables et assurer la souveraineté énergétique de l'Europe dans le contexte d'une nouvelle crise, la guerre entre la Russie et l'Ukraine depuis février 2022, prise en compte dans cette version actualisée.

Outre la complexité des termes du sujet, l'auteure a dû surmonter trois séries d'obstacles inhérents au secteur de l'énergie: tout d'abord, l'extrême technicité de la matière, ensuite la volatilité des règles européennes et nationales relatives à ce secteur et enfin le risque d'occulter les idées majeures derrière la froideur des textes applicables. Le lecteur appréciera au fil des pages comment ces obstacles ont été remarquablement surmontés et les qualités pédagogiques déployées par Ira Lymperopoulou avec un souci constant de dégager, sous l'aridité des textes, les valeurs qui sous-tendent cette européanisation et sur lesquelles la guerre actuelle jette une lumière crue: la solidarité entre les Êtas membres de l'Union européenne, la sécurité de l'espace européen et la liberté à la racine de la libéralisation du secteur de l'énergie.

Comme la liberté consiste à faire tout ce qui ne nuit pas à autrui, la libéralisation du secteur de l'énergie appelait nécessairement la régulation de l'État grec, avec l'aide de l'autorité de régulation de l'énergie (RAE), pour éviter les distorsions de concurrence et assurer l'égalité d'accès des citoyens à la ressource vitale que constitue l'énergie. L'auteure montre bien qu'à l'origine, dans le contexte de l'endettement de la Grèce, la régulation a été orientée par l'autoritarisme de la Troïka (la Commission européenne, la Banque Centrale Européenne et le Fonds Monétaire International), qui, par trois memoranda d'accords entre 2010 et 2015 (reproduits opportunément en annexes), a conditionné l'octroi des aides financières à la Grèce à la mise en œuvre de réformes radicales de son secteur énergétique. Les privatisations et la concurrence imposées dans ces conditions auraient pu être mal acceptées et inefficaces. L'auteure aboutit au contraire à la conclusion qu'elles ont été bénéfiques et que les sacrifices n'ont pas été consentis en vain, puisque la Grèce est sortie de la tutelle de la Troïka en 2018.

Le lecteur pressé se tromperait en croyant n'avoir sous les yeux qu'un travail sur l'évolution du système énergétique grec. La thèse, par-delà les mutations structurelles et fonctionnelles du secteur de l'énergie propres à ce pays, qu'elle expose, soulève des questionnements fondamentaux dans l'Europe contemporaine : ceux des limites de la souveraineté des États et de l'acceptabilité de l'autorité par les peuples, enclins à dénoncer « une dictature économique ». C'est donc la démocratie que nous a léguée Athènes qui se profile derrière des développements qui n'ont que l'apparence de la technicité. L'auteure a su mettre en exergue les enjeux de la constitution du marché de l'énergie en Grèce et montrer que sa production, son transport, sa distribution et sa fourniture – les quatre segments ouverts à la concurrence par « cinq paquets énergie » européens successifs – étaient désormais structurés, non plus par une « pyramide », mais par des réseaux, même si une structure de verticalité a pu être maintenue à la marge. C'est dire que tous les lecteurs européens trouveront un intérêt à la découverte de cette thèse et pourront mesurer comment la concurrence et la régulation, les maîtres mots du marché, ont eu raison des opérateurs historiques et de leur monopole, en Grèce comme ailleurs.

Tout au long des développements, on ne peut être qu'admiratif de la maîtrise du sujet traité dans un style élégant et sobre, alors que la langue française n'est pas la langue maternelle de l'auteure. Assurément, la lecture instruit de façon rigoureuse et précise sur les difficultés de la restructuration du secteur de l'énergie en Grèce : par exemple, l'existence de trois modèles de dissociation impliquant la séparation des réseaux électriques et gaziers avec les autres activités énergétiques, ou encore l'interconnexion des îles grecques non raccordées jusqu'ici aux réseaux, sans omettre des mécanismes d'interruptibilité et de flexibilité permettant d'interrompre la demande pour assurer l'équilibre entre cette dernière et l'offre, mécanismes qui peuvent revenir sous les feux de l'actualité à la faveur de la crise actuelle de l'approvisionnement en énergie.

Sont aussi discutés dans une perspective critique, mais toujours mesurée, certains choix qui ont été faits. Car l'auteure a la conviction que la protection des droits des consommateurs et le respect des droits fondamentaux, au premier rang desquels la liberté d'entreprendre et le droit de propriété, constituent « le but ultime du droit de la concurrence », qu'il convient de ne pas perdre de vue. L'humain, et pas uniquement la technique, transparaît donc constamment derrière l'aridité des textes et du contentieux qu'ils ont suscité. Dans cette perspective, les activités énergétiques sont qualifiées par la loi grecque de « services d'utilité commune », ce qui justifie des obligations à la charge des entreprises du secteur, équivalentes aux obligations de service public, qui font du reste l'objet d'une harmonisation européenne.

Ira Lymperopoulou ne se borne pas à disséquer les textes applicables et les différends auxquels ils ont donné lieu. Elle avance un certain nombre de propositions concrètes, comme la combinaison des modèles de gestion pour les activités en réseaux, et, pour les activités hors réseaux, elle formule des critiques nuancées sur la suppression brutale des tarifs réglementés, sans période transitoire, sauf pour les clients vulnérables, même si elle reconnaît qu'elle était nécessaire, ou encore sur « la privatisation discutable » des entreprises énergétiques, considérée comme un « moyen inopportun » pendant la crise économique.

L'ensemble des décisions prises sous la pression des memoranda d'accords révèle une autre toile de fond que celle de la concurrence : la prise en compte de l'impératif environnemental. La nécessité de lutter contre le changement climatique et de prévoir la transition énergétique constitue aussi une obligation d'utilité commune. La Grèce doit en effet fermer ses centrales de lignite d'ici 2023 et développer les énergies renouvelables qui atteignent aujourd'hui 23,5 % de son mix énergétique, ce qui apparaît comme un succès non négligeable, alors que les conditions de leur financement dépendent largement des mécanismes du marché.

Finalement, non seulement les chercheurs et les citoyens curieux de la chose publique, mais également les acteurs économiques des pays de l'Union européenne, trouveront ici des réflexions pertinentes et des arguments sérieux pour comprendre les options passées et asseoir leurs choix futurs. Les citoyens, eux, seront convaincus, à la lecture de ces pages, que la concurrence et la régulation ne peuvent pas être imposées sans considération pour l'intérêt général et la protection des intérêts des plus vulnérables. « La main invisible du marché » a en effet besoin d'être orientée par des décisions européennes et étatiques, favorables, en dernière analyse, à la population des pays concernés.

Par conséquent, « nationalisation, monopolisation, planification » sont davantage les marques d'une période historique, postérieure à la Deuxième Guerre mondiale, que des erreurs, corrigées par la privatisation et la concurrence, et plus généralement par « la réinvention de l'Etat », qui le rend garant du respect de leurs obligations par les opérateurs du secteur de l'énergie. De toute façon, si erreurs il y a eu, un grand auteur grec n'a-t-il pas écrit : « La Grèce est éternelle, elle peut se permettre de commettre des bêtises, elle a du temps devant elle pour les réparer » (Nikos Kazantzakis, Le Christ recrucifié, éd. Plon, 1955, traduction de Pierre Amandry) ?

Maryse Deguergue et Théodore Fortsakis
1er décembre 2022

Note de l'auteure

Écrire une thèse en droit de l'énergie est comme *courir après le vent*. Le secteur de l'énergie est polyvalent, constituant un mélange d'éléments juridiques, techniques, économiques, géopolitiques, sociaux. Il s'agit aussi d'un secteur fortement dynamique, soumis à des évolutions constantes, ce qui rend son actualisation parfois difficile dans le cadre du temps long caractérisant une thèse.

Le présent travail porte sur les années de crise économique en Grèce, plus précisément la période 2010-2018, la dernière date étant celle à laquelle l'application des memoranda d'accord qui avaient été signés entre le pays la *Troïka* ont pris fin. On a conclu de nos recherches que les réformes adoptées dans le marché énergétique grec, tant structurelles que fonctionnelles, ont conduit à une européanisation du secteur de l'énergie, partie intégrante du marché intérieur européen de l'énergie. Ces réformes ont permis de préparer le marché énergétique grec aux évolutions du secteur qui ont survenu et à venir.

Une seconde version de ce travail (celle qui fait l'objet de la présente publication) est actualisée jusqu'au mois d'août 2022 en prenant en considération les évolutions du secteur de l'énergie qui se sont produites à un rythme vertigineux ces dernières années. La reprise de l'activité économique à l'été 2021, après la pandémie du covid-19, puis la guerre russo-ukrainienne qui a débuté en février 2022 ont notamment eu un impact profond sur le secteur. Cette réalité a conduit l'Union européenne, en particulier la Commission européenne, à adopter des instruments visant à accélérer la transition énergétique en vue d'atteindre l'objectif d'une neutralité climatique en 2050, mais aussi de rendre les États membres moins dépendants du gaz russe. Désormais, les buts à atteindre est non seulement le développement du marché intérieur de l'énergie à travers l'utilisation croissante des énergies renouvelables mais aussi la souveraineté énergétique de l'Union européenne.

En effet, à la suite du *Clean Energy Package* adopté fin 2019 qui a reformé le marché intérieur de l'électricité en privilégiant l'emploi des énergies renouvelables, le *Fit for 55 Package* a été adopté en juillet 2021 de manière complémentaire afin de poser des objectifs climatiques intermédiaires à l'horizon 2030. Il prévoit une diminution des gaz à effet de serre à 55 %, une promotion des énergies renouvelables de 40 % dans le mix énergétique et une augmentation de l'efficacité énergétique de 36 %. De plus, en décembre 2021, la Commission européenne a fait la proposition d'un *Hydrogen and Decarbonised Gas Market Package* qui, dans la même lignée que le *Clean Energy Package* pour l'électricité, vise à reformer le marché intérieur du gaz en privilégiant la production de gaz renouvelable et d'hydrogène. Dans le même sens, les *Lignes Directrices* pour les aides d'État en matière de l'énergie adoptées en février 2022 ainsi que le Règlement pour le financement européen des réseaux transeuropéens de l'énergie (TEN-E), adopté en juin 2022, reflètent également les ambitions de la transition énergétique. De plus, dans le contexte de la guerre Ukraine-Russie, la Commission a adopté en mai 2022 le plan *REPowerEU* ayant comme but de promouvoir l'autonomie énergétique de l'Union européenne vis-à-vis de la Russie. En effet, une accélération de la transition vers une énergie propre a été prévue à travers l'augmentation du taux des énergies renouvelables dans le mix énergétique à 45 % d'ici à 2030, la réalisation d'économies d'énergie, le remplacement des combustibles fossiles ainsi que la diversification des approvisionnements de l'énergie.

Enfin, le règlement 2022/1032 visant la sécurité de l'approvisionnement en gaz a posé un objectif de remplissage des infrastructures de stockage de gaz naturel à 80 % d'ici au 1er novembre 2022 et à 90 % à partir du 1er novembre 2023 jusqu'en 2025, ainsi qu'un mécanisme de solidarité pour les pays qui ne disposent pas d'infrastructures de stockage de gaz leur permettant d'avoir accès à celles des pays voisins qui en disposent.

Les actes juridiques européens mentionnés, postérieurs aux memoranda d'accord signés par la Grèce, sortent du cadre temporel du sujet de la thèse. Toutefois, on y fera référence afin de souligner plusieurs points de l'évolution récente du secteur de l'énergie qui nous semblent pertinents. Il convient à cet égard de noter en particulier que la législation européenne et les législations nationales la transposant visent à approfondir le marché intérieur de l'énergie en donnant la priorité au premier segment de la chaîne énergétique, à savoir la source de l'énergie ; qu'il s'agisse de l'électricité renouvelable, du gaz renouvelable ou de l'hydrogène. Le législateur européen souhaite ainsi faire évoluer le mix énergétique des États membres à la lumière de la transition énergétique en posant des taux à atteindre chaque fois plus élevés. Les réseaux doivent évidemment s'adapter face à cette nouvelle réalité, à des sources de production intermittentes ainsi qu'à une augmentation croissante de la demande d'énergie, en devenant plus « intelligents » et interconnectés. Par ailleurs, les dispositions relatives au *Target model*, les interventions étatiques sur les marchés de gros ou de détail, les modèles de l'*unbundling*, l'accès des tiers aux réseaux, ou encore les dérogations aux règles de concurrence pour de nouveaux projets, notamment concernant l'hydrogène et les régions qui restent isolées, sont autant de problématiques qui restent les mêmes dans les paquets successifs de libéralisation analysés dans ce travail.

Les législateurs européen et nationaux disposent d'instruments de régulation concrets qui correspondent à la nature technique du secteur de l'énergie et sont aptes à déverrouiller les marchés énergétiques nationaux en promouvant la concurrence et un approfondissement du marché intérieur. L'ambition de la présente thèse en droit de l'énergie a finalement été de pouvoir *cristalliser* les moyens d'européanisation du marché énergétique national qui se trouve face à une mutation constante tout en devant gérer une dette publique considérable.

Ce travail est composé de deux volumes. Le premier inclut les mutations apportées sur le(s) marché(s) de l'énergie et concerne la chaîne énergétique, électrique comme gazière. Ces (r)évolutions ont visé la modification de la structure des marchés et leur finalité était la création de marchés concurrentiels, européens et internationaux. Ces mutations ont pu ainsi être qualifiées de « structurelles ». Le second volume porte sur la nouvelle régulation des marchés énergétiques. L'accent est mis sur le rôle renouvelé de l'État sur ces marchés ainsi que sur les nouvelles priorités visant à préserver le service public de l'énergie tout en tenant compte des exigences de la transition énergétique. Ces mutations ont alors pu être qualifiées de « fonctionnelles ». Il convient de souligner que les éléments bibliographiques relatifs au premier volume se trouvent exclusivement dans les notes de bas de page de ce volume et une bibliographie complète de ce travail figure à la fin du deuxième volume.

Ira Lymperopoulou
10 août 2022

Remerciements

Arrivant à la fin de cette étude, je voulais exprimer mes remerciements à tous ceux qui m'ont aidée tout au long de ces années.

Je veux d'abord remercier et exprimer ma gratitude à ma famille, mes parents et ma sœur, pour leur soutien incommensurable depuis toujours et le bonheur qu'ils m'offrent. Sans eux, ce travail n'aurait pas pu se réaliser. J'aimerais remercier aussi Rafael pour son accompagnement, ses encouragements et son écoute.

Je tiens ensuite à remercier mes directeurs de thèse avec lesquels j'ai eu la chance de travailler. Je remercie en premier lieu mon ancien directeur, le Professeur Gérard Marcou, un grand pédagogue et universaliste du droit. Sa disparition soudaine, le 24 octobre 2016, à l'issue de son intervention à l'Université du Rosario à Bogota, a été un événement bouleversant. Il reste toujours une source d'inspiration et un modèle à suivre.

Je remercie par ailleurs ma directrice de thèse, Madame la Professeure Maryse Deguergue, de m'avoir fait l'honneur d'accepter de reprendre la direction de mon travail. Je lui exprime ma reconnaissance pour ses conseils, son encouragement, sa confiance, sa patience et sa gentillesse. Je la remercie également de l'opportunité qu'elle m'a donnée de faire partie de son équipe de chargés d'enseignement en droit administratif en licence 2 à l'Université Paris I.

Je souhaite aussi remercier mon codirecteur grec, Monsieur le Professeur Theodore Fortsakis, qui était aussi mon Professeur à la Faculté de droit à Athènes durant ma licence. Je le remercie pour son aide importante pendant plusieurs phases de mes études, pour ses conseils très précieux, son temps, son encouragement et sa confiance.

Je remercie les Professeurs, Madame Claudie Boiteau, Professeure à l'Université Paris-Dauphine, Monsieur Thomas Perroud, Professeur à l'Université Paris II Panthéon-Assas, et Monsieur Laurent Vidal, Maitre de conférences HDR à l'Université Paris I Panthéon-Sorbonne, pour l'attention qu'ils ont porté à mon étude et d'avoir accepté de faire partie de mon jury de soutenance, réalisée le 30 septembre 2020. Je les remercie aussi pour leurs conseils lors de rencontres en 2016.

Je voulais également remercier mes ami(e)s proches pour leur amitié, leur soutien important pendant plusieurs années ainsi que leurs conseils lors des longues journées de travail dans les bibliothèques de Paris.

Je tiens d'autre part à remercier Virginie Lanceron pour sa coopération très précieuse quant à la correction attentive de cette thèse.

Enfin, je remercie certaines juristes pour l'orientation qu'ils m'ont donnée dans mes recherches, notamment le Professeur Nikolas Farantouris (Professor in Energy Law, Piraeus University) et Charis Synodinos (consultant juridique de DEI), pour leur disponibilité et les échanges enrichissants que nous avons eus. Je remercie aussi Chara Vlachou (Lecturer in Energy Law, Cyprus University) pour ses conseils ponctuels.

Ira Lymperopoulou
30 septembre 2020

Résumé

Un nouveau *market design* a été conçu pour le marché énergétique grec durant la crise économique qui a touché le pays entre 2010 et 2018. La Grèce a signé avec la *Troïka* des memoranda d'accord conditionnant l'octroi de prêts d'argent à la mise en œuvre de réformes majeures de son secteur énergétique. Il en est résulté, d'une part, une restructuration du marché énergétique grec à travers la mise en œuvre de divers instruments afin d'y consolider la concurrence et, d'autre part, une métamorphose du rôle de l'État grec sur ce marché. La présente étude analyse dans quelle mesure les réformes ainsi adoptées, en application des memoranda et des règles européennes, ont permis la transition d'un marché fermé à la concurrence, à un marché concurrentiel européanisé, faisant partie intégrante du marché intérieur de l'énergie.

A propos de l'auteure : *Docteure en droit de l'énergie (Université de la Sorbonne), titulaire d'un LLM en droit européen (Collège d'Europe), d'un Master en droit public (Université de la Sorbonne) ainsi que d'une Licence en droit (Université Nationale et Capodistrienne d'Athènes), l'auteure a occupé un poste d'expert à la Commission Européenne (DG Energy, CINEA), a été chargée d'enseignements à l'Université de la Sorbonne et travaillé dans des cabinets d'avocats.*

Mots clés

Aides d'état, bourses d'énergie, clients éligibles, consommateurs vulnérables, crise économique, dette publique, dissociation juridique et fonctionnelle, dissociation patrimoniale, énergies renouvelables, îles non interconnectées, infrastructures énergétiques transeuropéennes, marché émergent, marché intérieur de l'énergie, memoranda d'accord, *Modèle Cible Européen*, monopole, privatisation, régulateur de l'énergie, réseaux d'électricité, réseaux de gaz naturel, tarification, transition énergétique, obligations de service public.

Summary

A new market design was developed for the Greek energy market during the economic crisis that affected the country between 2010 and 2018. Greece has signed memoranda of understanding with the *Troika* that made the granting of loans conditional on the implementation of major reforms in its energy sector. This has resulted, on the one hand, in a restructuring of the Greek energy market through the implementation of various instruments in order to strengthen competition and, on the other hand, in a metamorphosis of the role of the Greek state in this market. This study analyses to what extent the reforms thereby adopted, in application of the memoranda and European rules, have allowed the transition from a market closed to competition, to a Europeanized competitive market, forming an integral part of the internal energy market.

About the author: *Doctor in energy law (Sorbonne University), holder of an LLM in European law (College of Europe), a Master's degree in Public law (Sorbonne University) as well as a Bachelor's degree in law (National Capodistrian University of Athens), the author held an expert position at the European Commission (DG Energy, CINEA), was a lecturer at the University of the Sorbonne and worked in law firms.*

Keywords

Economic crisis, electricity network, eligible clients, emerging market, energy exchanges, energy regulator, energy transition, *European Target Model*, internal energy market, legal and functional unbundling, memorandums of understanding, monopoly, natural gas network, non-interconnected islands, ownership unbundling, privatization, pricing, public debt, public service obligations, renewable energy, state aide, trans-European energy infrastructure, vulnerable consumers.

Table des abréviations françaises

Revues

AJDA	Actualité Juridique du Droit Administratif
BJCP	Bulletin Juridique des Contrats Publics
CJEG	Cahiers Juridiques de l'Électricité et du Gaz
CMLR	Common Market Law Review
DA	Droit Administratif, Éditions du Juris-Classeur
ECL	European Company Law
E.C.L.R.	European Competition Law Review
E.L.Rev.	European Law Review
ENLR	European Networks Law & Regulation (Quarterly)
EREM	European Review of Energy Markets
Eur. Pub. L.	European Public Law
I.L.J.	Industrial Law Journal
JBES	Journal of Business & Economic Studies
JCP E	La Semaine Juridique - Entreprise et affaires
J.I.B.L.R.	Journal of International Banking Law and Regulation
PULIM	Presses Universitaires de Limoges
RDUE	Revue du Droit de l'Union Européenne
REF	Revue d'Économie Financière
RFDA	Revue Française de Droit Administratif
RIDE	Revue Internationale de Droit Économique
RJEP/CJEG	Revue Juridique de l'Entreprise Publique/Cahiers Juridiques de l'Électricité et du Gaz
RJEP	Revue Juridique de l'Économie Publique
RMCUE	Revue du Marché Commun et de l'Union Européenne (devenue Revue de l'Union européenne/RUE)
RMDP	Revue Méditerranéenne de Droit Public

RTDCom	Revue Trimestrielle de Droit Commercial
RTDE	Revue Trimestrielle de Droit Européen
RUE	Revue de l'Union Européenne

Institutionnelles

ACRE	Agence de Coopération des Régulateurs de l'Energie (Agency for the Cooperation of Energy Regulators /ACER)
ADR	Autorité de Régulation
ARENH	Accès Régulé à l'Electricité Nucléaire Historique
BCE	Banque Centrale Européenne
CC	Conseil Constitutionnel
CE	Conseil d'État
CEDH	Convention Européenne des Droits de l'Homme
CJUE	Cour de Justice de l'Union Européenne
CRE	Commission de Régulation de l'Énergie
EDF	Électricité de France
FESF	Fonds Européen de Stabilité Financière (European Financial Stability Facility/EFSF)
FMI	Fonds Monétaire International (International Monetary Fund/IMF)
GDF	Gaz de France
GNL	Gaz Naturel Liquéfié (Liquified Natural Gas/LNG)
GRD	Gestionnaire de Réseau de Distribution
GRT	Gestionnaire de Réseau de Transport
ISO	Independant System Operator/Gestionnaire de Réseau Indépendant
ITO	Independant Transmission Operator/Gestionnaire de Réseau de Transport Indépendant
JO	Journal Officiel
MES	Mécanisme Européen de Stabilité (European Stability Mechanism)
MESF :	Mécanisme Européen de Stabilité (ou Stabilisation) Financière (European Financial Stability (or Stabilisation) Mechanism/EFSM)
NEMO	Nominated Electricity Market Operator
NOME	Nouvelle Organisation du Marché de l'Électricité
OSP	Obligations de Service Public (Public Service

	Obligations/PSO)
pg	page
pt	point (référence à la jurisprudence/législation)
REGRT-E	Réseau Européen des Gestionnaires de Réseau de Transport pour l'Électricité (European Network of Transmission System Operators for Electricity/ENTSO-E)
REGRT-G	Réseau Européen des Gestionnaires de Réseau de Transport pour le Gaz (European Network of Transmission System Operators for Gas/ENTSO-G)
SER	Sources d'Énergies Renouvelables
SIEGs	Services d'Intérêt Économique Général
SIGs	Services d'Intérêt Général
SSIGs	Services Sociaux d'Intérêt Général
TARTAM	Tarif Réglementé Transitoire d'Ajustement du Marché
TCE	Traité instituant la Communauté Européenne
TFUE	Traite sur le Fonctionnement de l'Union Européenne
TRV	Tarifs Réglementés de Vente
TPA	Third Party Access
TPI	Tribunal de Première Instance
TUE	Traité sur l'Union européenne
TURPE	Tarif d'Utilisation des Réseaux Publics d'Électricité
UE	Union Européenne
UEM	Union Économique et Monétaire

Table des abréviations grecques

Revues

DA	Droits de l'homme (Δικαιώματα του Ανθρώπου/ΔτΑ)
DDni	Justice administrative (Διοικητική Δικαιοσύνη/ΔΔνη)
DEE	Droit des entreprises et des sociétés (Δίκαιο Επιχειρήσεων και Εταιρειών/ΔΕΕ)
DiDik	Procédure administrative (Διοικητική Δίκη/ΔιΔικ)
E&D	Énergie & droit (Ενέργεια & Δίκαιο)
EDDDD	Revue de droit public et de droit administratif (Επιθεώρηση Δημοσίου Δικαίου και Διοικητικού Δικαίου/ΕΔΔΔΔ)
EDKA	Revue de la sécurité sociale (Επιθεώρηση Δικαίου Κοινωνικής Ασφάλισης/Ε.Δ.Κ.Α.)
EDni	Justice hellénique (Ελληνική Δικαιοσύνη/ΕλλΔνη)
EfarmogesDD	Applications de droit public (Εφαρμογές Δημοσίου Δικαίου/ΕφαρμογέςΔΔ)
EfDD	Journal de droit administratif (Εφημερίδα Διοικητικού Δικαίου/ΕφΔΔ)
EurPol	Revue quadrimestrielle de droit, politique et économie de l'Union Européenne (Ευρωπαίων Πολιτεία - Τετραμηνιαία Επιθεώρηση Δικαίου, Πολιτικής & Οικονομίας της Ευρωπαϊκής Ένωσης/ΕυρΠολ)
PeirN	Pireus jurisprudence (Πειραϊκή Νομολογία/ΠειρΝ)
PerDik	Revue du droit de l'environnement (Περιβάλλον & Δίκαιο/ΠερΔικ)
RHellDE	Revue hellénique de droit européen (Ελληνική

	Επιθεώρηση Ευρωπαϊκού Δικαίου/ΕΕΕυρΔ)
Syn	Le plaidoyer (Συνήγορος/Συν)
ThPDD	Théorie et pratique du droit administratif (Θεωρία & Πράξη Διοικητικού Δικαίου/ΘΠΔΔ)
ToS	La Constitution (Το Σύνταγμα/ΤοΣ)

Institutionnelles

Électricité

ADMIE	Gestionnaire indépendant du réseau de transport d'électricité (Independant Power Transmission Operator for Electricity/IPTO, « *Ανεξάρτητος Διαχειριστής Μεταφοράς Ηλεκτρικής Ενέργειας/ΑΔΜΗΕ* »)
DAPEEP	Gestionnaire des énergies renouvelables et des garanties d'origine (« *Διαχειριστής ΑΠΕ & Εγγυήσεων Προέλευσης/ΔΑΠΕΕΠ* »)
DEDDIE	Gestionnaire du réseau de distribution d'électricité (Hellenic Electricity Distribution Network Operator/ l'abréviation HEDNO est parfois utilisée, « *Διαχειριστής Ελληνικού Δικτύου Διανομής Ηλεκτρικής Ενέργειας/ΔΕΔΔΗΕ* »)
DEI	Opérateur historique pour l'électricité (Public Power Corporation/PPC, « *Δημόσια Επιχείρηση Ηλεκτρισμού/ΔΕΗ* »)
DES ADMIE	Entreprise publique des corporations ADMIE Société Anonyme (« *Δημόσια Εταιρεία Συμμετοχών ΑΔΜΗΕ Ανώνυμη Εταιρεία/ΔΕΣ ΑΔΜΗΕ ΑΕ* »)
EDDIE	Réseau de distribution d'électricité (Hellenic Electricity Distribution Network, « *Ελληνικό Δίκτυο Διανομής Ηλεκτρικής Ενέργειας/ΕΔΔΗΕ* »)
ESMIE	Système/Réseau national de transport d'électricité (Hellenic Electricity Transmission System/Network, « *Ελληνικό Σύστημα Μεταφοράς Ηλεκτρικής Ενέργειας/ΕΣΜΗΕ* »)
HCMC	Hellenic Capital Market Commission (« *Επιτροπή Κεφαλαιαγοράς/ Ε.Κ.* »)
HEnEx S.A. (ou EnEx)	Bourse d'échanges de l'énergie (Hellenic Energy Exchange S.A., « *Ελληνικό Χρηματιστήριο Ενέργειας/ΕΧΕ* »)

INI	Iles non interconnectées (« *Μη Διασυνδεδεμένα Νησιά/ΜΔΝ* »)
LAGIE	(ex) Operateur pour l'achat en gros d'électricité (Operator of Electricity Market, « *Λειτουργος Αγορας Ηλεκτρικής Ενέργειας /ΛΑΓΗΕ* ») (devenu « Gestionnaire des énergies renouvelables et des garanties d'origine/DAPEEP », « *Διαχειριστής ΑΠΕ & Εγγυήσεων Προέλευσης/ΔΑΠΕΕΠ* »)
	Gaz naturel
ASFA	Système indépendant du gaz naturel (« *Ανεξάρτητο Σύστημα Φυσικού Αερίου/ΑΣΦΑ* »)
DEDA	Gestionnaire du réseau de distribution de gaz naturel pour les régions qui ne sont pas incluses dans EDA Attiki, EDA Thessalonique, EDA Théssalie (Public Company for the distribution of natural gas, « *Δημόσια Επιχείρηση Δικτύων Διανομής Αερίου/ΔΕΔΑ* »)
DEPA	Opérateur historique pour le gaz naturel (Public Enterprise for Natural Gas/Public Gas Corporation of Greece, « *Δημόσια Επιχείρηση Αερίου/ΔΕΠΑ* »)
DESFA	Gestionnaire du system national de gaz naturel (Hellenic Gas Transmission System Operator, « *Διαχειριστής Εθνικού Συστήματος Φυσικού Αερίου/ΔΕΣΦΑ* »)
EAFA	Marché unifié du gaz naturel » (« *Ενιαία Αγορά Φυσικού Αερίου/ ΕΑΦΑ* »)
EDA	Gestionnaire du réseau de distribution de gaz naturel (Gas Distribution Compagnies, « *Εταιρείες Διανομής Αερίου/ΕΔΑ* »)
EDA Attiki	Gestionnaire du réseau de distribution de gaz naturel pour la région d'Attiki (Gas Distribution Company for Attiki, « *Εταιρεία Διανομής Αερίου Αττικής/ΕΔΑ Αττικής* »)
EDA Théssalie	Gestionnaire du réseau de distribution de gaz naturel pour la région de Thessalie (Gas Distribution Company for Thessalia, « *Εταιρεία Διανομής Αερίου Θεσσαλίας/ΕΔΑ Θεσσαλίας* »)
EDA Théssalonique	Gestionnaire du réseau de distribution de gaz naturel pour la région de Théssalonique (Gas Distribution Company for Théssaloniki, « *Εταιρεία Διανομής Αερίου Θεσσαλονίκης/ΕΔΑ Θεσσαλονίκης*

	»)
EPA	Entreprise de fourniture de gaz naturel (Natural Gas Supply Company, « *Εταιρεία Παροχής Αερίου /ΕΠΑ* »)
EPA Attiki	Entreprise de fourniture de gaz naturel pour la région d'Attiki (Natural Gas Supply Company for Attiki, « *Εταιρεία Παροχής Αερίου Αττικής /ΕΠΑ Αττικής* »)
EPA Théssalie	Entreprise de fourniture de gaz naturel pour la région de Théssalie (Natural Gas Supply Company for Thessalia, « *Εταιρεία Παροχής Αερίου Θεσσαλίας /ΕΠΑ Θεσσαλίας* »)
EPA Théssalonique	Entreprise de fourniture de gaz naturel pour la région de Théssalonique (Natural Gas Supply Company for Thessaloniki, « *Εταιρεία Παροχής Αερίου Θεσσαλονίκης /ΕΠΑ Θεσσαλονίκης* »)
ESFA	Système national de gaz naturel (National Natural Gas System, « *Εθνικό Σύστημα Φυσικού Αερίου/ ΕΣΦΑ* »)
HHRM S.A.	Entreprise hellénique de la gestion des hydrocarbures (Hellenic Hydrocarbon Resources Management S.A. /HHRM S.A., « *Ελληνική Διαχειριστική Εταιρεία Υδρογονανθράκων/ΕΔΕΥ* »)
SOCAR	State Oil Compagny of the Azerbaijan Republic
TAP	Trans Adriatic Pipeline AG

Electricité/Gaz naturel

H.C.A.P.	Société grecque des participations et du patrimoine S.A. (Hellenic Corporation of Assets and Participations/H.C.A.P., « *Ελληνική Εταιρεία Συμμετοχών και Περιουσίας Α.Ε./ ΕΕΣΥΠ* »)
HRADF	Fonds d'exploitation de la propriété privée du secteur public (Hellenic Republic Asset Development Fund/HRADF, « *Ταμείο Αξιοποίησης Ιδιωτικής Περιουσίας του Δημοσίου/ ΤΑΙΠΕΔ* »)
RAE	Autorité de régulation pour l'énergie (Regulatory Authority for Energy/RAE, « *Ρυθμιστική Αρχή Ενέργειας / ΡΑΕ* »)

Introduction

> « *Τα δάνεια δούλους τους ελεύθερους ποιεί* »
> « *Les prêts font des esclaves des personnes libres* »
> (Ménandre, IVe siècle av. J.C.)

1. En 2009, la zone euro a connu une crise économique sans précédent. La stabilité de la monnaie commune ainsi que la solidarité économique et politique entre les États membres de la zone euro et de l'Union européenne a été mise à l'épreuve. La Grèce a occupé une place centrale dans ce « drame européen » (une tragédie grecque pour certains commentateurs). Le pays a effectivement éprouvé de grandes difficultés, durant une longue période, pour équilibrer son budget et a dû gérer une récession économique majeure. De nouveaux mécanismes ont alors été mis en place dans la zone euro visant au sauvetage des pays en difficulté à travers des programmes d'ajustement économique. Connus sous le nom de memoranda d'accord, ceux-ci ont conditionné l'octroi d'aides financières à des pays en contrepartie du remboursement des prêts, d'un ajustement budgétaire et de la mise en œuvre de réformes dans plusieurs secteurs.

2. La Grèce a signé trois memoranda d'accord avec la *Troïka*, terme qui désigne la coopération institutionnalisée entre des représentants de la Banque Centrale Européenne (BCE), de la Commission européenne et du Fonds Monétaire International (FMI)[1]. Cependant, les mesures adoptées dans le pays conformément à ces accords ont été perçues comme draconiennes par les Grecs et conduisant à une perte de souveraineté de l'État. Ces accords ont

---

[1] Le terme *Troïka* provient du vocable russe « тройка » qui signifiait à l'origine un traîneau tiré par trois chevaux. Aujourd'hui, il fait plus largement référence à une alliance de trois personnes prestigieuses qui s'unissent pour diriger sur un plan d'égalité. Dans ce travail, on ne se réfère pas à la *Troïka communautaire* qui désigne l'institution des trois présidents de la présidence tournante du Conseil de l'Union européenne (présidence en exercice, précédente et successive). BABINIOTIS G., *Dictionnaire de la langue grecque moderne*, Athènes, Centre Lexikologias, 1998, pg. 1819. Voir aussi : « Troïka communautaire », *in* DE LA FUENTE F. (dir.), *Dictionnaire juridique de l'Union européenne*, Bruxelles, Bruylant, 1998, pg. 559-560, pg. 559.

notamment prévu la prise de mesures dans le domaine de l'énergie, un secteur vital pour l'économie et la société, et qui a été libéralisé au niveau européen. Ainsi, outre sa législation nationale, les directives et règlements européens, la Grèce a dû appliquer les règles imposées par ces memoranda d'accord. Le marché énergétique grec a ainsi connu une mutation profonde durant la crise économique. Aussi est-il particulièrement intéressant d'étudier en détail les évolutions de ce secteur caractérisé par des enjeux plurivalents qui s'entrecroisent : économiques, concurrentiels, sociaux, environnementaux, techniques et géostratégiques.

3. Dans les pages qui suivent, il s'agira de présenter, dans un premier temps, les raisons et le cadre de la crise économique en Grèce **(I)** ; une analyse préalable nécessaire à la contextualisation des questions qui seront examinées de manière approfondie tout au long de ce travail. Dans un deuxième temps, sera analysé et précisé l'objet de la recherche en insistant sur les mesures prises dans le domaine de l'énergie durant la crise économique en application des memoranda d'accord **(II)**. Enfin, le plan de l'étude retenu sera exposé **(III)**.

I.
Le cadre du déclenchement de la crise économique en Grèce

4. Afin de mieux comprendre la crise économique grecque apparue en 2009, il est tout d'abord pertinent de la contextualiser en présentant le cadre dans lequel elle s'est déclenchée. La crise économique en Grèce est une crise de la dette publique. La notion de « crise » vient du terme grec *κρίσις* qui signifie « *situation troublée qui, en raison de sa gravité, justifie des mesures d'exception* »[2]. La « dette » peut se définir quant à elle comme « *le rapport d'obligation considéré du côté passif* » ou « *l'obligation en vertu de laquelle une personne nommée débiteur est tenue envers une autre, nommée créancier, d'accomplir une prestation* »[3]. Le vocable « dette » est issu du mot latin *debita* qui signifie « devoir » et vient de l'association des mots « *de* » et « *habere* » (tenir) ; en d'autres termes il s'agit de quelque chose qui a été retirée à (de) quelqu'un[4].

5. La dette publique est calculée au regard du produit intérieur brut (PIB), ratio économique utile à l'analyse des finances publiques d'un pays[5].

---

[2] Entrée « crise », *in* CORNU G., *Vocabulaire juridique*, Paris, PUF, 8e éd., 2000, pg. 240.
[3] Entrée « dette », *in* CORNU G., *Vocabulaire juridique*, Paris, PUF, 7e éd., 2005, pg. 301.
[4] Entrée « dette », *in* ALLAND D., RIALS S., *Dictionnaire de la culture juridique*, Paris, PUF, 1re éd., 2003, pg. 368-374, pg. 368.
[5] DANIEL J.-M., « Dette publique et déficit public », *in Dictionnaire de l'économie*, Paris, Encyclopaedia Universalis-Albin Michel, 2007, pg. 332-336, pg. 334.

Précisément, d'un point de vue juridique[6], la « dette publique », en opposition à la « dette privée », désigne « *celle des entités qui, directement comme l'État ou les collectivités locales, ou indirectement du fait de leur lien avec les précédentes, ne peuvent pas juridiquement être mises en faillite* »[7]. Un État qui ne peut rembourser sa dette ne disparaît cependant pas, il se perpétue, tandis qu'une entreprise privée peut être mise en faillite[8]. La dette publique peut ainsi être vue comme un stock ; elle est « *la somme des déficits accumulés au fil du temps* »[9].

Le déficit public, autre ratio usuellement utilisé pour analyser la situation économique d'un pays, est lui un flux : il correspond à « *la différence au cours d'une année entre les recettes et les dépenses des entités publiques* »[10]. La « crise de la dette » dans laquelle se trouve plongée la Grèce depuis quelques années fait référence à une situation d'endettement excessif d'un État qui contraint ce dernier soit à réduire de manière drastique ses dépenses, soit à accroître sensiblement ses recettes fiscales, soit à adopter simultanément ces deux solutions au risque de connaître des oppositions fortes aussi bien politiques que sociales[11].

6. Le moment du déclenchement de la crise de la dette grecque, en 2009, n'est pas un hasard. Sur la scène internationale, deux ans auparavant, en 2007, une crise financière considérée comme la plus sévère depuis la Seconde Guerre mondiale a surgi. À l'époque, les banques devaient faire face à de sérieux problèmes de liquidités en particulier provoqués par l'expansion de l'argent et du crédit, l'augmentation du prix des biens, une trop grande confiance des investisseurs et une prise de risques élevée de la part des banques[12]. Cette situation s'est accompagnée d'une inquiétude quant à la solvabilité des institutions financières qui s'est concrétisée lorsque, le 15 septembre 2008, a été mise en faillite *Lehmann Brothers*, qui était l'une des banques majeures d'investissements aux États-Unis. Le système financier s'est alors effondré : les banques ont restreint leurs crédits, l'activité

---

[6] Au sens économique et financier, la dette publique se compose : « *de la dette à long et moyen terme contractée par l'État sous forme d'émission d'emprunts sur le marché financier, de la dette à court terme, composée des bons du Trésor émis et, enfin, de la dette à vue, comprenant le montant des dépôts des correspondants, et l'encours des monnaies métalliques* ». BONNEAU N., « Dette publique », *in* PHILIP L. (dir.), *Dictionnaire encyclopédique de finances publiques*, Paris, Economica, 1991, pg. 620-624, pg. 621.

[7] DANIEL J.-M., « Dette publique et déficit public », *op.cit.*, pg. 333.

[8] *Ibidem*

[9] *Ibid.*, pg. 334.

[10] *Ibid.*

[11] Entrée « Crise de la dette », *in* LAKEHAL M., *Le grand livre de l'économie contemporaine et des principaux faits de société*, Paris, Eyrolles, coll. « Références », 2012, pg. 198.

[12] ANDERSON T., LANE D., FOX M., « The US financial sector status update: road to recovery or highway to hell? », *J.I.B.L.R.*, 24 (10), 2009, pg. 491-500, pg. 492. Voir aussi : Commission européenne, « *Economic crisis in Europe: Causes, Consequences and Responses-European Economy* », 7/2009, pg. 1-108, pg. 8.

économique a ralenti, les marchés immobiliers se sont réduits et la confiance des entreprises a diminué[13].

7. En effet, l'instabilité économique et financière d'un pays n'est pas « *insulaire* » ; les crises, se transmettent. La crise financière américaine est ainsi rapidement devenue une crise économique européenne affectant de manière profonde les États les plus faibles économiquement[14]. En Irlande, Espagne, Portugal, Chypre, les banques n'étaient pas en position de financer l'économie nationale. En Grèce, pays qui connaissait déjà d'importants déficits budgétaires, cette situation financière délétère a provoqué une crise importante de la dette.

Plusieurs raisons peuvent expliquer cette transmission transfrontalière : les relations ténues entre les États à l'intérieur d'un système financier globalisé, le commerce international qui accroît la dépendance entre nations, des fragilités économiques nationales, ou encore l'absence de liens étroits entre les États membres de l'Union économique et monétaire (UEM)[15].

8. La crise économique européenne qui s'est déclenchée en 2009 a effectivement démontré que les mécanismes existants dans la zone euro étaient insuffisants pour « protéger » les États membres et éviter un « domino financier européen », c'est-à-dire un effondrement économique en cascade[16]. Durant la période concernée, les relations au sein de l'UEM étaient plutôt « légères », basées sur deux axes principaux : a) une coordination des Grandes Orientations de Politique Économique (GOPE) des États membres qui n'étaient cependant pas contraignantes[17] ; b) une discipline budgétaire fondée sur deux valeurs de référence : le rapport entre le déficit public et le PIB (maximum 3 %) et le rapport entre la dette publique et le PIB

---

[13] Commission européenne, « *Economic crisis in Europe : Causes, Consequences and Responses- European Economy* », *ibidem*, pg. 8.

[14] JEANNE O., « Comprendre les crises financières internationales », *REF*, vol. 70, n° 1, 01/01/2003, pg. 23-31, pg. 28.

[15] *Ibidem*

[16] THESMAR D., CANFIN P., FIORENTINO M., « Dettes souveraines : l'Europe vacille », *Revue Banque,* n° 742-743, décembre 2011, pg. 36-37, pg. 37; BITZENIS Ar., PAPADOPOULOS I., VLACHOS V., « The Euro-area sovereign debt crisis and the neglected factor of the shadow economy », *in* BITZENIS Ar., PAPADOPOULOS I., VLACHOS V. (dir.), *Reflections on the Greek Sovereign Debt Crisis : The EU Institutional Framework, Economic Adjustment in an Extensive Shadow Economy*, Royaume-Uni, Cambridge Scholars Publishing, 2013, pg. 1-22, pg. 2 ; PRIETO C., « L'Union économique et monétaire dans la tourmente des déficits publics », *RTD eur.*, 46 (1), janvier-mars 2010, pg. 1-6, pg. 3.

[17] Article 121 TFUE (ex-art. 99 TCE). Connues comme étant des *preventive arms*, les GOPE sont adoptées depuis le Traité de Maastricht sur une base multilatérale, dans le but d'aligner les politiques économiques des États membres. Elles font l'objet d'un mécanisme de surveillance multilatérale. Voir : PRIOLLAUD F.-X., SIRITZKY D., *Le Traite de Lisbonne : texte et commentaire article par article des nouveaux traités européens (TUE-TFUE)*, Paris, La Documentation française, 2008, pg. 248.

(maximum 60 %)[18]. En d'autres termes, afin de remplir ces critères de discipline budgétaire, les États prenant part à l'UEM devaient avoir un déficit inférieur à 3 % et une dette ne dépassant pas 60 % de leur PIB. Or, à la suite de la crise financière américaine de 2007, la majorité des membres de la zone euro n'ont pu respecter une telle discipline budgétaire et notamment la règle des 3 % de déficit[19]. De plus, à cette époque, la solidarité financière entre États européens, visant à aider ceux qui enduraient des difficultés économiques plus fortes, était plutôt limitée[20].

9. La crise économique de 2009 a donc fait vaciller l'Europe[21] et refroidi les relations entre les États membres de la zone euro où plusieurs pays - tels que le Portugal, l'Irlande, la Grèce, l'Espagne - éprouvaient des difficultés financières importantes[22]. La Grèce avait, en outre, été dégradée par les agences de notation en raison de doutes quant à sa capacité effective à honorer ses dettes ; une situation qui a réduit ses possibilités d'emprunt sur le marché et augmenté les paiements incertains[23]. En 2009, le déficit public de la Grèce était de 15,4 % du PIB et sa dette publique s'élevait à 127,1 % du PIB (au lieu de 3 % et 60 % respectivement selon les critères précités de l'UEM)[24].

---

[18] La discipline budgétaire est connue comme étant une *corrective arm*. Article 126 TFUE (ex-art. 104 TCE), Protocole n° 12 du Traité de Lisbonne sur la procédure concernant les déficits excessifs.

[19] Selon les données d'*Eurostat*, les déficits publics des États membres les plus élevés en 2009 (pourcentage du PIB) étaient de : -14,3 % pour l'Irlande, -11,1 % pour l'Espagne, -10,1 % pour le Portugal, -9,7 % pour la Lettonie, -9,5 % pour la Lituanie, -8,5 % pour la Roumanie, -7,5 % pour la France, -6,0 % pour Chypre, -5,4 % pour l'Italie. EUROSTAT, Communiqué de presse, « *Euroindicateurs : Fourniture des données de déficit et de dette pour 2010 - 1ère notification* », n° 60/2011, 26 avril 2011, pg. 1-14, pg. 5 ; disponible sur http://ec.europa.eu/eurostat/documents/2995521/5036158/2-26042011-AP-FR.PDF/8890986f-6144-45de-ae62-3637a53b4396 (consulté le 10/08/2022).

[20] V. sur la politique économique de l'Union européenne les articles 119-126 TFUE. L'assistance financière du Conseil se réalisait selon des conditions strictes. La Banque Centrale Européenne (BCE) ne pouvait accorder de découvert à un État membre et il n'existait pas de *bail out clause*. Cette clause (art. 125 TFUE) signifie que chaque État est responsable de payer sa dette publique. L'Union ou les autres États membres ne prennent donc pas à leur charge la dette d'un État, autrement dit il n'y a pas de mutualisation de la dette. DE STREEL Al., « La gouvernance économique européenne reformée », *RTD eur* (3), juillet-septembre 2013, pg. 455-481, pg. 459.

[21] THESMAR D., CANFIN P., FIORENTINO M., « Dettes souveraines : l'Europe vacille », *op.cit.*, pg. 36.

[22] PRIETO C., « L'Union économique et monétaire dans la tourmente des déficits publics », *op.cit.*, pg. 1.

[23] ARMINGEON K., BACCARO L., « Political economy of the sovereign debt crisis: the limits of internal devaluation », *I.L.J.*, 41 (3), 2012, pg. 254-275, pg. 255 ; PRIETO C., « Un gouvernement économique pour l'Europe », *RTD eur* 46 (3), juillet-sept. 2010, pg. 527-536, pg. 527.

[24] Le déficit public grec a augmenté de 4,4 % du PIB en 2001 à 15,4 % PIB en 2009 et la dette publique a augmenté de 103,7 % du PIB en 2001 à 127,1 % du PIB en 2009. EUROSTAT, Communiqué de presse, *« Euro-indicateurs : Fourniture des données de déficit et de dette pour 2010 - 1ère notification »*, *op.cit.* ; PROVOPOULOS G., « *The Greek economy and banking*

La Grèce a ainsi été considérée comme le « maillon faible » européen et une menace pour la stabilité de la monnaie commune des États membres[25]. Le pays a notamment été accusé d'avoir vécu durant des années au-dessus de ses moyens économiques[26]. Plusieurs États membres de la zone euro se sont alors déclarés en faveur d'une sortie de la Grèce de la monnaie unique (*Grexit*)[27] ou de l'adoption d'une monnaie nationale parallèle.

10. Devant la peur d'une crise systémique touchant toute la zone euro, le Conseil européen a décidé, en 2010, de mettre en place, au service de la gouvernance économique européenne, de nouveaux mécanismes de stabilité économique et financière visant à assurer un équilibre entre responsabilité et solidarité. Les règles adoptées consistaient en la mise en place d'une nouvelle surveillance macroéconomique et un développement de la solidarité financière[28]. Parmi ces dispositifs, les plus importants pour répondre à la crise économique ont été : en 2010, le Mécanisme Européen de Stabilisation Financière (MESF)[29] et le Fonds Européen de Stabilité Financière (FESF)[30] ; puis, en 2012, le Mécanisme Européen de Stabilité (MES)[31], successeur du

---

system : recent developments and the way forward », Bank of Greece, Special Conference Paper-The crisis in the euro area, 23-24 mai 2013, juillet 2013, pg. 1-26, pg. 7.

[25] MATZOUFAS P., « Crise économique et Constitution » (« Οικονομική κρίση και Σύνταγμα »), *ToS*, 1/2012, pg. 223-231, pg. 225.

[26] Ceci nous rappelle le mythe grec de Dédale et de son fils Icare. Icare a surestimé ses capacités en volant avec des ailes en cire très proche du soleil. Les ailes fondirent et Icare tomba dans la mer Egée.

[27] La sortie de la zone euro unilatéralement ou par décision d'autres États membres n'est pas prévue par le Traité de Lisbonne. Afin de sortir de l'euro, il est nécessaire que l'État se retire de l'Union européenne, une possibilité prévue à l'article 50 TFUE. V. DE VAUPLANE H., « Aspects juridiques de la crise de l'euro », *Revue Banque,* n° 744, janvier 2012, pg. 69-72, pg. 70.

[28] DE STREEL Al., « La gouvernance économique européenne reformée », *RTD eur* (3), juillet-septembre 2013, pg. 455-481, pg. 456 ; MONGOUACHON C., « Entre théories économiques et volonté politique, la constitution monétaire de l'Union en débat », *in* KALFLECHE G., PERROUD T., RUFFERT M., *L'avenir de l'Union économique et monétaire : une perspective franco-allemande*, Actes du colloque du 30 mars au 1er avril 2017, Paris, LGDJ, 2018, pg. 76-110, pg. 104.

[29] Règlement 407/2010 du Conseil du 11 mai 2010 établissant un mécanisme européen de stabilisation financière, *JOUE* L 118/1 du 12/05/2010. Ce mécanisme concerne tous les États membres de l'Union européenne (UE), il a été adopté sur la base de l'art. 122, par. 2 TFUE et a été activé pour l'Irlande et le Portugal. Le montant maximum d'un prêt est de 60 milliards €.

[30] Le FESF a été créé suivant une décision du 10 mai 2010 des représentants des États membres de la zone euro réunis au sein du Conseil de l'Union européenne et d'un accord intergouvernemental entre les dix-sept États de la zone euro du 7 juin 2010. Il s'agissait d'un dispositif temporaire (jusqu'au 30 juin 2013) et concernait les États de la zone euro qui avaient adopté un mémorandum d'accord. L'assistance financière se faisait en lien avec le Fonds Monétaire International. La capacité de prêt était de 440 milliards €. L'Irlande, le Portugal et la Grèce ont reçu une aide financière dans ce cadre.

[31] Le MES, signé par les pays de la zone euro le 12 février 2012, prévoit un soutien financier des États à la condition que le financement par les marchés pour cet État risque d'être faussé. L'aide financière octroyée par le MES s'accompagne des programmes d'ajustement macro-économique

MESF et du FESF. Ainsi depuis juillet 2013, le MES est le seul dispositif de sauvetage financier permanent des États membres de la zone euro qui a bénéficié à plusieurs pays[32], en combinaison avec les aides du Fonds Monétaire International (FMI) pour les États nécessitant un soutien financier plus important.

11. Conçu comme le « *garant du système monétaire international* », le FMI[33] a effectivement comme objectif premier de faciliter les échanges parmi les États et d'octroyer des financements aux pays membres de cette institution ayant des problèmes de balance des paiements[34]. Il obéit essentiellement à une conception inspirée de l'économie libérale : l'octroi d'une aide financière à un État demandeur est subordonné à l'adoption par celui-ci de mesures jugées par le FMI comme nécessaires à la stabilité financière et à la croissance économique[35].

12. En avril 2010, la Grèce a déposé une demande de financement à l'Eurogroupe afin de bénéficier des mécanismes européens de financement (MESF, FESF, MES) et a adressé une « lettre d'intention » (*letter of intend*) au FMI demandant de l'aide. Depuis mai 2010, la Grèce a ainsi reçu simultanément des aides financières des États membres de la zone euro et du FMI.

Plus spécifiquement la Grèce a signé avec la *Troïka* des accords de sauvetage financier qui prévoient l'octroi de prêts ainsi que des programmes d'ajustement économique que le pays a dû réaliser dans des périodes déterminées[36]. Ces accords sont connus sous le nom de Memoranda d'accord (*Mémorandums of understanding/MoU*)[37]. Entre 2010 et 2018, la Grèce en a conclu trois.

13. Le premier *Mémorandum*, adopté le 2 mai 2010, prévoyait des prêts financiers bilatéraux entre la Grèce et les États membres de la zone euro

---

de la *Troïka*. Art. 13 du Traité établissant le mécanisme européen de stabilité, *JOUE* L 91 du 06/04/2011.

[32] Grèce, Chypre, Irlande, Portugal, Espagne.

[33] Le Fonds Monétaire International (FMI) a été officiellement fondé le 27 décembre 1945, à la fin de la Seconde Guerre Mondiale, dans le but de mettre en place un instrument de régulation internationale visant à promouvoir et coordonner les politiques monétaires destinées à la reconstruction et au développement économique. BAUD-BABIC M.-F., « F.M.I. », *in Dictionnaire de l'économie*, Paris, Encyclopaedia Universalis-Albin Michel, 2007, pg. 583-587, pg. 583.

[34] DUPUY P.-M., KERBRAT Y., *Droit international public*, Paris, Dalloz, 13e édition, 2016, pg. 739, 740.

[35] *Ibidem*, pg. 739.

[36] En réalité, il n'y avait pas de véritables négociations entre la *Troïka* et l'État grec quant aux mesures incluses dans les « accords » mais une soumission absolue de ce dernier aux demandes des créanciers.

[37] En grec, pour désigner les memoranda d'accord, est utilisé le terme *mnimonia* (« *μνημόνια* ») qui signifie « *rapport écrit avec des références spécifiques à des cas particuliers* ». Il dérive du verbe *mnimoneuo* (« *μνημονεύω* ») qui veut dire « mémoriser ». BABINIOTIS G., *Dictionnaire de la langue grecque moderne*, *op.cit.*, pg. 1118.

(*bail out package*) d'un montant de 110 milliards €, pour une période allant de mai 2010 à mars 2012[38]. L'accord a été transposé dans l'ordre juridique grec par la loi n° 3845/2010[39]. Le deuxième *Mémorandum*, adopté le 12 mars 2012, prévoyait une aide financière de 164,5 milliards € pour la période allant de mars 2012 à juin 2015[40]. Il a été transposé dans l'ordre juridique grec par la loi n° 4046/2012[41]. Enfin, le troisième et dernier *Mémorandum* a été adopté le 19 août 2015 et prévoyait un financement européen (non par le FMI) de 86 milliards € pour une période allant d'août 2015 à août 2018. Il a été transposé dans l'ordre juridique grec par la loi n° 4336/2015[42]. À l'été 2018, la Grèce est officiellement sortie de la tutelle de la *Troïka*[43], toutefois elle a continué à être soumise à une « surveillance post-programme » (« *post programme monitoring* ») dans le but d'évaluer les progrès réalisés par les autorités grecques s'agissant de l'exécution des

[38] Des 110 milliards €, 80 milliards € venaient des États de la zone euro et 30 milliards € du FMI. Voir sur le site de la Commission européenne à propos des aides financières en Grèce : « *Financial assistance to Greece* » ; disponible sur : https://ec.europa.eu/info/business-economy-euro/economic-and-fiscal-policy-coordination/financial-assistance-eu/which-eu-countries-have-received-assistance/financial-assistance-greece_en (consulté le 10/08/2022).
Le plan de sauvetage de la Grèce a été mis en cause devant la Cour Constitutionnelle allemande pour violation des articles 122 et 125 TFUE, désignées par la clause de non-mutualisation parmi les États de la zone euro des dettes publiques (clause de non sauvetage, *no bail out clause).* Toutefois, la Cour de Karlsruhe a considéré que les risques pour le budget fédéral (charge de 22.4 milliards €) étaient moindres que ceux qui résulteraient d'une instabilité de l'Union économique et monétaire et a rejeté les requêtes. Bundesverfassungsgericht, « *Temporary injunction to prevent giving of guarantee for loans to Greece is not issued* », Press release n° 30/2010, 7 mai 2010, 2 BvR987/10; disponible sur :
http://www.bundesverfassungsgericht.de/SharedDocs/Pressemitteilungen/EN/2010/bvg10-030.html (consulté le 10/08/2022).
[39] Loi n° 3845/2010, « *Mesures d'application du mécanisme de soutien de l'économie grecque par les États membres de la zone euro et le Fonds Monétaire International* », *JO* A 65 du 06/05/2010 (*Mnimonio* I).
[40] Des 164,5 milliards €, 144,7 milliards € était un financement européen et 19,8 milliards € venaient du FMI.
[41] Loi n° 4046/2012, *« Approbation des projets des accords de facilité financière entre le Fonds européen de Stabilité Financière, la République hellénique et la Banque de la Grèce ; du projet de mémorandum d'accord (mnimonio) entre la République hellénique, la Commission européenne, la Banque de la Grèce et d'autres dispositions d'urgence pour la réduction de la dette publique et le sauvetage de l'économie nationale* », *JO* A 28 du 14/02/2012 (*Mnimonio* II). Le deuxième mémorandum d'accord prévoyait la participation du secteur privé (*Private Sector Involvement*/PSI) afin d'améliorer la solvabilité de la dette et de limiter les risques pour les investisseurs privés.
[42] Loi n° 4336/2015, « *Accord de soutien de MES/Pensions/Affligés/Fiscal/Transpositions/Gaz naturel* », *JO* A 94 du 14/08/2015 (*Mnimonio* III).
[43] European Commission – Directorate General Economic and Financial Affairs, « *Compliance Report – ESM Stability Support Programme for Greece* », Fourth Review, July 2018, pg. 1-78.

accords, du développement économique et de la poursuite des stratégies mises en place pour une reprise économique durable[44].

14. La philosophie qui sous-tend ces memoranda d'accord tend principalement à une diminution du secteur public et à l'évolution du rôle traditionnel d'un État interventionniste. L'État grec a donc dû réaliser de nombreuses réformes dans plusieurs domaines[45]. Parmi les dispositions les plus importantes figuraient ainsi une réduction du nombre de fonctionnaires ainsi que des dépenses publiques, une augmentation des impôts et une privatisation des propriétés publiques.

15. Or, d'un point de vue social, les mesures imposées par ces memoranda ont été néfastes, conduisant une partie de la population à la pauvreté. Elles ont pu ainsi être perçues comme une violence économique touchant les droits sociaux[46] protégés à plusieurs niveaux dans l'ordre juridique grec[47] ; d'aucuns allant jusqu'à parler de « dictature économique », voire d'« esclavage moderne ». Ces mesures ont été suivies de réactions sociales fortes, ainsi que d'une instabilité politique qui a duré plusieurs

---

[44] La base juridique de la surveillance est le règlement (UE) n° 472/2013 du Parlement européen et du Conseil du 21 mai 2013 relatif au renforcement de la surveillance économique et budgétaire des États membres de la zone euro connaissant ou risquant de connaitre de sérieuses difficultés du point de vue de leur stabilité financière, *JOUE* 140/1 du 27/05/2013. Voir le 5e rapport de surveillance de la Commission pour la Grèce : European Commission-Directorate General for Economic and Financial Affaires, « *Enhanced Surveillance Report – Greece* », Institutional Paper 123, February 2020, pg. 1-102.

[45] Les memoranda prévoyaient une multitude de mesures, dont les principales visaient : des réformes sur la fiscalité afin de lutter contre l'évasion fiscale ; une augmentation des impôts ; la modernisation de l'administration publique ; des contrôles sur les capitaux ; la diminution du nombre de fonctionnaires ; la diminution du montant des salaires et des pensions ; la libéralisation des contrats du travail ; la libéralisation des professions réglementées ; la libéralisation des entreprises en réseaux ; la promotion des privatisations ; l'européanisation de la conclusion des marchés publics.

[46] La violence économique sur les droits sociaux peut s'exercer de plusieurs façons : la dégradation de l'État social et des contrats de travail, des impôts injustes, une limitation du contrôle démocratique… Voir sur ce point : IOANNIDOU Aim., « Violence économique : une forme de violation des droits de l'Homme » (« Οικονομική βία : μία μορφή παραβίασης των δικαιωμάτων του ανθρώπου »), *ThPDD*, 7/2014, pg. 596-599, pg. 596. Dans la même ligne, voir : YANNAKOPOULOS C., « Le droit public face à la crise de dette souveraine dans la zone Euro », *in Mélanges en l'honneur du Professeur Gérard MARCOU*, Paris, IRJS, 2017, pg. 1155-1168, pg. 1159.

[47] L'article 25 de la Constitution grecque consacre le caractère social de l'État grec en les termes suivants : « *Les droits de l'homme, en tant qu'individu et en tant que membre du corps social, et le principe de l'État de droit social sont placés sous la garantie de l'État. … Les restrictions de tout ordre qui peuvent être imposées à ces droits selon la Constitution doivent être prévues soit directement par la Constitution soit par la loi, sans préjudice de celle-ci dans le respect du principe de proportionnalité* ». La protection des droits sociaux se réalise aussi à travers les traités internationaux, le Pacte international relatif aux droits économiques, sociaux et culturels, le droit de l'Union européenne (traités, droit dérivé, Charte des droits fondamentaux, principes généraux du droit) et la Convention européenne des droits de l'homme (CEDH).

années[48]. De plus, la mise en œuvre de telles mesures a été considérée comme étant à l'origine d'une perte de souveraineté et d'un affaiblissement du pouvoir du législateur grec. En effet, il paraît inéluctable que la dette publique « *ne peut manquer d'avoir un impact sur la souveraineté des États* »[49]. La crise économique a ainsi évolué en prenant plusieurs visages. Rapidement, elle est devenue une crise sociale, une crise politique, une crise des institutions, une crise de la démocratie et une crise des valeurs.

16. Pour autant, le Conseil d'État grec a considéré que les mesures d'austérité introduites à la suite de ces memoranda d'accord portaient certes atteinte aux droits consacrés dans la Constitution grecque et la Convention Européenne des Droits de l'Homme (CEDH)[50] mais que celles-ci étaient justifiées et proportionnées au regard des difficultés financières graves éprouvées par l'État. Une telle position se distingue notamment de celle retenue par Tribunal constitutionnel portugais qui a considéré que le mémorandum signé par son pays avec la *Troïka* était contraire à la Constitution portugaise[51]. C'est la position du Conseil d'État grec qui a néanmoins été reprise par la Cour Européenne des Droits de l'Homme concernant les memoranda d'accord conclus tant par la Grèce que par le Portugal[52].

---

48 À partir de 2010, et pour plusieurs années, le pays a été paralysé par des grèves continues et des mouvements sociaux afin de marquer leur opposition à l'augmentation injuste des impôts accompagnée d'une diminution du montant des salaires et des pensions. De plus, durant les années de crise économique, le pays a connu une instabilité politique marquée par deux éléments significatifs révélant un dysfonctionnement de la démocratie elle-même : d'une part, la dissolution du Parlement en 2012 et la création d'un gouvernement de coalition avec l'arrivée d'un technocrate au poste de Premier Ministre ; d'autre part, l'organisation d'un référendum en 2015 posant au peuple grec la question de savoir s'il était d'accord avec les mesures imposées par le troisième mémorandum. Le non (« όχι ») l'a emporté mais l'application du troisième mémorandum a tout de même été imposée.

49 BRACONNIER S., *Droit public de l'économie*, Paris, PUF, 3e édition, 2021, pg. 61.

50 Les principes évoqués devant la Haute Juridiction étaient le principe de propriété, le principe de proportionnalité, le principe de confiance légitime et le principe de l'égalité devant les charges publiques. Arrêt du Conseil d'État 668/2012 (section plénière), 20/02/2012 (*mnimonio* I) (pt. 35, 37).

51 Selon le Tribunal constitutionnel portugais, les mesures d'austérité prévues dans le mémorandum d'accord relatif au Portugal concernant la suspension des allocations de vacances d'été et de Noël pour les fonctionnaires et les retraités étaient contraires à la Constitution portugaise, notamment au principe d'égalité. Toutefois, le Tribunal qui s'est prononcé en 2012 a reporté l'application de sa décision à 2013. ACÓRDÃO, n° 353/2012, processo n° 40/12, 07/05/2012 ; disponible sur : http://www.tribunalconstitucional.pt/tc/acordaos/20120353.html (consulté le 10/08/2022).

52 La Cour des droits de l'Homme, respectant la compétence discrétionnaire des États en matière de mesures de politique économique et sociale, a jugé que les restrictions au droit de la propriété étaient appropriées, nécessaires et proportionnées au regard de l'« asphyxie économique » des pays. Arrêt de la CEDH, req. 57 665/12 et 57657/12, *Ioanna KOUFAKI c/ Grèce* et *ADEDY c/ Grèce* (1re section), 07/05/2013, (pt. 31, 41, 46-50) ; Arrêt de la CEDH, req. 62 235/12 et

17. L'objet de la présente étude n'est pas de développer en détail les conséquences de ces mesures d'austérité sur les droits sociaux mais il est indéniable que la crise économique ne peut dispenser les États de leur obligation de protéger les droits de l'homme[53] et que les indicateurs sociaux sont plus importants que les indicateurs financiers[54].

18. La nature juridique des memoranda d'accord a toutefois été beaucoup discutée. Trois principales positions ont à cet égard été soutenues. Selon une première, les memoranda sont des lois incomplètes (*lex imperfecta*)[55]. Selon une deuxième, l'opinion prépondérante, ils constituent des accords internationaux simplifiés[56] dès lors que le vote de lois nationales a été nécessaire pour leur application effective dans l'ordre juridique national[57]. Selon une troisième, ils ne sont pas contraignants parce que contraires aux principes constitutionnellement consacrés, tels que le principe démocratique et les droits fondamentaux[58].

57725/12, *António Augusto DA CONCEIÇÃO MATEUS c/ Portugal* et *Lino Jesus SANTOS JANUÁRIO c/ Portugal* (2e section), 08/10/2013, (pt. 22-29).

53 KOUKOULI-SPILIOTOPOULOU S., « Mesures d'austérité en Grèce et droits de l'homme : ordonnances des organes internationaux, droit de l'UE et exemples dans la jurisprudence grecque » (« Μέτρα λιτότητας στην Ελλάδα και ανθρώπινα δικαιώματα : κρίσεις διεθνών οργάνων, δίκαιο ΕΕ και παραδείγματα ελληνικής νομολογίας »), *EDKA*, vol. ΝΣΤ », n° 2/644 (avril, mai, juin 2014), pg. 193-252, pg. 196.

54 MATZOUFAS P., « Crise économique et Constitution », *op.cit.*, pg. 230 ; PAVLOPOULOS An., « L'intérêt financier en tant que régulateur des droits fondamentaux et des principes. La décision du Conseil d'État 1116/2016 en section plénière pour le PSI » (« Το δημόσιο (νομικό) συμφέρον, ως ρυθμιστής των θεμελιωδών δικαιωμάτων και αρχών – Η απόφαση ΣτΕ Ολ. 1116/2014 για το PSI »), *Syn*, n° 103/2014, pg. 36-39, pg. 39.

55 MAKRIDIMITRIS A., PRAVITA M. I., RASOULIS Al., GOTSIS N., « Le "*Mnimonio*" dans l'ordre juridique grec et la décision du Conseil d'État » (« Το Μνημόνιο στην ελληνική έννομη τάξη και η απόφαση του Συμβουλίου Επικρατείας »), *ToS*, 1/2012, pg. 149-170, pg. 155.

56 En droit international, la conclusion d'accords internationaux se réalise selon une procédure déterminée, qui comprend trois étapes : la délivrance de pouvoirs aux parties concluantes ; la signature de l'accord ; une ratification de ce dernier par les États signataires selon les règles du droit national. Le résultat d'une telle procédure est un traité. Cependant, cette procédure est souvent lourde et nécessite du temps. Ainsi, la pratique internationale a cherché un moyen de l'alléger. Les négociateurs ont ainsi tendance à conclure des accords sans suivre la procédure stricte d'un traité international. L'avantage de cette procédure simplifiée est la rapidité qui répond aux nécessités de la vie internationale des États et à la multiplication des relations économiques internationales. Ces accords simplifiés ne sont pas des traités internationaux mais sont respectés par les parties concluantes, conformément au principe « *pacta sunt servanda* ». Voir : CHAYET C., « Les accords en forme simplifiée », *Annuaire français de droit international*, vol. 3, 1957, pg. 3-13, pg. 4.

57 CHRYSSOGONOS K., PAVLIDIS G., « The Greek debt crisis: legal aspects of the support mechanism for the Greek economy by Eurozone member states and the international monetary fund », *in* BITZENIS Ar., PAPADOPOULOS I., VLACHOS V. (dir.), *Reflections on the Greek Sovereign Debt Crisis: The EU Institutional Framework, Economic Adjustment in an Extensive Shadow Economy, op.cit.*, pg. 286.

58 Selon le Professeur KASIMATIS, les memoranda ont privé les organes étatiques grecs du pouvoir de déterminer la vie politique du pays, cela en contradiction avec le principe démocratique consacré à l'article 1er, par. 3 de la Constitution aux termes duquel : « *Tous les*

Il convient par ailleurs de souligner qu'aucun recours direct n'a été formé contre les memoranda d'accord qui ont été transposés dans l'ordre juridique grec au moyen de lois nationales. Des recours en annulation ont toutefois été formés devant le Conseil d'État grec contre les actes administratifs d'exécution des lois de transposition des memoranda et c'est dans ce cadre que ces derniers ont pu être examinés par le juge[59].

Sans qu'il soit nécessaire de se positionner quant à la nature juridique de ces memoranda, on peut à tout le moins considérer que leur respect est une obligation internationale, européenne et nationale de la Grèce[60]. C'est l'État grec lui-même qui a, en effet, décidé de transférer une partie de sa souveraineté économique afin d'obtenir des aides financières[61].

19. Par ailleurs, la crise économique qui a touché la Grèce et l'intervention extérieure pour la « sauver » n'est pas sans précédent. En effet, l'histoire se répète. Après le retrait de l'occupation ottomane en 1821 (Révolution nationale) qui a conduit à la création de l'État grec autonome en 1830, celui-ci a reçu des prêts de la part des *Trois Grandes Puissances* (France, Angleterre, Russie) afin de couvrir les besoins de l'État récemment

---

pouvoirs émanent du Peuple, existent pour lui et la Nation et sont exercés ainsi qu'il est prescrit par la Constitution ». V. KASIMATIS G., « Les questions principales de la décision 668/2012 de l'arrêt du Conseil d'État en pleine chambre : Commentaires- Observations- Réflexions » (« Οι βασικές θέσεις της απόφασης 668/2012 της Ολομέλειας του Συμβουλίου της Επικρατείας : Σχόλια- Παρατηρήσεις- Σκέψεις »), *ToS*, 1/2012, pg. 89-141, pg. 90 ; FORTSAKIS T., « Les memoranda en Grèce : un défi pour la Constitution », *in Mélanges en l'honneur du Professeur Gérard MARCOU*, *op.cit.*, pg. 1069 ; DIMITROPOULOS An., « La Constitution et la prédétermination de la politique gouvernementale par le *"mnimonio"* » (« Σύνταγμα και μνημονιακός προκαθορισμός της κυβερνητικής πολιτικής »), *EDDDD*, tome 58, 1/2014, pg. 5-12, pg. 12.

[59] Dans l'arrêt 668/2012, le Conseil d'État s'est prononcé sur la constitutionnalité du premier mémorandum signé par la Grèce avec la *Troïka* en considérant que les limitations des droits sociaux que cet accord prévoyait étaient nécessaires et proportionnées au regard de la crise économique subie par le pays. De plus, dans les arrêts 1114 et 1116/2016, le Conseil d'État s'est prononcé sur une disposition incluse dans le deuxième mémorandum d'accord prévoyant une restructuration de la dette publique avec la participation du secteur privé (une participation connue sous le nom de *Private Sector Involvement*/PSI). Dans le cadre de cette restructuration, il était prévu qu'afin de diminuer la dette publique, le secteur privé - notamment des banques, des fonds d'investissement, des compagnies d'assurance qui ont emprunté à l'État grec « sur une base volontaire » - acceptent une diminution de la valeur nominale de leurs bons. Le Conseil d'État a considéré que cette limitation du droit de propriété du secteur privé participant à la restructuration de la dette publique n'était pas disproportionnée et servirait à la diminution de la dette de l'État et à l'intérêt général.

[60] Obligation internationale avec les « lettres d'intention » de la Grèce au FMI demandant de l'aide ; obligation européenne avec les demandes de la Grèce de l'aide financière par les mécanismes européens de financement ; obligation nationale avec les lois d'application des memoranda. GLAVINIS P., *Le « mnimonio » de la Grèce dans l'ordre juridique européen, international et national*, Athènes-Thessalonique, ed. Sakkoulas, 2010, pg. 93.

[61] CHRYSSOGONOS K., PAVLIDIS G., « The Greek debt crisis: legal aspects of the support mechanism for the Greek economy by Eurozone member states and the international monetary fund », *op.cit.*, pg. 287.

créé[62]. Or, la charge pesant sur le pays, qui contractait alors continuellement des emprunts aux intérêts élevés, était telle qu'il a été « mis en faillite » en 1893. Un contrôle financier international a alors été imposé pour 81 ans (1898-1978), exercé par la Commission Internationale Financière, visant la réduction des dépenses publiques et accompagné de mesures strictes[63].

20. Après avoir présenté à titre liminaire le contexte de l'émergence de la crise économique grecque, cadre général de la présente étude, il s'agit à présent d'exposer le cœur même de notre analyse **(II)**.

II.
L'objet de l'étude

21. Dans les memoranda d'accord signés par la Grèce des mesures ont été prévues dans le domaine de l'énergie ; un secteur névralgique pour l'économie, la compétitivité des entreprises, l'écologie, le développement de la société et le bien-être des personnes[64].

22. L'énergie, en soi, est une notion physique large, étudiée par des générations d'hommes et de femmes, d'Archimède à Einstein, qui ont souhaité comprendre le fonctionnement de l'Univers[65]. Le terme énergie vient du mot grec *energia* (*ἐνέργειᾰ*)[66] qui désigne la capacité d'un corps de produire une force ou la force à l'intérieur d'un corps (*ἐν* + *ἔργον* /en + ergo)[67].

---

[62] SOLEINTAKIS N., « De *"mnimonio"* à *"mnimonio"* » (« Από *'μνημόνιο'* σε *'μνημόνιο'* »), *ThPDD*, 4/2011, pg. 471-480, pg. 472.

[63] Pour un aperçu historique, voir : LEVANDIS J.-A., *The Greek foreign debt and the Great powers 1821-1898*, New York, Columbia University Press, 1944, pg. 88 et s.

[64] JANCOVICI J.-M., *Dormez tranquilles jusqu'en 2100 et autres malentendus sur le climat et l'énergie*, Paris, Odile Jacob, novembre 2015.

[65] Le terme « énergie » est utilisé pour la première fois en physique en 1807, quand le physicien Thomas Young l'a introduit au cours de ses recherches d'optique. Il existe plusieurs types d'énergie : dynamique, cinétique, électrique, chimique, nucléaire, thermique, luminaire. Pour une analyse des aspects physiques de l'énergie, voir : DESIT-RICARD I., « Physique », *in* BARTHELEMY G. (dir.), *Histoire des Sciences*, Paris, Ellipses, 2009, pg. 91-169, pg. 95 ; « Energie », *in* SARMANT J.-P., *Dictionnaire de Physique*, Paris, Hachette, 1981, pg. 111-114. Voir aussi : SABLIERE P., *Droit de l'énergie*, Paris, Dalloz, 2014, pg. 2076.

[66] Le terme « ενέργεια » / « énergie » apparaît d'abord dans la philosophie aristotelienne. Selon Aristote « *la béatitude est l'énergie de l'âme selon les règles de la vertu parfaite* » (« *ἡ εὐδαιμονία ψυχῆς ἐνέργειά τις κατ' ἀρετὴν τελείαν* »). Pour le philosophe, le béatitude (« ευδαιμονία ») est le bien suprême et le but ultime d'une société. Aristote, *L'Ethique à Nicomaque*, (1102a-1103a). TRICOT J., *Aristote - Ethique à Nicomaque. Introduction, notes et index*, Paris, Librairie Philosophique J. Vrin, 1987, pg. 57.

[67] Voir l'entrée « énergie », *in* BABINIOTIS G., *Dictionnaire de la langue grecque moderne*, *op.cit.*, pg. 609. Voir aussi dans le dictionnaire *Le Petit Robert*, Paris, éd. Le Robert, 2013, pg. 868.

23. Les sources énergétiques à disposition sont différentes selon les États ; celles-ci dépendant de leurs conditions géologiques, climatiques, économiques mais aussi politiques. L'énergie électrique peut être produite de plusieurs manières : soit à partir de sources conventionnelles non renouvelables, la matière première étant dans ce cas constituée par des combustibles minéraux tels que le pétrole, le charbon (houille et lignite) ou le gaz naturel ; soit à partir de l'énergie nucléaire, précisément grâce à la fission nucléaire d'atomes d'uranium ; soit en utilisant des sources d'énergie renouvelables (SER) telles que les énergies solaire, éolienne, géothermique, hydro thermique, marine, hydraulique, ou la biomasse[68].

En Grèce, l'électricité est produite essentiellement à partir du lignite présent dans le sous-sol, du gaz naturel et des sources d'énergies renouvelables[69]. Notre étude se concentrera, par conséquent, sur ces trois sources énergétiques.

24. En droit, une distinction est faite entre électricité et gaz naturel qui, d'un point de vue physique, ne semble cependant pas être tout à fait exacte puisque le premier est un bien tandis que le second est l'une des sources, parmi d'autres, de ce bien[70]. En termes techniques, l'électricité constitue « *une forme d'énergie caractérisée par une fréquence, une tension et une intensité* »[71]. Le courant électrique correspond au « *déplacement d'électrons, porteurs de charge électrique, au sein d'un matériau conducteur, sous l'effet d'une différence de potentiel appliqué aux extrémités de ce conducteur* »[72]. Le gaz naturel[73] provient de couches géologiques du sous-sol où il se trouve soit seul, soit en association avec du pétrole[74]. Il est issu de la transformation naturelle de matières organiques et est essentiellement composé d'hydrocarbures[75]. Le gaz naturel peut être liquéfié (Gaz Naturel Liquéfié / GNL), un état qui facilite son transport. Une différence importante entre

---

[68] Terme « Energies renouvelables », *in* GUINCHARD S., DEBARD T. (dir.), *Lexique des termes juridiques*, Paris, Dalloz, 27e édition, 2019-2020, pg. 439.

[69] Selon le rapport du régulateur énergétique grec en 2010, au début de la crise économique, la production d'électricité était composée à : 52,4 % de lignite, 19,8 % de gaz, 10,9 % des importations, 12,9 % d'hydro-électricité, 3,9 % d'énergies renouvelables, 0,2 % d'huile. En 2019, le mix énergétique était le suivant : 36 % de gaz ; 21,7 % de lignite ; 15,2 % d'énergie éolienne ; 9,6 % de pétrole ; 8,3 % d'énergie solaire ; 0,8 % de biomasse. Voir : le rapport de la RAE pour la Commission européenne : Regulatory Authority for Energy (RAE), « *2011 National Report to the European Commission. Covering the period 01/01/2010-31/12/2010)* », Athènes, Décembre 2011, pg. 1-62, pg. 19 ; le rapport du Gestionnaire des énergies renouvelables et des garanties d'origine, « *Mix énergétique restant 2019* », juillet 2020, pg. 1-36, pg. 8.

[70] Voir : LAMOUREUX M., « Le bien énergie », *RTDCom*, n° 2, 2009, pg. 239-258, pg. 240.

[71] SABLIERE P., *Droit de l'énergie, op.cit.*, pg. 2076.

[72] *Ibidem*

[73] Le gaz naturel couvre une multitude de besoins, à côté de la production d'électricité, comme le chauffage, dans le secteur industriel ou domestique, ou comme le carburant des véhicules.

[74] SABLIERE P., *Droit de l'énergie, op.cit.*, pg. 1358.

[75] *Ibidem*

l'électricité et le gaz est la possibilité de stockage pour le second. En effet, en l'état actuel des avancées technologiques, l'électricité ne peut être stockée à un niveau comparable à celui du gaz. Des efforts ont été réalisés ces dernières années pour promouvoir le stockage des énergies renouvelables.

25. Le secteur de l'énergie est un domaine d'une importance significative au niveau européen. Le marché énergétique grec fait partie du marché énergétique européen, libéralisé à partir des années 1990, lorsque la création d'un marché intérieur a été initiée en Europe[76] basée sur l'idée que l'introduction de la concurrence sur un marché est plus bénéfique pour la société en termes de prix et d'efficacité[77].

26. En tant que concept, le marché intérieur a été consacré dans l'Acte Unique Européen (1986), après que la Commission Delors, dans le *Livre Blanc* publié en 1985, a présenté ses propositions pour la réalisation d'un marché unique : « *Faire l'unité de ce grand marché (...) suppose que les États membres de la Communauté s'accordent sur l'abolition des barrières de toute nature, l'harmonisation des règles, le rapprochement des législations et des structures fiscales, le renforcement de leur coopération monétaire, ainsi que les mesures d'accompagnement nécessaires pour amener les entreprises européennes à coopérer* »[78]. Le marché intérieur repose sur quatre libertés fondamentales : la libre circulation des personnes, des biens, des services et des capitaux[79].

27. Or, l'électricité ayant été conçue comme un bien[80], tout comme le gaz en considération de sa capacité à être stocké, leur libre circulation a été promue parmi les États européens. Néanmoins, historiquement, les entreprises énergétiques étaient des entreprises publiques, qualifiées d'« opérateurs historiques », caractérisées par une structure verticale et bénéficiant d'un monopole ; une structure justifiée dans un premier temps,

---

[76] Le secteur de l'énergie a attiré l'attention du législateur européen dès le début de la construction européenne dans les années 1950. La coopération entre États européens dans le domaine de l'énergie était considérée comme essentielle pour des raisons de paix. Deux des trois piliers des Communautés européennes étaient, en effet, la Communauté européenne de l'énergie atomique (Euratom, 1957) et la Communauté européenne du charbon et de l'acier (CECA, 1951).

[77] JONES A., SUFRIN B., *EU Competition Law : Text, Cases, and Materials*, United Kingdom, Oxford University Press, 5th edition, 2014, pg. 4.

[78] Commission des Communautés européennes, COM (85) 310 final, Bruxelles, le 14 juin 1985, « *L'achèvement du marché intérieur - Livre Blanc de la Commission à l'intention du Conseil européen (Milan, 28-29 juin 1985)* », pg. 1-55, pg. 4. L'étude a identifié trois obstacles à la création d'un marché unique : des obstacles physiques, tels que des contrôles aux frontières ; des obstacles techniques, à savoir des législations nationales différentes contraignant la libre circulation des produits ou des personnes ; enfin des obstacles fiscaux.

[79] ART J.-Y., « Marché intérieur », *in* BARAV A., PHILIP C., *Dictionnaire Juridique des Communautés Européennes*, Paris, PUF, 1993, pg. 644-652 ; PRIOLLAUD F.-X., SIRITZKY D., *Le Traite de Lisbonne : texte et commentaire article par article des nouveaux traités européens (TUE-TFUE)*, Paris, La Documentation française, 2008, pg. 181.

[80] CJCE, C-393/92, *Gemeente Almelo et Energiebedrijf Ijseelmij NV*, 27/04/1994, (pt. 28). Voir la contribution sur ce point de LAMOUREUX M., « Le bien énergie », *op.cit.*, pg. 240.

puisque, étant donné l'ampleur des capitaux nécessaires pour construire les infrastructures, une telle organisation leur permettait des économies d'échelle et d'envergure[81]. Ces caractéristiques étaient inhérentes à toutes les entreprises en réseaux ; une notion qui inclut les entreprises agissant dans les domaines de l'énergie, des télécommunications, de la poste et des transports. Cette catégorie d'entreprises nécessite la construction d'infrastructures spécifiques afin d'acheminer un bien ou un service vers des consommateurs finaux[82].

28. La réalisation d'un marché intérieur regroupant des entreprises en réseau, catégorie dont relèvent les entreprises énergétiques, a requis non seulement une harmonisation des législations nationales[83] mais aussi une « *démonopolisation* »[84]. Précisément, l'ouverture à la concurrence des entreprises énergétiques a nécessité un aménagement des monopoles nationaux et l'octroi à des opérateurs concurrents d'un droit d'accès tant aux activités concurrentielles qu'aux infrastructures essentielles que sont les réseaux[85]. Toutefois, au regard de l'importance de telles entreprises pour la société, la libéralisation du marché a été accompagnée d'obligations de service public imposées aux opérateurs ainsi que de la création d'autorités de régulation dans le but d'assurer un équilibre entre concurrence et intérêt général[86].

29. La libéralisation du secteur de l'énergie, s'inscrivant dans cette logique, a été progressive ; précisément, elle a connu trois étapes jusqu'en 2019 dont chacune a été marquée par des changements en termes de structure de la chaîne énergétique. La chaîne électrique, comme la chaîne

[81] CURIEN N., *Économie des réseaux*, Paris, La Découverte, 2005, pg. 67.

[82] La nature des infrastructures en réseaux varie selon les secteurs (ex. câbles, lignes, terminaux, gazoducs) et l'évolution de leur libéralisation, dépendant des avancées technologiques et de leurs caractéristiques techniques propres. Voir le terme « *réseau* », *in* NICOLAS M., RODRIGUES S. (dir.), *Dictionnaire économique et juridique des services publics en Europe*, Paris, éd. ASPE Europe, 1998, pg. 223-226, pg. 223.

[83] C'est l'Acte unique européen de 1986 qui a introduit l'article 114 TFUE en tant que base juridique pour l'harmonisation des législations nationales sur la base d'une majorité qualifiée dans un but d'approfondissement du marché intérieur. La consécration de cette disposition a démontré que le marché unique était essentiellement un « *lawmaking project* ». Voir : BARNARD C., *The substantive law of the EU. The four freedoms*, United Kingdom, Oxford University Press, 6th edition, 2019, pg. 16 et s.

[84] CURIEN N., *Économie des réseaux*, *op.cit.*, pg. 71 ; BERROD F., « Monopoles (approche juridique) » *in* BAZEX M., ECKERT G., LANNEAU R., LE BERRE C., DU MARAIS B., SEE A. (dir.), *Dictionnaire des Régulations*, Paris, LexisNexis, 2016, pg. 415-421, pg. 418.

[85] GERADIN D., « L'ouverture à la concurrence des entreprises de réseau. Analyse des principaux enjeux du processus de libéralisation », *Cahiers de droit européen,* n° 1-2, 1999, pg. 13-48, pg. 25 ; RICHER L., « Droit d'accès et service public », *AJDA,* n° 2, 2006, pg. 73-81, pg. 73.

[86] NICINSKI S., *Droit public des affaires,* Issy-les-Moulineaux Cedex, LGDJ, 8e édition, 2021, pg. 220. Voir sur les quatre principes qui régissent l'organisation des secteurs de l'électricité et de gaz : LAMOUREUX M., *Droit de l'énergie*, Paris, LGDJ, 2e édition, 2022, pg. 240 et s.

gazière, se composent chacune des segments suivants : production (ou importation), réseau de transport, réseau de distribution, fourniture. Le réseau gazier comprend aussi des installations de stockage de gaz et des installations de GNL. L'idée centrale de la libéralisation européenne était de dissocier les réseaux énergétiques, qui restent des monopoles naturels, des activités hors réseaux, ouvertes à la concurrence.

30. La première phase de libéralisation de l'énergie a eu lieu en 1996 pour l'électricité et 1998 pour le gaz : le segment de la production a été ouvert à la concurrence et une dissociation comptable entre les réseaux et les activités en dehors des réseaux a été exigée[87]. La deuxième phase s'est déroulée en 2003 (pour l'électricité et le gaz) : le segment de la fourniture a alors été ouvert à la concurrence et les consommateurs, à partir de 2007, ont pu choisir librement leur fournisseur. En outre, une dissociation juridique et fonctionnelle des réseaux par rapport aux activités hors réseaux a été imposée[88].

Lors de la troisième phase de libéralisation, en 2009, le législateur européen a envisagé une séparation effective (découplage effectif) des réseaux de transport, électrique et gazier, en prévoyant une séparation patrimoniale de ceux-ci vis-à-vis des activités hors réseaux. Cependant, aux côtés de ce dispositif de séparation, il a également été prévu deux modèles alternatifs permettant le maintien d'une structure de verticalité : le modèle de gestionnaire de réseau indépendant (*Independent System Operator / ISO model*) et le modèle de gestionnaire de réseau de transport indépendant (*Independent Transmission Operator / ITO model* »)[89]. En outre, des règlements ont été adoptés envisageant un renforcement des échanges transfrontaliers, électriques[90] et gaziers[91], entre les États membres ainsi que

---

[87] Directive 96/92/CE du Parlement européen et du Conseil du 19 décembre 1996 concernant des règles communes pour le marché intérieur de l'électricité, *JOCE* L 27/20 du 30/01/1997 (ci-après « directive 96/92/CE ») ; directive 98/30/CE du Parlement européen et du Conseil du 22 juin 1998 concernant des règles communes pour le marché intérieur du gaz naturel, *JOCE* L 204/1 du 21/07/1998 (ci-après « directive 98/30/CE »).

[88] Directive 2003/54/CE du Parlement européen et du Conseil du 26 juin 2003 concernant des règles communes pour le marché intérieur de l'électricité et abrogeant la directive 96/92/CE, *JOUE* L 176/37 du 15/07/2003 (ci-après « directive 2003/54/CE ») ; directive 2003/55/CE du Parlement européen et du Conseil du 26 juin 2003 concernant des règles communes pour le marché intérieur du gaz naturel et abrogeant la directive 98/30/CE, *JOUE* L 176/57 du 15/07/2003 (ci-après « directive 2003/55/CE »).

[89] Directive 2009/72/CE du Parlement Européen et du Conseil du 13 juillet 2009 concernant des règles communes pour le marché intérieur de l'électricité et abrogeant la directive 2003/54/CE, *JOUE* L 211/55 du 14/08/2009 (ci-après « directive 2009/72/CE ») ; directive 2009/73/CE du Parlement européen et du Conseil du 13 juillet 2009 concernant des règles communes pour le marché intérieur du gaz naturel et abrogeant la directive 2003/55/CE, *JOUE* L 211/94 du 14/08/2009 (ci-après « directive 2009/73/CE »).

[90] Règlement (CE) n° 714/2009 du Parlement européen et du Conseil du 13 juillet 2009 sur les conditions d'accès au réseau pour les échanges transfrontaliers d'électricité et abrogeant le règlement (CE) n° 1228/2003, *JOUE* L 211/15 du 14/08/2009.

la création de l'Agence de Coopération des Régulateurs de l'Énergie (ACER)[92].

31. La crise économique en Grèce s'est donc déclenchée à un moment simultané ; lors de l'adoption du « troisième paquet » européen de libéralisation de l'énergie en 2009. C'est pourquoi, comme on l'a déjà relevé, la Grèce a non seulement dû respecter les règles européennes prévues dans la législation européenne - transposées dans l'ordre juridique national à travers la loi n° 4001/2011[93] - mais également exécuter les règles prévues dans les memoranda d'accord précités.

Le cœur de la problématique de la thèse peut ainsi être exposé : l'État grec touché par une dette publique énorme a été obligé de prendre des mesures dans le domaine de l'énergie, sans que le législateur grec ne puisse disposer de toute latitude pour agir autrement. L'État grec a dû ainsi s'efforcer de concilier l'exécution d'obligations internationales, européennes et nationales, qui n'étaient pas forcément antagonistes quant au but envisagé, mais dont la conciliation n'a pas toujours été aisée. Les mesures énergétiques imposées par la *Troïka* se sont en effet inscrites dans la lignée des directives de libéralisation de l'Union européenne en limitant toutefois la faculté du législateur grec. En effet, ce dernier n'a notamment pas pu bénéficier de la possibilité pourtant laissée aux autres États membres de choisir parmi plusieurs options proposées par les directives quant au modèle de gestion des réseaux. De plus, les memoranda ont parfois été plus loin que les exigences de l'Union européenne en rendant obligatoires certaines mesures tandis qu'au niveau européen, il avait été concédé une liberté aux (autres) États membres. La Grèce s'est donc vu *in fine* imposer un seul choix.

32. Notre travail consiste ainsi, pour l'essentiel, en une étude des mutations qui ont caractérisé le marché énergétique grec pendant et à cause de la crise économique, en conséquence des mesures prises en application des memoranda d'accord de 2009-2018 ; une période qui coïncide chronologiquement avec l'adoption par l'Union européenne d'un « troisième paquet » de libéralisation en 2009 alors que se préparait déjà un « quatrième paquet » de l'énergie. Dans le cadre du présent travail, on analysera en particulier les mesures de libéralisation des directives et des règlements que les memoranda ont voulu renforcer sur le marché énergétique grec. Il ne

---

[91] Règlement (CE) n° 715/2009 du Parlement européen et du Conseil du 13 juillet 2009 concernant les conditions d'accès aux réseaux de transport de gaz naturel et abrogeant le règlement (CE) n° 1775/2005, *JOUE* L 211/36 du 14/08/2009.

[92] Règlement (CE) n° 713/2009 du Parlement européen et du Conseil du 13 juillet 2009 instituant une agence de coopération des régulateurs de l'énergie, *JOUE* L 211/1 du 14/08/2009.

[93] Les directives 2009/72/CE et 2009/73/CE ont été transposées dans l'ordre juridique grec à travers la loi n° 4001/2011, « *Pour le fonctionnement des marchés énergétiques électricité et de gaz naturel, pour la recherche, la production et le réseau de transport d'hydrocarbures et autres dispositions* », *JO* A 179 du 22/08/2011 (ci-après « loi n° 4001/2011 »).

s'agira ainsi pas d'examiner la totalité des mesures prévues par la législation européenne dans la mesure où ne seront pas traitées celles qui n'ont pas été incluses dans les memoranda.

L'analyse concernera le marché énergétique grec en se concentrant sur les instruments mis en place, en exécution des memoranda d'accord, qui ont permis à la Grèce d'intégrer le marché intérieur européen de l'énergie. Il s'agit toutefois d'une analyse transposable aux autres pays européens étant donné que le secteur énergétique est fortement harmonisé au niveau européen. Par ailleurs, certaines questions et réflexions exposées dans ce travail, ayant un caractère technique, présentent par nature un intérêt transnational.

33. La crise économique des dernières années a révélé les difficultés éprouvées par de nombreux États pour soutenir leur économie afin d'y faire face. Nombre d'entre eux ont emprunté à des institutions internationales, augmentant ainsi leur déficit et leur dette, tout en perdant une partie de leur souveraineté en s'engageant à réaliser des réformes multiples dans des domaines pour lesquels des engagements variés coexistent[94]. Ce fut le cas de la Grèce.

34. Afin de pouvoir mieux comprendre le bilan des mesures imposées au marché énergétique grec par la *Troïka*, il nous paraît pertinent, préalablement à une analyse des mesures prises, de présenter la situation de ce marché qui connaissait certaines particularités au moment du déclenchement de la crise en 2009.

35. En effet, en dépit du processus de libéralisation européen, le marché énergétique grec est longtemps resté assez concentré, dépourvu d'une véritable concurrence, d'un *level playing field*[95]. Les concurrents des opérateurs historiques avaient, de fait, une position insignifiante sur le marché.

36. D'autre part, le système électrique grec est caractérisé par un réseau de transport et un réseau de distribution de petite taille. De plus, certaines îles, notamment celles situées dans la mer Egée n'étaient pas interconnectées avec le réseau continental[96] et étaient donc approvisionnées par des stations

---

[94] BRACONNIER S., *Droit public de l'économie, op.cit.*, pg. 54-57.

[95] Les indicateurs pour déterminer le niveau de concentration sur un marché sont : les parts de marché des opérateurs historiques, la taille et l'importance des concurrents, la stabilité des parts de marché, les barrières à l'entrée dans le marché (administratives, contrats d'exclusivité), l'intégration verticale. DE HAUTECLOCQUE A., « Article 102 TFUE – Abuse of a dominante position », *in* HANCHER L., DE HAUTECLOCQUE A., JONES C., KJØLBYE L., LANDES V., SALERNO F., SANDBERG L., *EU Energy Law. Volume II – EU Competition Law and Energy Markets*, Deventer (Netherlands), ed. Claeys & Casteels, 5th edition, 2019, pg. 283-375, pg. 307.

[96] Art. 2 « *Définitions* », par. 3 de la loi n° 4001/2011 : les îles non interconnectées sont « *des îles dont le réseau de distribution n'est pas relié au réseau de transport et de distribution du territoire continental* ». Il s'agit d'un nombre important d'îles de la mer Egée (Cyclades, Dodécanèse, îles

autonomes locales. Enfin, les liaisons avec les réseaux des pays voisins n'étaient pas suffisamment développées.

L'opérateur historique d'électricité en Grèce est l'entreprise DEI (connu en anglais sous le nom de *Public Power Corporation* / PPC ; *Δημόσια Επιχείρηση Ηλεκτρισμού/ΔΕΗ*). Créé en 1950[97], il s'agissait d'une entreprise publique de structure verticale qui, avant la libéralisation, détenait des droits monopolistiques sur tous les segments de la chaîne électrique[98]. Malgré la libéralisation européenne, DEI continuait de bénéficier *de facto* d'un accès prioritaire aux gisements de lignite pour la production d'électricité ; un accès, qui, on le verra, a été sanctionné en 2016 par la Cour de Justice de l'Union européenne[99]. DEI contrôlait le réseau de transport et de distribution à travers des gestionnaires de réseau qui étaient ses entreprises filiales et fournissait la quasi-totalité des clients finaux sur la base de tarifs réglementés. De plus, DEI disposait de droits exclusifs *de jure* quant à la production et la fourniture d'électricité aux îles non interconnectées, conformément à une décision d'exception de la Commission européenne quant à l'application de la directive 2009/72/CE[100]. Ainsi, lorsqu'a débuté la crise économique en Grèce en 2009, on peut dire que DEI disposait d'une position hyper dominante sur le marché électrique grec[101].

---

d'Égée du nord, Crète), à l'exception de quelques îles proches du territoire continental. Les îles de la mer Ionienne sont reliées avec le réseau continental *via* des câbles sous-marins.

[97] Loi n° 1468/1950, « *L'établissement de DEI* », *JO* A 169/2 du 07/08/1950. En 1950, année de la création de DEI, existaient en Grèce autour de 400 compagnies d'électricité (entreprises privées et entreprises appartenant à des autorités municipales). Les matières premières utilisées pour la production d'électricité étaient le pétrole et le charbon importés. La segmentation de la production conjointement à l'importation de carburant aboutissaient à un prix de l'électricité assez élevé. En 1950, en vue d'une utilisation des ressources productives nationales, de la consolidation de la production dans un réseau unique et de l'institution d'un organe unique qui permettrait le partage des coûts entre les zones rentables et non rentables, DEI a été créé. Le but était de fournir l'électricité à tout le territoire grec, des petites îles frontalières jusqu'aux régions montagneuses les plus éloignées. DEI a exploité le lignite, qui se trouvait dans le sous-sol grec, comme combustible pour la production d'électricité et a intégré les réseaux existants dans un réseau de transport national unifié. V. FORTSAKIS T., FARANTOURIS N., *Droit de l'énergie*, Athènes, ed. Nomiki Bibliothiki, 2016, pg. 235 et s.

[98] Art. 2 de la loi n° 1468/1950, *JO* A 169/2 du 07/08/1950.

[99] CJUE, C-553/12 P, *Commission européenne c/ Dimosia Epicheirisi Ilektrismou AE (DEI)*, (3ème chambre), 17/07/2014. Voir aussi : TPI-169/08, RENV, *DEI c/Commission européenne*, (1ère chambre), 15/12/2016 ; TPI-421/09 RENV, *DEI c/Commission européenne*, (1ère chambre), 15/12/2016.

[100] Commission européenne n° 536/2014 du 14 août 2014 accordant à la République hellénique une dérogation à certaines dispositions de la directive 2009/72/CE du Parlement européen et du Conseil, *JOUE* L 248/12 du 22/08/2014.

[101] À la fin de 2008, DEI disposait de 99,4 % des parts du marché de fourniture d'électricité aux consommateurs. En 2009, 5 % des consommateurs ont choisi un autre fournisseur. En 2018 la concentration sur le marché électrique restait élevé étant donné que DEI disposait de 78 % des parts de marché quant à la production d'électricité et de 90 % des parts de marché quant à la fourniture d'électricité. V. le Rapport de l'Autorité Réglementaire pour l'Énergie (RAE), « 2010

37. Quant au marché gazier grec, la situation était similaire. Celui-ci n'avait pas connu de véritable libéralisation jusqu'à la crise économique de 2009. Il s'agissait d'un marché récent avec des infrastructures de réseaux gaziers insuffisamment développées. Initialement, seules trois régions étaient approvisionnées en gaz et les interconnexions avec les pays voisins étaient très limitées[102]. Il a ainsi été considéré, dès le début de la libéralisation[103], en tant que « marché émergent » et a fait l'objet d'une dérogation quant à l'application de certaines dispositions des directives ; un statut maintenu avec la directive 2009/73/CE[104]. La Grèce est alimentée par du gaz qui provient de Russie (*Gazprom*), de Turquie (*Botas*) et d'Algérie pour le GNL (*Sonatrach*).

L'opérateur historique gazier en Grèce est l'entreprise DEPA (connu en anglais sous le nom *Public Gas Corporation of Greece* ; *Δημόσια Επιχείρηση Αερίου / ΔΕΠΑ*) qui a été créée en 1988[105]. DEPA était une entreprise publique caractérisée par une structure verticale qui contrôlait tous les segments de la chaîne gazière. Ainsi, elle détenait des droits exclusifs en matière d'importation, exportation, gestion du réseau de transport, installations de GNL, gestion du réseau de distribution et fourniture du gaz[106]. La dérogation dont bénéficiait la Grèce par les directives de libéralisation lui a permis ne pas dissocier le réseau de distribution de l'activité de fourniture mais aussi de ne pas ouvrir à la concurrence le segment de la fourniture. Une telle configuration avait pour conséquence que les clients ne pouvaient pas choisir un autre fournisseur gazier que DEPA et que l'approvisionnement se faisait sur la base de tarifs réglementés.

National Report to the European Commission. Covering *the period 01/01/2009 - 31/12/2009* », Athènes, Novembre 2010, pg. 1-57, pg. 25 ; RAE, « *National Report 2019 : Regulation and performance of the electricity market and the natural gas market in Greece, in 2018* », Athènes, Decembre 2019, pg. 1-129, 43 et 55.

102 XENITI A.-E., « Country reports – Greece - The natural gas sector in Greece: A long road to liberalisation », *ENLR*, 1/2015, pg. 56-59, pg. 56.

103 Art. 26 de la directive 1998/30/CE ; art. 28 « *Marchés émergents et isolés* » de la directive 2003/55/CE.

104 Art. 49 « *Marchés émergents et isolés* », par. 8 de la directive 2009/73/CE.

105 Nous utiliserons ultérieurement la terminologie DEPA pour désigner cette entreprise. La décision de l'introduction du gaz naturel dans le bilan énergétique de la Grèce a été prise en 1987 afin de remplacer l'utilisation de lignite pour la production de l'électricité, réduire la dépendance de l'économie au pétrole et protéger l'environnement. En 1988, l'entreprise publique de gaz naturel, connue sous le nom de DEPA, filiale de l'entreprise publique pour le pétrole (« *Δημόσια Επιχείρηση Πετρελαίου/ΔΕΠ* »), a été établie avec 65 % de participation de l'État et 35 % de l'entreprise de pétrole grecque. V. FORTSAKIS T., FARANTOURIS N., *Droit de l'énergie*, *op.cit.*, pg. 61.

106 Art. 3, par. 3 et par. 5 de la loi n° 2364/1995, « *Introduction, transport, commercialisation, distribution du gaz naturel* », *JO* A 252 du 06/12/1995. Voir aussi le rapport de la RAE « 2010 *National Report to the European Commission.* Covering *the period 01/01/2009 - 31/12/2009* », *op.cit.*, pg. 37.

38. Ainsi, le marché énergétique était fortement concentré, caractérisé par la présence prépondérante des opérateurs historiques. Face à une telle situation, les mesures imposées par les memoranda d'accord dans ce secteur avaient une double finalité : d'une part, renforcer la concurrence ; d'autre part, ajuster le rôle de l'État grec sur le marché. Pour arriver à ces buts, plusieurs instruments ont été imposés.

39. S'agissant du premier objectif, le renforcement de la concurrence, celui-ci a été envisagé sur tous les segments de la chaîne électrique et de la chaîne gazière ; tant pour les réseaux que pour les activités hors réseaux. Quant aux réseaux, restant des monopoles naturels, l'introduction de la concurrence implique un accès non discriminatoire aux opérateurs intéressés. Afin d'assurer la réalisation de ce but, le moyen utilisé a été de dissocier la propriété de l'entreprise gestionnaire du réseau de transport, tant électrique que gazier, des entreprises exerçant des activités hors réseaux, notamment les producteurs et les fournisseurs. La dissociation patrimoniale, imposée en Grèce par les memoranda, a constitué un changement fondamental dans la structure du marché énergétique dans la mesure où elle a rompu avec la verticalité caractéristique des opérateurs historiques.

Pour autant, la mise en place d'une séparation patrimoniale a été considérée comme pouvant mettre en péril l'unité fonctionnelle du système électrique qui, étant donné l'impossibilité jusqu'à récemment de le stocker, nécessite un équilibre en temps réel entre la production (offre) et la fourniture (demande)[107].

Les memoranda ont tendu non seulement à dissocier effectivement les réseaux dans le marché grec mais aussi à les européaniser à travers le développement d'interconnexions électriques et gazières, tant à l'intérieur du pays qu'avec l'extérieur. Ainsi, la connexion des îles non interconnectées avec le réseau continental a été promue, tout comme des interconnexions extérieures à travers les gazoducs *TAP*, *EastMed*, *IGB*, *IGI Poseidon*, *Southern Gas Corridor*, ou encore *EuroAsia Interconnector*.

40. Quant aux activités hors réseaux, c'est-à-dire les activités qui interviennent en amont et en aval des réseaux, la mise en concurrence a impliqué la possibilité que plusieurs opérateurs exercent ces activités.

Plusieurs instruments ont été mis en œuvre dans ce but : l'adoption de la loi *NOME* qui a obligé l'opérateur historique électrique DEI à vendre une partie de la production d'électricité à ses concurrents ; des programmes similaires de vente de gaz (*gas release programs*) de la part de l'opérateur historique gazier DEPA à l'égard de ses concurrents ; une diversification des

---

107 MARCOU G., « État et collectivités territoriales dans la loi sur la transition énergétique. Adaptation ou mutation du système énergétique français ? », *in* MARCOU G., EILLER A.-C., POUPEAU F.-M., STAROPOLI C. (dir.), *Gouvernance et innovations dans le système énergétique. De nouveaux défis pour les collectivités territoriales,* Paris, L'Harmattan, coll. « GRALE », 2015, pg. 17-71, pg. 51.

sources d'approvisionnement en gaz ; une promotion des recherches pour une utilisation des ressources d'hydrocarbures présentes dans le sous-sol grec ; une européanisation des marchés de gros à travers l'harmonisation de leur fonctionnement entre les États européens conformément à l'*European Target Model* ; la suppression des tarifs réglementés de vente ; la consécration de la possibilité pour tous les clients de pouvoir choisir leur fournisseur d'électricité et de gaz.

41. Le deuxième but des mesures imposées par les memoranda d'accord, était de de faire évoluer le rôle de l'État sur le marché énergétique grec : celui-ci ne pouvait plus offrir le bien de l'énergie mais contrôler le fonctionnement du marché.

En ce sens, la privatisation des opérateurs historiques énergétiques a été imposée en Grèce ; une décision relevant d'un vaste programme de privatisations qui s'est accompagné de la création d'agences de privatisation.

L'État devait désormais se limiter à une fonction de régulateur dont l'exercice est partagé entre le ministre de l'Environnement, de l'Énergie et du Changement climatique et l'Autorité de Régulation pour l'Énergie (*Regulatory Authority for Energy* / RAE ; *Ρυθμιστική Αρχή Ενέργειας* / *PAE*). L'État régulateur, disposant d'une variété d'instruments entre ses mains, doit assurer une harmonie entre plusieurs enjeux et éléments de nature économique, concurrentielle, environnementale, sociale et technique. Il doit notamment garantir l'équilibre d'un marché qui subit une crise économique dans l'intérêt d'une société caractérisée par une précarité énergétique croissante. L'État doit ainsi s'assurer du respect de la concurrence entre opérateurs du marché mais aussi que les obligations de service public pesant sur ces derniers soient bien respectées.

42. Enfin, l'État grec devait augmenter l'utilisation des énergies renouvelables dans le mix énergétique. La transition énergétique, préconisée dans les memoranda d'accord, est un but toujours poursuivi au niveau européen en vue d'apporter des changements importants du secteur de l'énergie. C'est surtout à partir de 2019, dans le cadre du *Pacte Vert Pour l'Europe* que l'on analysera en détail, que des taux toujours plus élevés d'utilisation d'énergies renouvelables ont été posés et des instruments adoptés pour permettre d'atteindre ces objectifs.

43. Ce sont ces mesures que l'on examinera dans ce travail. Tout au long de notre analyse, la question des aides d'État sera par ailleurs évoquée à plusieurs reprises. On ne consacrera cependant pas de chapitre spécifique à ce sujet, nous concentrant sur un examen ciblé de plusieurs mesures pertinentes.

Le marché énergétique grec se trouve donc en mutation profonde depuis le début de la crise économique : le marché se transforme, le mix énergétique change, la place des énergies renouvelables et du gaz s'accroît, les interconnexions se multiplient, l'intervention étatique dans le marché se métamorphose, les consommateurs deviennent actifs.

44. Une question qui se pose alors est la suivante : pourquoi la *Troïka* a-t-elle procédé à tel ou tel choix quant aux mesures imposées ? Autrement dit, quels sont l'origine et les motifs de ces mesures ? En réalité, lorsque la *Troïka* intervient dans un domaine où l'État qui demande de l'aide financière connaît d'autres contraintes supranationales, en principe elle s'aligne sur ces contraintes ou les rend encore plus strictes. C'est le cas pour le secteur de l'énergie en Grèce dont la compétence pour légiférer est partagée entre les États membres et l'Union européenne. Les choix de la *Troïka* correspondent de fait aux choix du législateur européen et à la manière dont ce dernier souhaite organiser le marché de l'énergie en Europe. Pour confirmer ce postulat, il suffit d'analyser les memoranda signés par Chypre[108], le Portugal[109], l'Irlande[110] avec la *Troïka* pour constater une forte similarité des

---

[108] Dans le mémorandum signé par Chypre avec la *Troïka* (2012-2015), on trouve beaucoup de similarités avec les memoranda signés par la Grèce. Dès le début du processus de libéralisation de l'énergie, le marché énergétique chypriote a été considéré comme un marché isolé qui bénéficiait de dérogations prévues par les directives de libéralisation. Le mémorandum a cependant envisagé le passage d'un régime d'exception à un régime concurrentiel dans lequel les dispositions des directives de libéralisation commenceraient à s'appliquer à ce petit marché national. Plus précisément, les dispositions du mémorandum signé par Chypre ont prévu : une application totale du troisième paquet de libéralisation de l'énergie de 2009 ; la transition d'un statut de marché isolé justifiant des dérogations vers le statut de marché émergent et l'application progressive des dispositions des directives de libéralisation ; le développement des infrastructures de gaz naturel ; l'établissement d'un cadre pour la gestion des hydrocarbures ; la création d'interconnexions énergétiques ; l'achèvement des objectifs européens quant aux énergies renouvelables, l'efficacité énergetique et les gaz à effet de serre ; le renforcement des conditions de création d'un marché de gros ; l'établissement des clients éligibles ; l'application du principe de dissociation des réseaux des activités hors réseaux ; des privatisations étendues. Ainsi, à partir de 2014, une dissociation comptable et juridique des réseaux par rapport aux activités hors réseaux a été mise en place à Chypre ; les clients sont devenus éligibles et les interconnexions, telles que l'*EastMed* et l'*EuroAsia Interconnector*, se sont développées. Voir : European Commission, Directorate-General for Economic and Financial Affairs, « European Economy – The Economic Adjustment Programme for Cyprus », Occasional Papers 149, May 2013, pg. 1-160, pg. 54, 97 ; disponible sur:
https://ec.europa.eu/economy_finance/publications/occasional_paper/2013/pdf/ocp149_en.pdf (consulté le 10/08/2022).

[109] Dans le mémorandum signé par le Portugal avec la *Troïka* (2011-2014), parmi les mesures les plus importantes pour le marché de l'énergie, on peut mentionner : l'accélération de la création d'un marché commun de l'électricité et du gaz naturel avec l'Espagne (MIBEL, MIBGAS) ; la suppression des tarifs réglementés et la garantie de prix raisonnables pour les consommateurs vulnérables ; le renforcement des pouvoirs du régulateur énergétique ; la privatisation des entreprises énergétiques (GALP, EDP, REN) ; l'encouragement au développement des énergies renouvelables ; l'amélioration de l'efficacité énergétique ; l'entière transposition du troisième paquet de libéralisation de l'énergie. Voir : European Commission, Directorate-General for Economic and Financial Affairs, « European Economy – The Economic Adjustment Programme for Portugal », Occasional Papers 79, June 2011, pg. 1-116, pg. 27 ; disponible sur:
https://ec.europa.eu/economy_finance/publications/occasional_paper/2011/pdf/ocp79_en.pdf (consulté le 10/08/2022).

mesures concernant leur secteur de l'énergie avec celles imposées à la Grèce.

45. Dès lors, on peut se demander quel est véritablement le bilan des réformes introduites ? À titre préliminaire, on pourrait considérer que les memoranda d'accord signés par la Grèce ont constitué des « *accélérateurs* » de la libéralisation européenne du secteur énergétique. Ils ont notamment permis de résoudre un certain nombre de problèmes endémiques dont pâtissait le marché grec et à l'européaniser en créant les conditions de sa transformation en hub énergétique important au sud-est de l'Europe. Créant les conditions d'une concurrence effective dans les États européens qui les signent, les memoranda contribuent aussi à l'approfondissement du marché intérieur européen de l'énergie.

46. En outre, les memoranda ont préparé le marché énergétique grec à l'adoption de futurs paquets de l'énergie. Respectant les engagements de l'Accord de Paris de 2015 en matière de réduction des émissions de gaz à effet de serre, la Commission européenne a notamment présenté en 2019, sous la présidence de Ursula Von Der Leyen, le *Pacte Vert pour l'Europe* (« *European Green Deal* ») qui vise à rendre l'économie européenne durable et l'Union européenne climatiquement neutre d'ici à 2050[111]. Ce *Pacte Vert* prévoit une feuille de route comprenant des actions progressives tendant à promouvoir l'utilisation des ressources propres et à enrayer le changement climatique[112]. Il englobe des actions dans tous les domaines de l'économie

---

[110] Dans le mémorandum signé par l'Irlande avec la *Troïka* (2010-2013), qui contient moins de dispositions sur l'énergie, il est prévu que le pays doit prendre des mesures en vue de promouvoir la concurrence sur le marché énergétique comme cela est prescrit par la législation européenne. Un instrument pertinent pour renforcer la concurrence est, selon l'accord, la privatisation des entreprises énergétiques. Voir : European Commission, Directorate-General for Economic and Financial Affairs, « European Economy – The Economic Adjustment Programme for Ireland », Occasional Papers 76, February 2011, pg. 1-90, pg. 35 ; disponible sur: https://ec.europa.eu/economy_finance/publications/occasional_paper/2011/pdf/ocp76_en.pdf (consulté le 10/08/2022).

[111] La présidente de la Commission, Mme Ursula von der Leyen a déclaré à ce propos : « *Le pacte vert pour l'Europe est notre nouvelle stratégie de croissance... Il décrit comment transformer notre mode de vie et notre façon de travailler, de produire et de consommer afin de vivre en meilleure santé et de rendre nos entreprises innovantes. Nous pouvons tous être associés à la transition et nous pouvons en tirer parti.* ». Voir : Commission européenne, Communiqué de presse, Bruxelles, le 11 décembre 2019, « *Le pacte vert pour l'Europe définit la marche à suivre pour faire de l'Europe le premier continent climatiquement neutre d'ici à 2050, tout en stimulant l'économie, en améliorant la santé et la qualité de vie des citoyens, en préservant la nature et en ne laissant personne à côté* » ; disponible sur : https://ec.europa.eu/commission/presscorner/detail/fr/IP_07_815 (consulté le 10/08/2022).

[112] Commission Européenne, COM (2019) 640, Bruxelles, le 11 décembre 2019, « *Communication de la Commission au Parlement Européen, au Conseil Européen, au Conseil, au Comité Economique et Social Européen et au Comité des Régions – Le pacte vert pour l'Europe* » ; disponible sur : https://eur-lex.europa.eu/legal-content/FR/TXT/PDF/?uri=CELEX:52019DC0640&from=FR (consulté le 10/08/2022).

tels que le transport, l'énergie, le bâtiment, l'agriculture et les produits chimiques.

Puis, mettant en œuvre le *Pacte Vert pour l'Europe*, le législateur européen a adopté, en 2019, le « quatrième paquet » de l'électricité : le « *Paquet énergie propre pour tous les Européens* » (connu comme le « *Clean Energy Package* »). Celui-ci envisage une « transformation profonde du système énergétique » et constitue ainsi un pas significatif vers l'Union de l'énergie qui envisage de dépasser les finalités du marché intérieur de l'énergie[113]. Ce « quatrième paquet » repose sur cinq axes : i) sécurité énergétique, solidarité et confiance ; ii) pleine intégration du marché européen de l'énergie ; iii) efficacité énergétique ; iv) décarbonation de l'économie ; v) recherche, innovation et compétitivité.

Le *Clean Energy Package* contient 8 instruments juridiques relatifs à : la performance énergétique des bâtiments[114] ; les énergies renouvelables[115] ; l'efficacité énergétique[116] ; le marché intérieur de l'énergie[117] ; les règles communes du marché intérieur d'électricité[118] ; la gouvernance de l'« Union de l'énergie » et l'action sur le climat[119] ; les risques liés au secteur d'électricité[120] ; la coopération des régulateurs énergétiques[121].

---

[113] TERNEYRE P., BOITEAU C., « Existe-t-il un droit de l'énergie ? », *RFDA*, n° 3, 2017, pg. 517-525, pg. 520 ; DERDEVET M., « L'Union de l'énergie. Un chantier à amplifier », *RUE*, n° 635, 2020, pg. 102-106, pg. 102.

[114] Directive (UE) 2018/844 du Parlement européen et du Conseil du 30 mai 2018 modifiant la directive 2010/31/UE sur la performance énergétique des bâtiments et la directive 2012/27/UE relative à l'efficacité énergétique, *JOUE* L 156/75 du 19/06/2018.

[115] Directive (UE) 2018/2001 du Parlement européen et du Conseil du 11 décembre 2018 relative à la promotion de l'utilisation de l'énergie produite à partir de sources renouvelables, *JOUE* L 328/82 du 21/12/2018.

[116] Directive (UE) 2018/2002 du Parlement européen et du Conseil du 11 décembre 2018 modifiant la directive 2012/27/UE relative à l'efficacité énergétique, *JOUE* L 328/210 du 21/12/2018.

[117] Règlement (UE) 2019/943 du Parlement européen et du Conseil du 5 juin 2019 sur le marché intérieur de l'électricité, *JOUE* L 158/54 du 14/06/2019.

[118] Directive (UE) 2019/944 du Parlement européen et du Conseil du 5 juin 2019 concernant des règles communes pour le marché intérieur de l'électricité et modifiant la directive 2012/27/UE, *JOUE* L 158/125 du 14/06/2019.

[119] Règlement (UE) 2018/1999 du Parlement européen et du Conseil du 11 décembre 2018 sur la gouvernance de l'Union de l'énergie et de l'action pour le climat, modifiant les règlements (CE) n° 663/2009 et n° 715/2009 du Parlement européen et du Conseil, les directives 94/22/CE, 98/70/CE, 2009/31/CE, 2009/73/CE, 2010/31/CE, 2012/27/UE et 2013/30/UE du Parlement européen et du Conseil, les directives 2009/119/CE et (UE) 2015/652 du Conseil et abrogeant le règlement (UE) n° 525/2013 du Parlement européen et du Conseil, *JOUE* L 328/1 du 21/12/2018.

[120] Règlement (UE) 2019/941 du Parlement européen et du Conseil du 5 juin 2019 sur la préparation aux risques dans le secteur de l'électricité et abrogeant la directive 2005/89/CE, *JOUE* L 158/1 du 14/06/2019.

[121] Règlement (UE) 2019/942 du Parlement européen et du Conseil du 5 juin 2019 instituant une agence de l'Union européenne pour la coopération des régulateurs de l'énergie, *JOUE* L 158/22 du 14/06/2019.

46A. De manière complémentaire au *Clean Energy Package* et au *Pacte Vert pour l'Europe*, la Commission européenne, en juillet 2021, a adopté le « cinquième paquet » : le paquet « *Ajustement à l'objectif 55* » (connu comme le « *Fit for 55 Package* »). Ce paquet fait un pas plus loin vers la transition énergétique avec des objectifs environnementaux d'ici à 2030 en vue de rendre l'Union européenne climatiquement neutre en 2050[122]. Selon ces propositions de la Commission, d'ici à 2030, le taux d'utilisation d'énergies renouvelables devra atteindre 40 % ; l'efficacité énergétique 36 % et la diminution des gaz à effet de serre doit arriver à 55 %.

Puis, en décembre de 2021, suivant la même logique, la Commission européenne a présenté des propositions sur des règles communes pour les marchés intérieurs de l'hydrogène et des gaz naturels et renouvelables (tels que le bio méthane ou le biogaz)[123]. Ce paquet, faisant partie du cinquième paquet, est connu comme l'« *Hydrogen and Decarbonised Gas Package* ». Il se trouve actuellement entre les mains du législateur européen pour son adoption finale.

46B. Enfin, une nouvelle impulsion a été donnée à la transition énergétique avec la guerre russo-ukrainienne qui a débuté en février 2022. Ainsi, en mai 2022, la Commission européenne, afin de réduire le plus vite possible la dépendance des États membres au gaz russe, a voulu accélérer l'emploi des énergies renouvelables en adoptant le plan *REPowerEU*[124] qui prévoit, *inter alia*, le renforcement de celles-ci dans le mix énergétique pour atteindre un taux de 45 % d'ici à 2030, l'accélération de l'utilisation des énergies propres, des économies d'énergie, une diversification des

---

[122] Commission Européenne, COM (2021) 550, Bruxelles, le 14 juillet 2021, « *Communication de la Commission au Parlement Européen, au Conseil, au Comité Economique et Social Européen et au Comité des Régions. "Ajustement à l'objectif 55" : atteindre l'objectif climatique de l'UE à l'horizon 2050 sur la voie de neutralité climatique* » ; disponible sur : https://eur-lex.europa.eu/legal-content/FR/ALL/?uri=COM%3A2021%3A550%3AFIN (consulté le 10/08/2022). Aussi : European Commission, '*Delivering the European Green Deal*', 14 juillet 2021 ; disponible sur : https://ec.europa.eu/clima/news/delivering-european-green-deal_en (consulté le 10/08/2022).

[123] Commission Européenne, COM (2021) 803 final, Bruxelles, le 15 décembre 2021, « *Proposition de directive du Parlement Européen et du Conseil concernant des règles communes pour les marches intérieurs des gaz naturel et renouvelable et de l'hydrogène* » ; disponible sur: https://eur-lex.europa.eu/legal-content/FR/TXT/?uri=CELEX%3A52021PC0803 (consulté le 10/08/2022). Commission Européenne, COM (2021) 804 final, Bruxelles, le 15 décembre 2021, « *Proposition de règlement du Parlement Européen et du Conseil sur les marchés intérieurs des gaz naturel et renouvelable et de l'hydrogène* »; disponible sur: https://eur-lex.europa.eu/legal-content/FR/TXT/?uri=COM%3A2021%3A804%3AFIN (consulté le 10/08/2022).

[124] Commission Européenne, COM (2022) 230 final, Bruxelles, le 18 mai 2022, « *Communication de la Commission au Parlement Européen, au Conseil Européen, au Conseil, au Comité Economique et Social Européen et au Comité des Régions – Plan REPowerEU* » ; disponible sur : https://eurlex.europa.eu/legalcontent/EN/TXT/?uri=COM%3A2022%3A230%3AFIN&qid=1653033742483 (consulté le 10/08/2022).

approvisionnements ainsi que l'encouragement des investissements qui vont dans le sens de la transition énergétique.

46C. Dans cette étude on relèvera que certaines mesures imposées en Grèce par les trois memoranda figurent aussi dans le *Clean Energy Package*, le *Fit for 55 Package*, ou encore *l'Hydrogen and Decarbonised Gas Package*. Cependant, les memoranda ne se réfèrent pas à ces paquets, étant donné que ces derniers leur sont ultérieurs, et une analyse détaillée de ces derniers dépasserait le champ temporel de notre sujet. Ces paquets concernent plutôt le premier segment de la chaîne énergétique, à savoir la source de production de l'énergie. Certainement, les réseaux sont aussi concernés étant donné les sources de production intermittentes, toutefois les instruments de régulation restent les mêmes dans les paquets de libéralisation successivement mis en place et sont utilisés chaque fois en conciliant le respect du principe de subsidiarité et une volonté d'intervention sur le marché. Ces paquets ne remettent pas en cause la « *construction* » déjà réalisée sur le marché de l'énergie ; ils font un pas plus loin vers un approfondissement de ce dernier à travers la promotion des énergies renouvelables.

47. S'agissant des réformes issues des memoranda d'accord, elles ont eu l'effet d'un *big bang* sur la régulation du marché de l'énergie en Grèce. Celles-ci ont été, de notre point de vue, dans la bonne direction. Des avancées positives ont, en effet, été réalisées même d'autres restent encore à faire. La libéralisation du marché énergétique a effectivement été un moyen de remettre la Grèce sur « ses pieds économiques » et de sortir de la crise[125].

48. Le secteur de l'énergie est « labyrinthique » et complexe, caractérisé par une réglementation intense et en mouvement incessant ; tant au niveau européen qu'au niveau national. La complexité de ces règles rend parfois difficile leur application par les juristes. Il s'agit d'un domaine où s'entrecroisent des règles relevant du droit de la concurrence, de la régulation économique, du droit administratif, des services publics, du droit de l'environnement et ce à plusieurs niveaux (européen et national ; législatif et réglementaire). On tentera, à travers cette étude, de présenter les mesures imposées au marché énergétique grec durant la crise économique, sans ambition d'exhaustivité mais avec précision. On essayera également de donner un état des lieux du marché intérieur de l'énergie et quelques perspectives d'évolutions futures sachant que certaines des mesures imposées sont en cours de mise en œuvre. Pour ce faire, nous avons opté pour le plan suivant axé sur deux parties **(III)**.

---

[125] Voir le rapport annuel de l'Institut de l'énergie du Sud-est de l'Europe : « *Le secteur énergétique grec* », février 2019, pg. 1-184, pg. 122 ; PAPAMICHALOPOULOS G., DOUKLIAS S., GONITHELLIS S., « Country Report : Greece », *in* CAMERON P., HEFFRON R., *Legal Aspects of EU energy regulation. The consolidation of energy law across Europe*, New York, Oxford University Press, 2e ed., 2016, pg. 323-343, pg. 324.

III.
Plan de l'étude

49. Les exigences européennes et internationales ont imposé deux types de mutations au marché énergétique grec. D'une part, des changements de réglementations ont visé à rendre ce marché plus concurrentiel, en l'européanisant et en l'internationalisant. Ainsi, des instruments visant à changer la structure du marché ont été adoptés. On peut dès lors qualifier ces mutations de « structurelles » sachant que leur principale finalité est la création de marchés énergétiques concurrentiels **(Partie I)**.

D'autre part, des évolutions ont tendu à réorganiser le rôle même de l'État sur le marché en se fondant sur l'idée selon laquelle, au regard d'un marché qui change, ce dernier doit prendre en considération ces modifications et évoluer. On peut ainsi qualifier ces mutations de l'État de « fonctionnelles », celles-ci visant une nouvelle régulation des marchés énergétiques[126] **(Partie II)**.

[126] Références juridiques et bibliographiques de la thèse à jour au 10 août 2022.

PREMIÈRE PARTIE.

LES MUTATIONS STRUCTURELLES : LA CRÉATION DES MARCHÉS DE L'ÉNERGIE

50. La quintessence de la libéralisation européenne dans le domaine de l'énergie est l'ouverture à la concurrence de tous les segments de la chaîne énergétique (électrique et gazière), de la production à la fourniture, y compris des réseaux. Cependant, les réseaux constituant des monopoles naturels, l'ouverture à la concurrence à leur égard n'engendre pas la création de plusieurs infrastructures concurrentielles qui assurent le transport ou la distribution d'électricité ou de gaz mais ouvre la possibilité, pour les opérateurs intéressés, d'y accéder dans des conditions équitables et non discriminatoires[1].

51. La libéralisation du domaine de l'énergie n'a été lancée que dans les années 1990. Après la II^de^ Guerre Mondiale et jusqu'en 1990, au regard d'un environnement économique incertain, le slogan de l'époque était en effet « *nationalisation, monopolisation, planification* »[2]. Pour des raisons de sécurisation de l'économie, la nationalisation était synonyme de rationalisation économique[3]. Le monopole permettait la minimisation des coûts de transaction sur le marché[4], la concentration et la facilitation du

[1] La concurrence à l'égard des réseaux est devenue possible dans le secteur des télécommunications où les avancées technologiques ont permis la création des réseaux alternatifs, ce qui a engendré une concurrence par les infrastructures, par exemple entre réseaux fixes et réseaux mobiles. Dans le secteur de l'énergie, le développement technologique est moindre et encore on ne peut parler d'une concurrence pour les infrastructures. Voir sur ce sujet la thèse de RAMBAUD R., *L'institution juridique de régulation. Recherche sur les rapports entre droit administratif et théorie économique* (thèse sous la direction de Gérard Marcou), Paris, Université Panthéon Sorbonne, L'Harmattan, 2012, pg. 109.

[2] GRAND E., VEYRENC T., CHEVALIER J.-M., *L'Europe de l'électricité et du gaz : acteurs, marchés, régulations,* Paris, Economica, 2011, pg. 80.

[3] *Ibidem*

[4] Les coûts de transaction sont « *les coûts encourus dans le processus d'achats et de ventes. Ils comprennent notamment les frais d'information, de courtage, le coût d'opportunité du temps consacré aux transactions* », voir la notion de « Coût de transaction » *in Lexique d'économie*

contrôle, la mutualisation du savoir-faire et de la recherche. Le monopole était associé à une intégration verticale des entreprises[5], un dispositif qui permettait des économies d'échelle (*economies of scale*)[6] et des économies d'envergure (*economies of scope*)[7]. Cette époque a ainsi pu être qualifiée d'âge « *d'or de l'organisation intégrée* »[8]. L'intervention de l'État dans l'économie permettait une meilleure planification.

52. Le triptyque d'organisation de l'économie (*nationalisation, monopolisation, planification*) a toutefois été mis en cause dans la durée. Les chocs pétroliers (1973, 1979) ont questionné l'effectivité des monopoles publics et conduit au lancement de vagues de libéralisation aux États-Unis et au Royaume-Uni[9]. Les dysfonctionnements et les mauvaises allocations des entreprises publiques par le biais de subventions croisées entre les activités monopolistiques des réseaux et les activités concurrentielles, l'hétérogénéité des marchés énergétiques européens et leur coopération inexistante[10], la pression pour la création d'un marché commun, ou encore la globalisation

---

(sous la direction de Silem Ahmed, Gentier Antoine, Albertini Jean-Marie), Paris, Dalloz, 14e édition, 2016, pg. 233.

[5] L'intégration verticale implique l'organisation de deux procédures (segments) successives dans la chaîne de production par la même entreprise. RIORDAN M., « What is vertical integration? », *in* WILLIAMSON O.-E., MASTEN S.-E. (dir.), *Transaction Cost Economics, Volume I-Theory and concepts,* Royaume-Uni, Elgar Reference Collection, 1999, pg. 356-373, pg. 356.

[6] On parle d'économies d'échelle quand l'efficacité de l'entreprise augmente lorsque le volume de ses activités s'accroît. Cela signifie que plus une entreprise produit, plus elle peut baisser les prix, car son coût marginal décroit. Chaque nouvelle unité produite a un coût moindre que la précédente. Les rendements d'échelle se réalisent dans les secteurs où les coûts fixes sont importants et, par conséquent, nécessitent une grande production afin que les coûts fixes soient mieux répartis. Thème « Monopole naturel : de la nationalisation à la mise en concurrence » *in* DESAINT P., DEUBEL P., ELLEBOODE C., KNOL M., *Les thèmes fondamentaux de l'économie*, Paris, Ellipses, 2012, pg. 265-269, pg. 265 ; Notion d'« économie de la banque » par GABILLON E., ROCHET J.-C. *in Dictionnaire de l'économie*, Paris, Albin Michel, coll. « Encyclopaedia Universalis », 2007, pg. 89.

[7] On parle d'économies d'envergure quand l'efficacité de l'entreprise s'accroît lorsque le nombre de ses activités s'accroît. Notion d'« économie de la banque » par GABILLON E., ROCHET J.-C. *in Dictionnaire de l'économie, ibidem*, pg. 89. GRAND E., VEYRENC T., CHEVALIER J.-M., *op.cit.*, pg. 97.

[8] GRAND E., VEYRENC T., CHEVALIER J.-M., *ibidem*, pg. 75.

[9] Dans les années 1980, Ronald Reagan aux États-Unis et Margaret Thatcher au Royaume-Uni ont associé la libéralisation à la dérégulation, en limitant le rôle de l'État dans l'économie et en introduisant la concurrence dans des secteurs énergétiques où le monopole n'était pas justifié, notamment dans la production et la fourniture. Cette idée a été empruntée plus tard par le législateur européen. HARIHARAN S., GHAYA K. « Competition Law in the Energy Sector: The European Experience », *European Energy and Environmental Law Review,* October 2011, pg. 197-206, pg. 197.

[10] Malgré la création de la Communauté européenne de l'énergie atomique (Euratom) en 1957 et de la Communauté européenne du charbon et de l'acier (CECA) en 1951 le domaine de l'énergie restait jusqu'aux années 1990 un domaine national.

ont poussé à un changement de vision quant à la structure des entreprises énergétiques[11].

53. Dans ce contexte, le législateur européen a procédé à une harmonisation minimale, opérant une « *chirurgie industrielle* »[12] de la chaîne énergétique en introduisant la concurrence de manière progressive dans tous les segments de celle-ci. De 1990 jusqu'à 2022, cinq « paquets de l'énergie » ont été adoptés[13]. Le but était d'ouvrir progressivement à la concurrence des segments de la chaîne énergétique pour lesquels un monopole n'était pas justifié pour des raisons économiques ou techniques, ainsi que dissocier les réseaux.

Ainsi, les premiers paquets de libéralisation de l'électricité et du gaz naturel (respectivement adoptés en 1996 et 1998) ont ouvert le segment de la production à la concurrence tandis que le deuxième paquet (2003) a ouvert à la concurrence celui de la fourniture. Puis, avec le troisième paquet en 2009, le législateur européen a plutôt voulu dissocier de manière efficace les réseaux des activités concurrentielles, surtout s'agissant du réseau de transport. Enfin, à l'été de 2019, l'Union européenne a adopté un quatrième paquet de l'énergie, le *Clean Energy Package*, dont le but est essentiellement le renforcement de l'utilisation des énergies renouvelables et la création de marchés « *véritablement intégrés, concurrentiels, axés sur les consommateurs et souples, équitables et transparents* »[14]. Dans la même lignée, le cinquième paquet de 2021, le *Fit For 55 Package*, promeut la transition énergétique et l'utilisation croissante des renouvelables dans le mix énergétique[15].

54. Toutefois, à l'issue du troisième paquet de libéralisation de 2009, qui sera l'axe central de notre étude, la libéralisation n'a pas donné les résultats escomptés et les marchés européens sont restés plus nationaux que

---

[11] THIRION N., « Des rapports entre le marché et la puissance publique : de l'État providence à l'État régulateur », *in* THIRION N. (dir.), *Crise et droit économique*, Bruxelles, Larcier, 2014, pg. 237-257, pg. 238.

[12] GRAND E., VEYRENC T., CHEVALIER J.-M., *op.cit.*, pg. 121.

[13] Pour un aperçu des trois premiers paquets de libéralisation, voir : VEDDER H., RØNNE A., ROGGENKAMP M., DEL GUAYO I., « EU Energy Law », *in* ROGGENKAMP M., REDGWELL C., RØNNE A., DEL GUAYO I. (dir.), *Energy Law in Europe : National, EU and International Regulation*, United Kingdom, Oxford University Press, 3rd edition, 2016, pg. 187-367, pg. 256 et s.

[14] Art. 1 « *Objet* » de la directive (UE) 2019/944 du Parlement européen et du Conseil du 5 juin 2019 concernant des règles communes pour le marché intérieur de l'électricité et modifiant la directive 2012/27/CE, *JOUE* L 158/125 du 14/06/2019.

[15] Commission Européenne, COM (2021) 550, Bruxelles, le 14 juillet 2021, « *Communication de la Commission au Parlement Européen, au Conseil, au Comité Economique et Social Européen et au Comité des Régions. "Ajustement à l'objectif 55" : atteindre l'objectif climatique de l'UE à l'horizon 2050 sur la voie de neutralité climatique* » ; disponible sur : https://eur-lex.europa.eu/legal-content/FR/ALL/?uri=COM%3A2021%3A550%3AFIN (consulté le 10/08/2022).

transnationaux. Tel a été le cas de la Grèce dont l'État grec pourrait être qualifié d'« *agoraphobe* » mais aussi de « *puissant* »[16]. En 2009 le marché énergétique grec n'avait pas de caractère concurrentiel étant donné que les opérateurs historiques électrique (DEI) et gazier (DEPA) occupaient une position d'hyper domination sur le marché. De plus, ces opérateurs jouissaient de certains droits exclusifs *de jure* conformément aux décisions d'exception prises par la Commission européenne qui permettaient qu'en Grèce ne soient pas appliquées certaines dispositions des directives de libéralisation de 2009, aussi bien en matière d'électricité que de gaz.

55. Ce sont finalement les memoranda d'accord signés entre la Grèce et la *Troïka* qui, à partir de 2009, ont accentué la libéralisation du marché énergétique grec et abouti à la création de marchés. Quant aux réseaux, domaine de monopole naturel, les memoranda d'accord, reprenant en principe les directives de libéralisation, ont visé une dissociation des réseaux afin de permettre l'accès effectif à ceux-ci **(Titre I)**. S'agissant des activités hors réseaux, plusieurs mesures ont été adoptées afin de consolider leur fonctionnement de manière concurrentielle **(Titre II)**.

---

[16] Le mot « agoraphobe » est formé par la combinaison de deux mots grecs : *agora* (« αγορά ») et *phobos* (« φόβος »). Agora signifie aujourd'hui le marché. Dans l'Antiquité, c'était l'endroit à Athènes où les citoyens échangeaient leurs avis (du verbe *agoreuo* « αγορεύω ») sur des sujets politiques, économiques et sociaux. *Phobos* signifie la peur. L'État grec avait peur du marché à tel point que les entreprises publiques dominaient dans l'économie (puissance de l'État), non pour des raisons d'efficacité mais plutôt à cause des réticences de l'État à ouvrir le marché. Voir : DELLIS G., *Utilité publique et marché-La fin des frontières : la régulation « vers le marché » des activités d'utilité publique,* tome A, Athènes, Komotini, ed. Sakkoulas, 2008, pg. 53.

TITRE I.

La mise en œuvre de la dissociation de(s) réseau(x)

56. Les réseaux énergétiques comprennent des infrastructures ainsi que des câbles pour l'électricité ou des gazoducs pour le gaz naturel qui transmettent le bien de l'énergie vers les consommateurs. Ils se trouvent au milieu de la chaîne énergétique, entre la production et la consommation. Ils sont contrôlés par une entreprise qui exerce un rôle de gestionnaire de réseau et sur laquelle reposent plusieurs obligations. Ces dernières années, les réseaux ont été de plus en plus interconnectés entre États européens.

57. Les réseaux étaient traditionnellement des monopoles naturels placés sous le contrôle d'une entreprise publique verticale. Le caractère monopolistique ainsi que l'importance vitale des réseaux au regard du fonctionnement du système énergétique conduisent à faire un lien entre ceux-ci et la souveraineté étatique. En ce sens, les droits exclusifs octroyés aux entreprises publiques sur les réseaux constituent un moyen de contrôle de la structure du marché par les pouvoirs publics[1]. Ces monopoles peuvent s'expliquer non seulement par des raisons de minimisation des coûts de transaction et de coordination des moyens de production[2] mais aussi pour des raisons purement techniques liées à la complexité et à l'ampleur des infrastructures, à la nécessité d'un retour sur capital, à des critères environnementaux, ou encore des raisons de sécurité ; autant d'éléments qui peuvent justifier l'existence d'un monopole. On imagine ainsi difficilement l'existence, dans un État, d'un deuxième ou troisième réseau de transport ou de distribution concurrentiel[3].

---

[1] NICINSKI S., *Droit public des affaires,* Issy-les-Moulineaux Cedex, LGDJ, 8e édition, 2021, pg. 144.

[2] TIROLE J. (Prix Nobel d'économie 2014), *Théorie de l'organisation industrielle,* Paris, Economica, coll. « Economie et statistiques avancées », 2015, pg. 340.

[3] Thème « Monopole naturel : de la nationalisation à la mise en concurrence » *in* DESAINT P., DEUBEL P., ELLEBOODE C., KNOL M., *Les thèmes fondamentaux de l'économie*, Paris, Ellipses, 2012, pg. 265-269, pg. 268.

58. Le réseau électrique est composé d'un réseau de transport et d'un réseau de distribution d'électricité. Le réseau électrique n'achemine pas un produit identifiable mais une puissance, des flux[4]. L'électricité peut être produite au moyen de sources diverses (pétrole, lignite, gaz, énergies renouvelables…) mais les électrons ne pouvant être utilisés dès leur production, une procédure de transformation est nécessaire jusqu'à ce que l'électricité arrive aux consommateurs. L'électricité produite passe par le réseau de transport et ensuite le réseau de distribution qui réalisent un abaissement de la tension électrique afin que celle-ci arrive au consommateur final sous une forme utilisable[5]. Les réseaux de transport et de distribution d'électricité ont chacun à leur tête un gestionnaire.

59. En ce qui concerne le gaz, la directive 2009/73/CE offre une définition du réseau gazier, à la différence de la directive 2009/72/CE relative à l'électricité qui ne précise aucune acception commune. Un réseau gazier, qui s'entend de manière plus large qu'un réseau électrique, consiste en « *tout réseau de transport, tout réseau de distribution, toute installation de GNL et/ou de stockage détenu et/ou exploité par une entreprise de gaz naturel, y compris le stockage en conduite et ses installations fournissant des services auxiliaires et celles des entreprises liées nécessaires pour donner accès au transport, à la distribution et au GNL* »[6]. Il existe un gestionnaire du réseau de transport et des installations de GNL, un gestionnaire du réseau de distribution et un gestionnaire des installations de stockage.

60. Les réseaux électriques et gaziers ont attiré l'attention du législateur européen à l'occasion de plusieurs étapes de libéralisation. Le régime de dissociation (*unbundling regime*) a été instauré par le législateur européen en tant que moyen de renforcer la concurrence sur les réseaux (électrique et gazier) dès le début de la libéralisation des années 1990. Ce principe implique la séparation des réseaux d'autres activités énergétiques hors réseaux telles que la production et la fourniture. Un tel régime a été mis en œuvre pour faciliter l'accès aux réseaux d'opérateurs autres que l'opérateur historique. La condition d'une concurrence réelle dans le secteur particulier des réseaux est d'obliger l'opérateur historique à ouvrir son réseau à ses concurrents[7]. Proprement dit, la logique concurrentielle concerne les activités hors réseaux[8].

---

[4] CHEBEL-HORSTMANN N., *La régulation du marché de l'électricité. Concurrence et accès aux réseaux* (thèse sous la direction de Piet-Jan Slot), Paris, Budapest, Kinshasa, Université Panthéon Assas, Université de Leiden, L'Harmattan, 2006, pg. 26.

[5] *Ibidem*

[6] Art. 2 « *Définitions* » de la directive 2009/73/CE.

[7] RICHER L., « Droit d'accès et service public », *AJDA*, n° 2, 2006, pg. 73-81, pg. 73.

[8] THIRION N., « Des rapports entre le marché et la puissance publique : de l'État providence à l'État régulateur », *in* THIRION N. (dir.), *Crise et droit économique*, Bruxelles, Larcier, 2014, pg. 237-257, pg. 240.

61. La séparation entre les réseaux et les activités concurrentielles hors réseaux a été imposée de manière progressive, à l'occasion de plusieurs phases de libéralisation, en raison des réticences des entreprises monopolistiques à caractère public. La dissociation comptable des réseaux (électrique et gazier) introduite avec la première phase de libéralisation (1996, 1998) a nécessité que les entreprises verticales tiennent des comptes séparés pour chaque activité au nom d'une meilleure transparence[9]. La dissociation juridique et fonctionnelle des réseaux (électrique et gazier), introduite avec la deuxième phase de libéralisation (2003), a quant à elle requis l'indépendance des gestionnaires de réseau sur le plan de la forme juridique, de l'organisation et de la prise de décision par rapport à d'autres activités non liées au réseau[10].

62. Toutefois, le régime de *unbundling* tel qu'il existait jusqu'à la troisième phase de libéralisation débutée en 2009 - sous la forme d'une séparation comptable, juridique et fonctionnelle - a de fait maintenu des « *murs chinois* »[11] pour de nouveaux opérateurs souhaitant accéder aux réseaux. Les opérateurs historiques continuaient d'occuper une position forte sur le marché. Comme l'a souligné l'étude sectorielle réalisée par la Commission européenne en 2005, le marché énergétique européen restait largement concentré et pâtissait de plusieurs dysfonctionnements : dissociation insuffisante entre les activités énergétiques, conflits d'intérêts des entreprises intégrées, absence d'investissement en matière d'infrastructures, échanges transfrontaliers limités, difficultés pour entrer dans le réseau éprouvées par de nouveaux opérateurs (tarifs d'accès excessifs, transparence insuffisante, fuite d'informations sensibles, subventions croisées entre activités ouvertes à la concurrence et monopolistiques, décisions favorables aux entreprises filiales, indisponibilité des capacités non utilisées…)[12]. Une telle situation a engendré un

---

[9] Le but était d'empêcher un éventuel abus de position dominante (tarifs anormalement bas ou élevés, pratiques discriminatoires pour des prestations équivalentes) et de faciliter le contrôle sur la comptabilité interne des entreprises par des autorités de régulation. Pt. 32 du préambule et Chapitre VI « *Dissociation comptable et transparence de la comptabilité* » de la directive 96/92/CE, pt. 22 du préambule et Chapitre V « *Dissociation comptable et transparence de la comptabilité* » de la directive 98/30/CE.

[10] Art. 10 « *Séparation juridique des gestionnaires de réseau de transport* » et art. 15 « *Séparation juridique des gestionnaires de réseau de distribution* » de la directive 2003/54/CE (électricité) ; art. 9 « *Séparation juridique des gestionnaires de réseau de transport* » et art. 13 « *Séparation juridique des gestionnaires de réseau de distribution* » de la directive 2003/55/CE (gaz).

[11] KROES N., « Improving competition in European energy market through effective unbundling », *Fordham International Law Journal,* volume 31, number 4, April 2008, pg. 1387-1441, pg. 1408. Ainsi: JONES C., « Introduction », *in* JONES C. (dir.), *EU Energy Law. Volume I – The Internal Energy Market*, Deventer (Netherlands), Leuven (Belgium), éd. Claeys & Casteels, 4th edition, 2016, pg. 1-14, pg. 4 et s.

[12] Commission européenne, COM (2006) 851 final, Bruxelles, le 10 janvier 2007, « *Communication de la Commission-Enquête menée en vertu de l'article 17 du règlement (CE) n°*

verrouillage des marchés et découragé de nouveaux opérateurs. Les marchés restaient essentiellement nationaux et le projet d'un marché intérieur de l'énergie était encore loin d'être une réalité.

63. En 2009, le législateur européen a voulu procéder à une restructuration importante des réseaux de transport en introduisant une dissociation patrimoniale et deux modèles alternatifs, applicables sous certaines conditions. Pour les réseaux de distribution électrique et gazier, la dissociation est restée légère.

64. En Grèce, jusqu'au déclenchement de la crise économique en 2009, la place occupée par les opérateurs historiques électrique (DEI) et gazier (DEPA) à travers des entreprises filiales était dominante. Ils étaient présents sur tous les segments de la chaîne énergétique ; pour les activités concurrentielles et en tant que gestionnaires de réseau électrique ou gazier. Les memoranda d'accord signés par le pays ont voulu une séparation effective du réseau de transport électrique et du réseau de transport gazier **(Chapitre I)**, tandis que pour le réseau de distribution, une dissociation plus modérée a été mise en place **(Chapitre II)**.

1/2003 sur les secteurs européens du gaz et de l'électricité (rapport final) » ; disponible sur : http://eur-lex.europa.eu/legal-content/FR/TXT/PDF/?uri=CELEX:52006DC0851&from=FR (consulté le 10/08/2022). Voir aussi: KROES N., « Improving competition in European energy market through effective unbundling », *ibidem*, pg. 1406; LECOQUE D., « Ownership Unbundling of Electricity Transmission Networks », *European Energy and Environmental Law Review*, October 2011, pg. 207-230, pg. 218.

CHAPITRE I.

La dissociation effective de(s) réseau(x) de transport électrique et gazier ainsi que des installations de stockage de gaz et de gaz naturel liquéfié (GNL)

« *Une nouvelle architecture des réseaux moins hiérarchique devient possible* »[1]
(Gérard Marcou)

65. Le réseau électrique est composé d'un réseau de transport et d'un réseau de distribution. Le réseau de transport opère le transfert d'électricité à très haute et haute tension sur de longues distances vers d'autres systèmes de transport ou de distribution interconnectés. Ce réseau traverse l'ensemble du territoire d'un pays. Le réseau de distribution transfère l'électricité de moyenne ou basse tension vers les centres de consommation[2]. La distribution s'effectue au niveau local et l'électricité en moyenne ou basse tension est utilisable pour la consommation industrielle ou résidentielle. La fourniture n'est pas incluse dans la notion de réseau, ni les lignes directes[3]. Si le réseau de transport a un caractère plutôt centralisé, le réseau de distribution a un caractère décentralisé.

66. Les directives européennes de libéralisation ne précisent aucun chiffre s'agissant de la tension (en kW) spécifique au réseau de transport et au

---

[1] MARCOU G., « Electricité, marché unique et "transition énergétique" : les contradictions du nouveau système électrique et la place des collectivités territoriales », *in* GRALE, *Droit et gestion des collectivités territoriales. Collectivités territoriales et énergie : ambitions et contradictions*, Paris, Le Moniteur, 2013, pg. 47-77, pg. 48.

[2] Art. 2 « *Définitions* » de la directive 2009/72/CE, transposé par l'art. 2 « *Définitions* », par. 3 de la loi de transposition n° 4001/2011.

[3] La ligne directe désigne « *une ligne d'électricité reliant un site de production d'électricité isolée à un client isolé, ou une ligne d'électricité reliant un producteur d'électricité et une entreprise de fourniture d'électricité, pour approvisionner directement leurs propres établissements, filiales et clients éligibles* ». Art. 2 « *Définitions* », pt. 15 de la directive 2009/72/CE et art. 2 « *Définitions* », par. 3 de la loi n° 4001/2011.

réseau de distribution. Il appartient, par conséquent, aux États membres de définir le point où finit leur réseau de transport et commence leur réseau de distribution.

Il nous paraît pertinent de présenter de manière schématique la figure de la chaîne électrique :

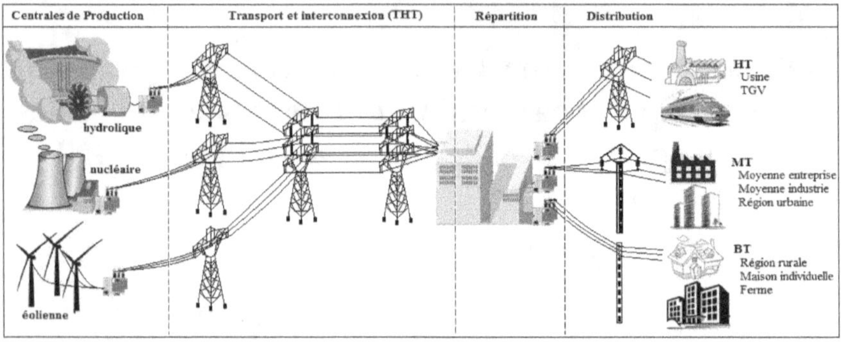

67. Le réseau gazier comprend un réseau de transport, un réseau de distribution, des installations de gaz naturel liquéfié (GNL), des installations de stockage de gaz, y compris le stockage en conduite[4], et des installations fournissant des services auxiliaires[5]. Dans le cadre de la présente étude, on s'intéressera au réseau de transport, au réseau de distribution, aux installations de stockage de gaz ainsi qu'aux installations de GNL.

Le transport de gaz naturel se réalise *via* un réseau principalement constitué de gazoducs à haute pression, en excluant les gazoducs en amont[6] et la distribution de gaz au niveau local[7]. La distribution du gaz naturel désigne « *le transport du gaz par l'intermédiaire de réseaux locaux ou régionaux de gazoducs aux fins de fourniture à des clients, mais ne comprenant pas la fourniture* »[8].

Le gaz sous sa forme naturelle (c'est-à-dire à l'état gazeux) peut être stocké dans de vastes réservoirs souterrains[9]. Les installations de stockage

---

[4] Le stockage en conduit signifie « *le stockage du gaz par compression dans les réseaux de transport et de distribution de gaz, mais ne comprenant pas les installations réservées aux gestionnaires de réseau de transport dans l'accomplissement de leurs taches* ». Le stockage en conduit est différent du stockage souterrain du gaz, en ce que le premier se fait dans les gazoducs de réseau de transport et de distribution et par conséquence est régi par les mêmes règles qui s'appliquent pour le réseau de transport et le réseau de distribution, ce qui n'est pas le cas pour le stockage souterrain. Art. 2 « *Définitions* » pt. 15 de la directive 2009/73/CE.

[5] Art. 2 « *Définitions* » de la directive 2009/73/CE.

[6] Les gazoducs en amont signifient les gazoducs pour le transfert du gaz par un site de production de gaz vers un réseau national.

[7] Art. 2 « *Définitions* » de la directive 2009/73/CE.

[8] *Ibidem*

[9] Le stockage souterrain de gaz peut se faire en trois manières : dans des nappes aquifères, dans des cavités salines souterrains artificielles ou dans d'anciens gisements de gaz épuisés. Voir sur le

servent à répondre aux besoins saisonniers des consommateurs, c'est-à-dire à une plus forte demande de gaz, renforçant ainsi la sécurité en approvisionnement et l'autonomie énergétique d'un pays[10].

Le gaz naturel peut être liquéfié (gaz naturel liquéfié/GNL) et, dans cet état, être transporté par des bateaux méthaniers. L'installation de GNL consiste en « *un terminal utilisé pour la liquéfaction du gaz naturel ou l'importation, le déchargement et la regazéification du GNL et comprenant les services auxiliaires et le stockage temporaire nécessaires pour le processus de regazéification du GNL et sa fourniture ultérieure au réseau de transport* »[11]. Il existe ainsi une chaîne du GNL qui comprend des installations particulières et repose sur des accords signés entre les pays de production/exportation et les pays d'importation[12].

S'agissant de la chaîne gazière (voir schéma ci-dessous), les points 3 (transport), 4 (stockage en nappes aquifères) et 5 (distribution) sont compris dans le réseau gazier. Les activités 1 (formation), 2 (extraction) et 6 (commercialisation/fourniture) ne sont pas incluses dans la notion de réseau et seront analysées dans le cadre d'un chapitre ultérieur relatif aux activités en dehors du réseau.

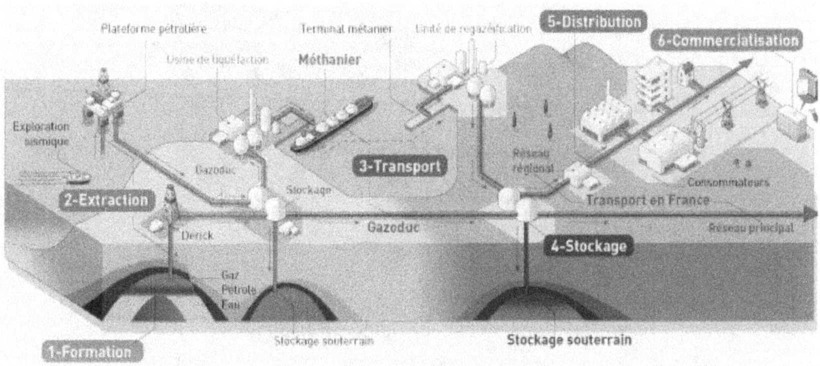

site de la Commission de régulation de l'énergie : « *Le gaz : comment ça marche ?* », Modules pédagogiques et vidéo sur le site de la CRE ; disponible sur : http://modules-pedagogiques.cre.fr/m2/index.html (consulté le 10/08/2022).

[10] SABLIERE P., *Droit de l'énergie,* Paris, Dalloz, 2014, pg. 1556.

[11] Art. 2 « *Définitions* », pt. 11 de la directive 2009/73/CE.

[12] La chaine de GNL comprend les étapes suivants : a) production du gaz, b) terminal de liquéfaction du gaz au pays d'exportation et lors de la liquéfaction du gaz sa volume se réduit de 600 fois ce qui facilite son transport, c) stockage du GNL, d) transit international du GNL avec des bateaux méthaniers, e) importation du gaz dans le pays importateur, e) le déchargement et la stockage temporaire nécessaire pour le regazéification, f) regazéification, g) insertion dans le réseau de transport de gaz naturel (ou dans une centrale électrique). FAY F.-M., « Le transit international de gaz », *CJEG,* n. 311, avril 1977, pg. 41-50, pg. 43.

Source : http://partenaire-altergaz.e-monsite.com/pages/de-sa-composition-a-sa-distribution.html

Stockage souterrain de gaz en nappe aquifère
Stockage souterrain de gaz en cavité saline

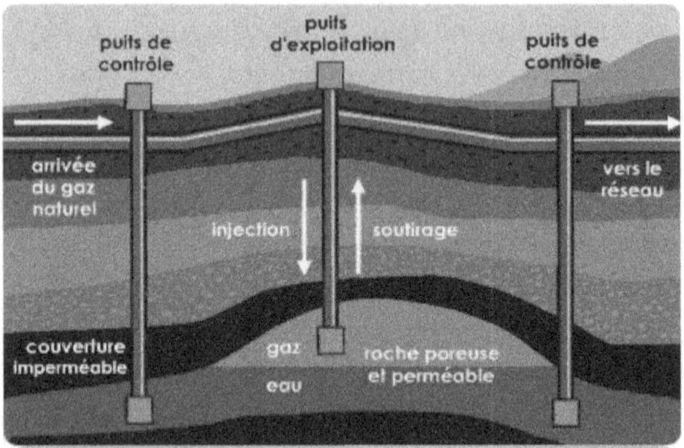

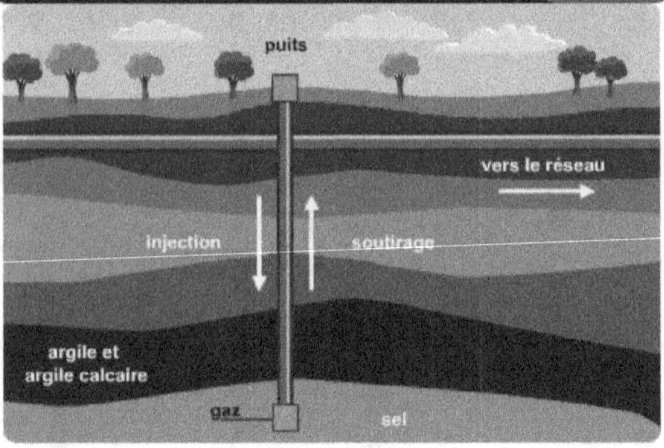

Source : http://www.paca.developpement-durable.gouv.fr/qu-est-ce-qu-un-stockage-souterrain-a5505.html

Les différentes étapes de la chaîne du GNL

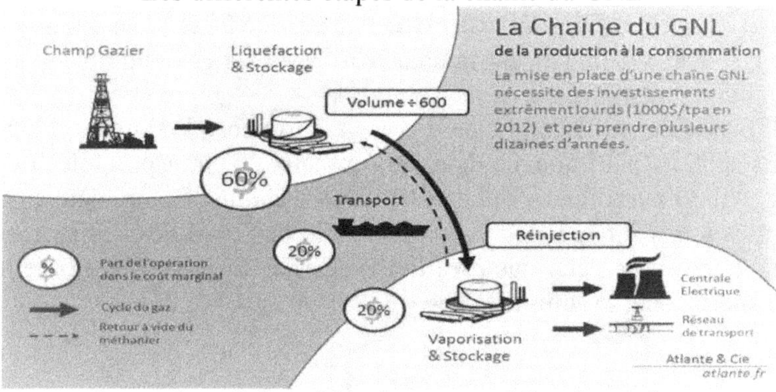

Source : https://atlante.fr/blog/le-gaz-naturel-liquefie-solution-de-transport-pour-soutenir-la-croissance-mondiale-de-gaz/

68. Le régime de dissociation (*unbundling regime*) a été instauré par le législateur européen en tant que moyen de renforcer la concurrence sur les réseaux (électrique et gazier) de manière graduelle. Plusieurs phases de libéralisation ont effectivement eu lieu : dissociation comptable (1996), dissociation juridique et fonctionnelle (2003). En dépit de cette dissociation, le réseau a cependant continué de souffrir de dysfonctionnements, surtout le réseau de transport. Son découplage effectif est ainsi apparu nécessaire au moment de la troisième phase de libéralisation, en 2009, dans le but notamment de minimiser un risque de discrimination quant à l'exploitation du réseau de la part des opérateurs historiques ayant une structure d'entreprises verticales[13]. La question principale qui se posait alors était de savoir à qui appartiendra l'infrastructure du réseau de transport et quelle est la relation entre le propriétaire, le gestionnaire du réseau vis-à-vis de l'opérateur historique ?

Précisément, en 2009, le législateur européen a prévu pour le réseau de transport électrique et gazier trois modèles de séparation par rapport aux activités hors réseaux : la séparation patrimoniale et, sous certaines conditions, deux modèles alternatifs de séparation, à savoir le modèle de « *gestionnaire de réseau indépendant* » et le modèle de « *gestionnaire de réseau de transport indépendant* ».

68A. Il convient de souligner que ces trois modèles de séparation du réseau par rapport aux activités hors réseaux sont restés les mêmes dans les paquets de libéralisation postérieurs. Dans le *Clean Energy Package*, avec la

[13] Pt. 9 du préambule de la directive 2009/72/CE : « *Sans une séparation effective des réseaux par rapport aux activités de production et de fourniture ("découplage effectif"), il existe un risque de discrimination non seulement dans l'exploitation du réseau, mais aussi dans les éléments qui incitent les entreprises verticalement intégrées à investir suffisamment dans leurs réseaux* ».

directive n° 2019/944[14], ou encore dans les propositions de la Commission pour *l'Hydrogen et Decarbonised Gas Package* de 2021[15], les États peuvent adopter soit le séparation patrimoniale ou, à certaines conditions, l'un des deux modèles alternatifs.

69. En Grèce, les memoranda d'accord ont imposé l'adoption du modèle de dissociation patrimoniale pour les réseaux de transport électrique et gazier. Afin d'approfondir ces questions, on examinera ce modèle ainsi que ses implications sur le fonctionnement du réseau ; dans un premier temps le réseau de transport électrique **(Section I)** et, dans un second temps, le réseau de transport gazier **(Section II)**.

Section I : Le modèle de la dissociation patrimoniale du réseau de transport électrique

70. Le système national de transport d'électricité en Grèce (ESMIE, « *Ελληνικό Σύστημα Μεταφοράς Ηλεκτρικής Ενέργειας/ΕΣΜΗΕ* ») comprend des lignes aériennes et terrestres, des interconnexions maritimes à très haute et haute tension[16] ainsi que des infrastructures, équipements et installations de contrôle nécessaires à un transport d'électricité équilibré, sécurisé et continu d'une centrale de production vers un sédiment, puis d'un sédiment vers un autre ou vers une autre interconnexion[17]. Le système national de transport n'inclut pas les installations de production d'électricité, les lignes et les interconnexions à haute tension qui relèvent du réseau de distribution ; ni, jusqu'en 2018, les réseaux des îles non interconnectées[18]. L'expression « îles non interconnectées » - celles-ci feront l'objet d'une analyse plus détaillée ultérieurement - désigne la plupart des îles de la mer Égée (Cyclades, Dodécanèse, îles d'Égée du nord, Crète). Les îles de la mer Ionium sont comprises dans le réseau continental.

---

[14] Chapitre VI « *Dissociation des gestionnaires de réseau de transport* » de la directive 2019/944 du Parlement européen et du Conseil du 5 juin 2019 concernant des règles communes pour le marché intérieur de l'électricité et modifiant la directive 2012/27/CE, *JOUE* L 158/125 du 14/06/2019.

[15] Chapitre IX « *Dissociation des gestionnaires de réseau de transport* » de la proposition de la Commission Européenne, COM (2021) 803 final, Bruxelles, le 15 décembre 2021, « *Proposition de directive du Parlement Européen et du Conseil concernant des règles communes pour les marchés intérieurs des gaz naturel et renouvelable et de l'hydrogène* ».

[16] La haute et la très haute tension du réseau de transport électrique en Grèce correspondent respectivement à une tension jusqu'à 150 kV et entre 150-400 kV.

[17] Art. 2 « *Définitions* », par. 3 de la loi n° 4001/2011. Voir sur le site de gestionnaire du réseau de transport d'électricité, « *Key data* » ; disponible sur :
https://www.admie.gr/systima/perigrafi/basika-stoixeia (consulté le 10/08/2022).

[18] Art. 2 « *Définitions* », par. 3 de la loi n° 4001/2011.

71. La gestion du réseau de transport d'électricité est confiée à l'entreprise ADMIE[19] (Independant Power Transmission Operator for Electricity/IPTO, « *Ανεξάρτητος Διαχειριστής Μεταφοράς Ηλεκτρικής Ενέργειας/ ΑΔΜΗΕ* »).

Le schéma ci-dessous expose le système (réseau) national de transport d'électricité en Grèce avant l'interconnexion des îles non interconnectées.

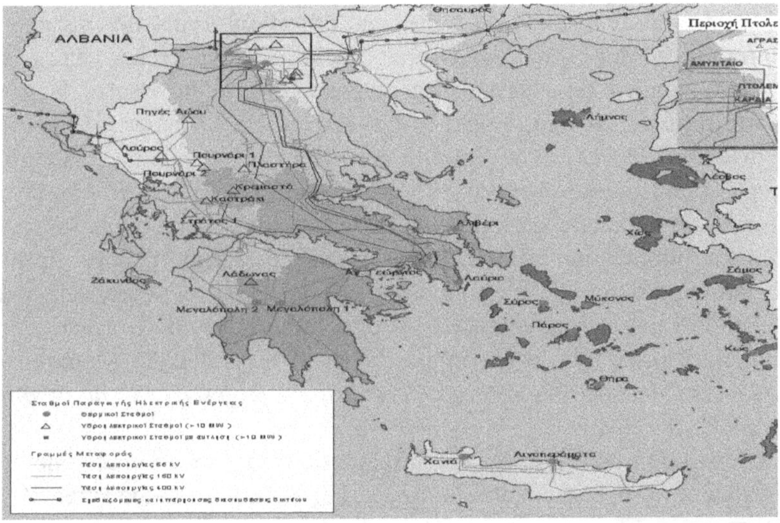

Légende : lignes noires (tension jusqu'à 400kW), lignes rouges (tension jusqu'à 150kW), lignes vertes (tension jusqu'à 60kW). Le réseau de transport inclut les lignes à haute tension de 150kV-400kV et sa longueur est de 11 650 km tandis que le réseau de distribution inclut les lignes à moyen-basse tension jusqu'à 150kV et sa longueur est de 217 000 km. Source : https://www.admie.gr/en/grid/description/lines-map

72. Le réseau de transport a une importance primordiale pour tout le système électrique ; il en constitue la colonne vertébrale. Un dysfonctionnement du réseau de transport peut plonger tout un pays dans l'obscurité. L'électricité et les réseaux sont indissociables : l'un n'existe pas sans l'autre. Le réseau fait le produit, l'électricité, en abaissant la tension des électrons à un niveau utilisable, et ne peut fonctionner sans celui-ci. Aussi, l'électricité, sans réseau, ne peut être acheminée jusqu'aux consommateurs[20]. C'est au niveau du réseau que se réalise l'équilibrage entre l'offre et la

[19] ADMIE a été créé en 2005 quand la deuxième directive de libéralisation (2003/54/CE) a imposé la séparation juridique du réseau de transport : la gestion de celui-ci a été confiée à ADMIE, filiale (initialement) de DEI. V. Art. 10 « *Séparation juridique des gestionnaires de réseau de transport* » de la directive 2003/54/CE.

[20] Pt. 25 du préambule de la directive 2009/72/CE et pt. 22 du préambule de la directive 2009/73/CE : « *L'électricité (ou le gaz) ne peut être fournie aux citoyens de l'Union qu'au moyen du réseau* ».

demande[21]. C'est du réseau dont dépendent la stabilité du système énergétique, la sécurité de l'approvisionnement, ainsi que la qualité du service rendu aux consommateurs.

73. Le réseau de transport, compte tenu de ces spécificités, requiert une gestion centralisée[22]. Des raisons d'ordre technique peuvent justifier l'existence d'un monopole pour la gestion du réseau de transport, mais aussi des raisons économiques et environnementales qui rendent difficile la duplication de celui-ci. Une telle centralisation évite un partage des responsabilités qui sont alors plus faciles à rechercher en cas de dysfonctionnement du réseau[23]. La responsabilité d'en assurer la gestion optimale revient au gestionnaire du réseau de transport. Considérant l'importance de son rôle, il doit être certifié par l'autorité de régulation de l'énergie avant d'être désigné[24]. Le gestionnaire de réseau de transport est notamment le garant de la sécurité de toute la chaîne énergétique.

74. La dissociation effective du réseau de transport, sous forme de dissociation patrimoniale, a été envisagée par le législateur européen en 2009 et constitue l'une des innovations les plus importantes du troisième paquet de libéralisation[25]. Dès lors, comme l'écrivait le Professeur Marcou, « *une nouvelle architecture des réseaux de transport moins hiérarchique devient possible* »[26].

La séparation patrimoniale des réseaux de transport a été considérée par le législateur européen comme le moyen le plus approprié pour renforcer la concurrence sur le marché énergétique. Toutefois, les États pouvaient choisir de ne pas appliquer le régime de la dissociation patrimoniale et adopter l'un des deux modèles alternatifs qui maintenaient une logique de verticalité : celui du gestionnaire de réseau indépendant (*Independent System Operator/ISO model*) ou celui du gestionnaire de réseau de transport indépendant (*Independent Transmission Operator/ITO model*)[27]. Ce choix

---

[21] CHEBEL-HORSTMANN N., *La régulation du marché de l'électricité. Concurrence et accès aux réseaux* (thèse sous la direction de Piet-Jan Slot), Paris, Budapest, Kinshasa, Université Panthéon Assas, Université de Leiden, L'Harmattan, 2006, pg. 26.

[22] *Ibidem*, pg. 157, pg. 163.

[23] *Ibid*, pg. 163.

[24] Art. 10 « *Désignation et certification des gestionnaires de réseau de transport* » de la directive 2009/72/CE et de 2009/73/CE. L'art. 11 des mêmes directives prévoit la désignation du gestionnaire d'un pays tiers.

[25] European Commission, '*Questions and answers on the third legislative package for an internal EU gas and electricity market*', Press release database, MEMO/11/125, Brussels, 2 mars 2011 ; disponible sur: http://europa.eu/rapid/press-release_MEMO-11-125_en.htm?locale=EN (consulté le 10/08/2022).

[26] MARCOU G., « Electricité, marché unique et "transition énergétique" : les contradictions du nouveau système électrique et la place des collectivités territoriales », *op.cit.*, pg. 47-77, pg. 48.

[27] Pour une analyse de ces trois modèles de dissociation des opérateurs historiques entreprises verticales, du point de vue de leur efficacité, de la mise en œuvre de la régulation, de l'existence de conflits d'intérêts ou de comportements discriminatoires ou encore de l'atteinte de l'objectif

entre les trois modèles était possible si, au 3 septembre 2009, date d'entrée en vigueur des directives de 2009[28], le réseau de transport appartenait à une entreprise verticalement intégrée, ce qui était le cas pour la majorité des États européens.

75. Le modèle du gestionnaire de réseau indépendant (*ISO model*) n'a pas été retenu par la Grèce s'agissant des réseaux de transport (électrique et gazier)[29]. Ce dispositif est caractérisé par une relation entre trois acteurs : a) le propriétaire du réseau de transport qui fait partie de l'entreprise verticale mais doit être en principe indépendant sur le plan de la forme juridique, de l'organisation et de la prise de décision à propos des autres activités non liées au transport, à la distribution et au stockage ; b) le gestionnaire du réseau de transport qui n'est pas propriétaire du réseau et dont l'indépendance implique qu'il ne doit pas détenir de participation ou exercer de contrôle sur des activités en dehors du réseau de transport et qu'il doit disposer de moyens suffisants (financiers, techniques, matériels, humains) pour l'accomplissement de ses tâches[30] ; enfin c) l'entreprise verticale.

Ce modèle ressemble, en réalité, à la séparation juridique et fonctionnelle du gestionnaire de réseau de transport de la deuxième phase de libéralisation[31]. De notre point de vue, ce modèle n'est pas optimal pour le fonctionnement du réseau de transport. L'implication nécessaire de trois acteurs pour faire fonctionner le réseau de transport requiert plus de temps[32]. De plus, l'existence d'une certaine dépendance à l'égard de l'entreprise verticale crée des doutes quant à une véritable neutralité s'agissant de l'accès

---

d'achèvement du marché intérieur, voir la thèse de RAMBAUD R., *L'institution juridique de régulation. Recherche sur les rapports entre droit administratif et théorie économique* (thèse sous la direction de Gérard Marcou), Paris, Université Panthéon Sorbonne, L'Harmattan, 2012, pg. 416. Aussi: CABAU E., « Unbundling of Transmission System Operators » (revised and updated by Lena Sandberg), *in* JONES C. (dir.), *EU Energy Law. Volume I – The Internal Energy Market*, Deventer (Netherlands), Leuven (Belgium), éd. Claeys & Casteels, 4th edition, 2016, pg. 91-191, pg. 137.

28 Art. 50 « *Entrée en vigueur* » de la directive 2009/72/CE ; art. 55 « *Entrée en vigueur* » de la directive 2009/73/CE.

29 Art. 13 « *Gestionnaire de réseau indépendant* » de la directive 2009/72/CE ; art. 14 « *Gestionnaire de réseau indépendant* » de la directive 2009/73/CE.

30 Art. 14 « *Dissociation des propriétaires de réseau de transport* » de la directive 2009/72/CE ; art. 15 « *Dissociation des propriétaires de réseau de transport et des gestionnaires d'installations de stockage* » de la directive 2009/73/CE.

31 Art. 10 « *Séparation juridique des gestionnaires de réseau de transport* » de la directive 2003/54/CE (électricité) ; art. 9 « *Séparation juridique des gestionnaires de réseau de transport* » de la directive 2003/55/CE (gaz naturel).

32 L'exécution des tâches du gestionnaire de réseau de transport présuppose la coopération entre lui et le propriétaire du réseau de transport. C'est au gestionnaire de décider quels sont les investissements nécessaires au maintien, au développement et à la modernisation du réseau. C'est au propriétaire de financer ces investissements, d'assumer la responsabilité relative aux actifs du réseau mais aussi de fournir les garanties pour faciliter le financement des extensions du réseau. Art. 13 « *Gestionnaire de réseau indépendant* » de la directive 2009/72/CE ; art. 14 « *Gestionnaire de réseau indépendant* » de la directive 2009/73/CE.

au réseau de tiers opérateurs. Ce modèle exige un contrôle poussé de la part de l'autorité de régulation qui doit s'assurer que l'accès aux réseaux est possible pour tous les opérateurs dans les mêmes conditions que pour l'opérateur historique.

76. Dans le cadre du modèle du gestionnaire de réseau de transport indépendant (*ITO model*), le gestionnaire reste une filiale de l'entreprise verticale. Il possède la propriété du réseau de transport et dispose de toutes les ressources humaines, techniques, matérielles et financières nécessaires pour s'acquitter de ses obligations[33]. En outre, le gestionnaire doit jouir d'une indépendance pour la gestion du réseau et son entreprise mère, l'entreprise verticalement intégrée, ne doit pas déterminer le comportement quotidien du gestionnaire. Toutefois le gestionnaire, en tant qu'entreprise filiale, est soumis à la surveillance de l'entreprise mère pour les décisions les plus importantes.

77. La France a choisi le *ITO* model. Elle a maintenu un modèle d'entreprise intégrée et le gestionnaire du réseau de transport électrique RTE (Réseau de Transport d'Électricité) dispose de la propriété du réseau de transport et est filiale de l'opérateur historique EDF (Électricité de France)[34]. Une réforme d'EDF, connu comme le projet « Hercule », a été envisagée en 2019 afin de préparer la division de l'entreprise en plusieurs entités : « EDF bleu », « EDF vert », « EDF azur »[35]. Ce projet, qui n'a pas été abouti, ne mettait cependant pas en cause le modèle *ITO* pour la séparation du réseau de transport d'électricité que la France a choisi.

78. Le modèle de la dissociation patrimoniale, comme le suggère sa dénomination, implique une séparation de la propriété du réseau de transport des autres activités énergétiques, notamment de la production et de la fourniture[36]. Pour les États qui choisissent d'adopter ce régime de dissociation patrimoniale, les directives de 2009 ont prévu qu'à compter du 3 mars 2012 : **a)** chaque entreprise qui possède un réseau de transport agira en qualité de gestionnaire du réseau de transport et ; que **b)** les mêmes personnes ne sont pas autorisées[37] : i) à exercer un contrôle[38] (direct ou

[33] Chapitre V « *Gestionnaire de réseau de transport indépendant* » de la directive 2009/72/CE et chapitre IV « *Gestionnaire de réseau de transport indépendant* » de la directive 2009/73/CE.

[34] Voir l'article L. 111-9 à L. 111-38 du Code de l'énergie.

[35] La réforme projetée avec le plan « Hercule » prévoyait un découpage d'EDF en trois piliers : « EDF bleu » qui rassemblerait l'ensemble du nucléaire, les barrages hydroélectriques et le réseau de transport d'électricité ; « EDF vert » qui regrouperait le segment du commerce, autrement dit la fourniture d'électricité, ainsi que les énergies renouvelables, dont le capital serait ouvert aux investisseurs privés ; « EDF azur » à qui serait confiée la gestion des barrages hydroélectriques. Voir : WALINE J., *Droit administratif*, Paris, Dalloz, 28e édition, 2020, pg. 427.

[36] Art. 9 « *Dissociation des réseaux de transport et des gestionnaires de réseau de transport* » de la directive 2009/72/CE ; art. 9 « *Dissociation des réseaux de transport et des gestionnaires de réseau de transport* » de la directive 2009/73/CE.

[37] Selon la directive 2009/72/CE (art. 9, par. 6) deux organismes publics distincts exerçant un contrôle sur un gestionnaire de réseau de transport et sur la production ou la fourniture ne sont pas

indirect) ou un pouvoir sur une entreprise assurant la production ou la fourniture et un contrôle ou un quelconque pouvoir sur un gestionnaire de réseau de transport ou un réseau de transport et inversement ; ii) à être désignées ou pouvoir désigner les membres du conseil de surveillance, du conseil d'administration ou des organes représentant légalement l'entreprise d'un gestionnaire de réseau de transport et exercer un contrôle ou tels pouvoirs sur une entreprise assurant la production ou la fourniture et inversement.

La notion de pouvoir regroupe selon le même article : le pouvoir d'exercer des droits de vote, le pouvoir de désigner les membres du conseil de surveillance, du conseil d'administration ou des organes représentant légalement l'entreprise, la détention d'une part majoritaire[39].

Grosso modo, la dissociation patrimoniale interdit l'influence prédominante d'une entreprise à la fois sur les réseaux et sur les activités hors réseaux dans le but d'éliminer les conflits d'intérêt entre l'activité monopolistique du réseau et les activités concurrentielles hors réseaux. Toutefois, la directive 2009/72/CE permet une participation minoritaire simultanée sur ces segments[40].

La conséquence immédiate de cette mesure a été que les opérateurs historiques, en tant qu'entreprises intégrées, ont dû séparer leurs actifs et choisir entre, d'un côté, les infrastructures de production et de fourniture et, de l'autre, les infrastructures du réseau de transport[41]. Ainsi une sorte de

considérés comme constituant les mêmes personnes. Il en est de même pour le gaz (art. 9, par. 6 de la directive 2009/73/CE).

[38] La notion de contrôle est reprise par le règlement 139/2004 relatif au contrôle des concentrations (pt. 13 de la directive 2009/72/CE et pt. 10 de la directive 2009/73/CE). Selon l'article 3, par. 2 et 3 du règlement 139/2004 : « **2.** *Le contrôle découle des droits, contrats ou autres moyens qui confèrent, seuls ou conjointement et compte tenu des circonstances de fait ou de droit, la possibilité d'exercer une influence déterminante sur l'activité d'une entreprise, et notamment : a) des droits de propriété ou de jouissance sur tout ou partie des biens d'une entreprise ; b) des droits ou des contrats qui confèrent une influence déterminante sur la composition, les délibérations ou les décisions des organes d'une entreprise.* **3.** *Le contrôle est acquis par la ou les personnes ou entreprises : a) qui sont titulaires de ces droits ou bénéficiaires de ces contrats, ou b) qui, n'étant pas titulaires de ces droits ou bénéficiaires de ces contrats, ont le pouvoir d'exercer les droits qui en découlent* » (art. 3 « *Définition de la concentration* », par. 2, 3 du règlement (CE) n° 139/2004 du Conseil du 20 janvier 2004 relatif au contrôle des concentrations entre entreprises, *JOUE* L 24/1 du 29/01/2004).

[39] Art. 9 « *Dissociation des réseaux de transport et des gestionnaires de réseau de transport* », par. 2 des directives 2009/72/CE et 2009/73/CE.

[40] Pt. 11 du préambule de la directive 2009/72/CE ; pt. 8 du préambule de la directive 2009/73/CE.

[41] La séparation patrimoniale du réseau était la solution la plus favorable selon la Commission européenne et a été utilisée comme un outil de libéralisation. Quant au contrôle des concentrations des entreprises selon le règlement n° 139/2004, la Commission imposait une séparation patrimoniale des réseaux en tant que remède aux concentrations afin de rétablir le jeu de la concurrence. VON ROSENBERG H., « Unbundling through the back door…the case of network divestiture as a remedy in the energy sector », *E.C.L.R.*, vol. 30, n° 5, 2009, pg. 237-259, pg. 237.

« divorce » forcé entre le gestionnaire du réseau de transport et les producteurs ou les fournisseurs s'est produit.

79. En Grèce, le gestionnaire du réseau de transport électrique (ADMIE) était une filiale de l'opérateur historique DEI lorsque les directives de 2009 sont entrées en vigueur et le législateur grec avait choisi initialement la dissociation du réseau selon le *ITO* model[42]. Cependant, dans le cadre de la restructuration de l'opérateur historique DEI et sous la pression de la *Troïka*, la dissociation patrimoniale a été imposée à partir de 2016. Ainsi, ADMIE a perdu sa qualité de filiale de l'opérateur historique DEI et est désormais une entreprise distincte[43].

Le fait que la *Troïka* ait privé le législateur grec du choix entre les trois modèles proposés par les directives européennes pour le réseau de transport en imposant un seul modèle, celui la dissociation patrimoniale, est manifeste.

80. Il conviendra d'analyser, dans un premier temps, les conséquences de ce nouveau régime de dissociation patrimoniale sur les tâches du gestionnaire de réseau de transport d'électricité **(Sous-section I)** ; puis, dans un second temps, on examinera la compatibilité de ce modèle avec les droits fondamentaux et certaines politiques de l'Union européenne **(Sous-section II)**.

Sous-section I : Les effets sur les tâches du gestionnaire de réseau de transport électrique

81. Le gestionnaire du réseau de transport d'électricité est chargé de certaines tâches qui sont harmonisées au niveau européen[44]. Ainsi, en Grèce, ADMIE est responsable de la gestion, du fonctionnement et du développement du réseau national de transport d'électricité. Il veille à l'augmentation de la capacité du réseau à long terme, contribue à la sécurité de l'approvisionnement, octroie un accès au réseau aux utilisateurs (producteurs, fournisseurs, clients éligibles), décide du raccordement au réseau de transport, gère les flux d'électricité et les congestions[45], procède à

---

[42] Art. 97 « *Gestionnaire de réseau de transport d'électricité* » de la loi n° 4001/2011.

[43] Art. 142 « *But-principes généraux de la dissociation patrimoniale* » de la loi n° 4389/2016, « *Dispositions urgentes pour l'application de l'accord relatif à des objectifs budgétaires et des réformes structurelles et d'autres dispositions* », *JO* A 94 du 27/05/2016.

[44] Art. 12 « *Tâches des gestionnaires de réseau de transport* » de la directive 2009/72/CE.

[45] Les congestions peuvent exister aux points d'entrée et de sortie du réseau. Une congestion est « *une situation dans laquelle une interconnexion reliant des réseaux de transport nationaux ne peut pas accueillir tous les flux physiques résultant d'échanges internationaux demandés par les acteurs du marché, en raison d'un manque de capacité des interconnexions et/ou des réseaux nationaux de transport concernés* ». Art. 2 « *Définitions* » du règlement (CE) n° 714/2009 du Parlement européen et du Conseil du 13 juillet 2009 sur les conditions d'accès au réseau pour les

l'allocation des capacités, veille à l'équilibre du réseau et à l'effacement des écarts entre la production et la consommation, collecte les redevances payées pour l'utilisation du réseau[46].

82. Or, une question qui se pose à l'égard de ces activités est de savoir si, au regard des enjeux liés au réseau de transport, le gestionnaire de celui-ci peut exécuter ses tâches de manière optimale sous le régime de la dissociation patrimoniale ? Afin de répondre à cette question, on pourrait utilement classer les tâches du gestionnaire de réseau de transport électrique en trois catégories : **I.** la gestion des interconnexions ; **II.** l'équilibre du réseau ; **III.** l'accès des tiers au réseau.

I. La gestion optimale des interconnexions électriques

83. C'est sur le gestionnaire de réseau de transport que repose la responsabilité d'assurer une gestion optimale de celui-ci. La gestion inclut l'exploitation, l'entretien, le développement, l'interopérabilité et le raccordement au réseau[47]. L'exploitation et l'entretien du réseau impliquent que les infrastructures existantes soient maintenues dans un bon état et soient sécurisées. Le développement du réseau se réalise à travers des raccordements au réseau de transport d'utilisateurs nouveaux (producteurs, distributeurs, clients directement connectés et lignes directes) et peut s'accomplir tant à l'intérieur qu'à l'extérieur du pays à travers les interconnexions[48]. Le raccordement désigne la connexion physique d'une installation au réseau à des fins d'injection ou de soutirage d'énergie et il est le préalable à l'accès de tiers au réseau.

84. L'un des objectifs du troisième paquet de libéralisation de 2009 est la création d'un réseau électrique transeuropéen[49]. Les interconnexions de réseaux nationaux sont la clé de l'approfondissement du marché intérieur de l'énergie[50]. Le développement d'un réseau national et son interconnexion

---

échanges transfrontaliers d'électricité et abrogeant le règlement (CE) n° 1228/2003, *JOUE* L 211/15 du 14/08/2009.

[46] Art. 94 « *Tâches du gestionnaire du système national de transport d'électricité* » de la loi n° 4001/2011, telle que modifiée par la loi de transposition du troisième *mémorandum d'accord* (loi n° 4336/2015, « *Accord de soutien de MES/Pensions/Affligés/Fiscal/Transpositions/Gaz naturel* », *JO* A 94 du 14/08/2015). Cet article transfère dans l'ordre juridique grec l'art. 12 de la directive 2009/72/CE.

[47] LEMAIRE C., *Energie et concurrence. Recherches sur les mutations juridiques induites par la libéralisation des secteurs de l'électricité et du gaz naturel*, tome I (thèse sous la direction de Laurence Idot), Aix-en-Provence, Presses Universitaires d'Aix-Marseille-PUAM, 2003, pg. 117.

[48] *Ibidem*, pg. 121.

[49] Pt. 59 du préambule de la directive 2009/72/CE.

[50] Des coopérations entre gestionnaires des réseaux de transport d'électricité des États membres ont été institué dans le cadre du Réseau Européen des Gestionnaires de Réseau de Transport pour l'Electricité (REGRT-E, *European Network of Transmission System Operators for Electricity/ENTSO-E*). V. pt. 7 du préambule, art. 4 « *Réseau européen des gestionnaires de*

avec les réseaux de pays voisins ne peut avoir que des bénéfices pour un pays.

Effectivement, l'interconnexion contribue à l'augmentation des échanges entre les États, améliore la fiabilité du réseau en permettant de résoudre un incident qui s'y produirait, renforce la sécurité de l'approvisionnement énergétique, rapproche les marchés nationaux contribuant ainsi à la cohésion économique et sociale des pays européens[51]. Le manque d'interconnexions entre les États membres engendre des marchés et des réseaux fragmentés ou isolés, une situation qui constitue le principal obstacle à la réalisation d'un marché européen de l'énergie.

Pratiquement, un réseau interconnecté permet aux consommateurs de choisir un fournisseur d'énergie d'un pays voisin qui offre une meilleure qualité et un prix plus intéressant et donc permet aussi aux fournisseurs énergétiques d'exercer plus facilement leur activité commerciale dans un pays voisin.

85. Le législateur européen veille à promouvoir les marchés énergétiques couplés. Effectivement le règlement n° 347/2013 envisage une optimisation des interconnexions des réseaux énergétiques nationaux (« réseaux transeuropéens de l'énergie » (RTE-E)), afin d'atteindre les objectifs d'approfondissement du marché européen de l'énergie, d'interopérabilité des réseaux, d'encouragement du développement des sources d'énergie renouvelables, de réduction de l'isolement des régions, de garantie et de diversification de l'approvisionnement en énergie[52]. Ce règlement établit des critères de financement relatifs aux projets d'infrastructures énergétiques qui présentent un intérêt commun européen (« *Projects of common interest / PCI* »)[53].

85A. Le règlement n° 347/2013 a été abrogé par le règlement n° 2022/869[54] adopté en mai 2022, qui vise à promouvoir des marchés

réseau de transport pour l'électricité » et art. 5 « *Création du REGRT pour l'électricité* » du règlement (CE) n° 714/2009, *précit.*

[51] LEMAIRE C., *Energie et concurrence. Recherches sur les mutations juridiques induites par la libéralisation des secteurs de l'électricité et du gaz naturel*, *op.cit.*, pg. 117 ; CHEBEL-HORSTMANN N., *La régulation du marché de l'électricité. Concurrence et accès aux réseaux*, *op.cit.*, pg. 20.

[52] Voir les points 4-9 du préambule et art. 1 « *Objet et champ d'application* » du règlement n° 347/2013 du Parlement européen et du Conseil du 17 avril 2013 concernant des orientations pour les infrastructures énergétiques transeuropéennes, et abrogeant la décision n° 1364/2006/CE et modifiant les règlements (CE) n° 713/2009, (CE) n° 714/2009 et (CE) n° 715/2009, *JOUE* L 115/39 du 25/04/2013.

[53] Art. 3 « *Projets d'intérêt commun* » et Annexes du règlement n° 347/2013, *précit.* V. aussi le règlement délégué (UE) 2016/89 de la Commission du 18 novembre 2015 modifiant le règlement (UE) n° 347/2013 du Parlement européen et du Conseil en ce qui concerne la liste des projets d'intérêt commun de l'Union, *JOUE* L 19/1 du 27/01/2016.

[54] Règlement (UE) 2022/869 du Parlement européen et du Conseil du 30 mai 2022 concernant des orientations pour les infrastructures énergétiques transeuropéennes, modifiant les règlements (CE)

énergétiques couplés contribuant à la transition énergétique. Les infrastructures qui présentent un intérêt européen et peuvent être éligibles à un financement européen sont, en principe, les réseaux intelligents, les éoliennes en mer, les infrastructures de transport et de stockage d'hydrogène, ou encore de stockage d'électricité.

86. En Grèce, selon le rapport du gestionnaire de réseau de transport ADMIE, jusqu'en 2016, les interconnexions tant intérieures qu'extérieures avec les pays voisins, étaient limitées. En effet, les interconnexions extérieures à travers des câbles terrestres à haute tension (avec l'Albanie, la Bulgarie, la Macédoine, la Turquie) ou des câbles sous-marins (avec l'Italie) n'étaient pas suffisamment développées[55].

Selon le même rapport du gestionnaire de réseau de transport grec, les interconnexions internes étaient aussi peu développées ; en particulier, la majorité des îles de la mer Égée n'étaient pas interconnectées avec le réseau continental.

C'est plutôt à partir de 2016, une fois que la dissociation patrimoniale du réseau de transport a été adoptée en Grèce, que les interconnexions se sont développées. Cela concerne tant les interconnexions européennes, mentionnées ci-dessus, qu'internationales. On peut à cet égard citer, par exemple, l'*EuroAsia Interconnector* reliant la Grèce (en Crète) à Chypre et Israël.

Les interconnexions extérieures de la Grèce sont présentées sur les schémas suivants :

n° 715/2009, (UE) 2019/942 et (UE) 2019/943 et les directives 2009/73/CE et (UE) 2019/944, et abrogeant le règlement (UE) n° 347/2013, *JOUE* L 152/45 du 03/06/2022.

[55] Rapport du gestionnaire de réseau de transport indépendant pour l'électricité (ADMIE), « *Rapport d'adéquation de capacité pour la période 2017-2027* », Athènes, mai 2017, pg. 1-94, pg. 30.

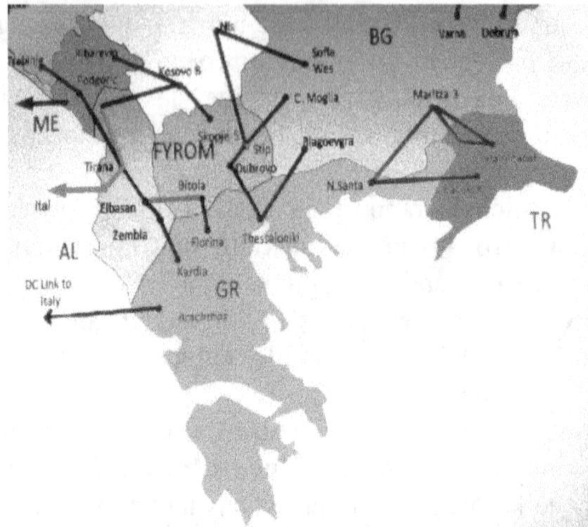

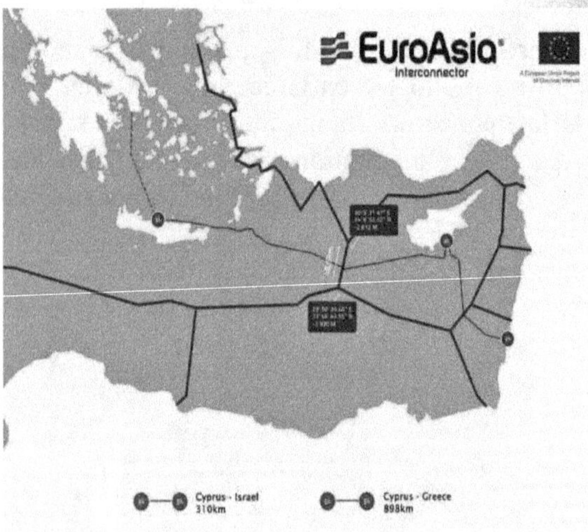

Source 1 : https://docplayer.gr/55767063-Rythmistiki-arhi-energeias-ananeosimes-piges-energeias-yfistameni-katastasi-kai-prooptikes.html (consulté le 10/08/2022).

Source 2 : Interconnexion de la Grèce avec Chypre et Israël à travers l'EuroAsia Interconnector https://euroasia-interconnector.com/at-glance/the-big-picture/ (consulté le 10/08/2022).

87. Se pose alors la question de l'impact du régime de la propriété du réseau sur la réalisation des interconnexions, lesquelles requièrent un financement qui est, sans aucun doute, de grande ampleur. Le gestionnaire du réseau de transport ne réalisera de tels investissements que s'il est certain de pouvoir récupérer son capital[56]. Or, les problèmes économiques et l'instabilité politique dont pâtissait la Grèce constituaient des facteurs négatifs décourageant des investissements spécifiques et couteux.

88. Quelques-uns pourraient soutenir que dans une telle situation, un gestionnaire de réseau, filiale d'une entreprise intégrée, pourrait mieux réaliser de tels investissements dans la mesure où le cadre de la verticalité lui permettrait de procéder à des subventions croisées entre plusieurs activités de l'entreprise, notamment entre le réseau et les activités hors réseau[57]. Dans ce cadre, des synergies d'échelle et d'envergure pourraient se produire, ce qui n'est pas le cas si le gestionnaire du réseau est une entreprise séparée quant à la propriété[58]. Il semblerait ainsi, à première vue, que la dissociation patrimoniale ne permette pas au gestionnaire du réseau de répondre de manière adéquate aux exigences actuelles de développement de ce dernier.

89. On ne partage cependant pas une telle approche. En effet, on considère que le régime de la dissociation patrimoniale du réseau peut permettre la réalisation de manière optimale d'opérations visant au développement du réseau.

Tout d'abord, la pratique de ces dernières années a démontré que la structure verticale des opérateurs historiques électriques ne favorisait pas souvent le développement du réseau.

Dans le cadre de la dissociation patrimoniale, le fait que le gestionnaire du réseau de transport soit aussi propriétaire de celui-ci permet une flexibilité de gestion. Il peut décider lui-même des investissements nécessaires, ce qui n'est pas le cas dans le cadre des deux autres modèles de dissociation (*ISO, ITO* model) qui présupposent une coordination entre le gestionnaire de réseau et l'entreprise mère verticale.

Pour les entreprises verticales, le développement du réseau et les interconnexions ne sont pas forcément une priorité, car elles utilisent plutôt des sources d'énergie internes. Ainsi, elles ne ressortiraient pas toujours gagnantes d'un développement du réseau dans la mesure où avec l'ouverture

---

[56] JOHNSTON A., BLOCK G., *EU Energy Law,* United Kingdom, Oxford University Press, 2012, pg. 67; HAUCAP J., « The costs and Benefits of Ownership Unbundling », *Intereconomics,* n° 42 (6), November/December 2007, pg. 301-305, pg. 304.

[57] Les subventions croisées (*cross subsidization*) signifient que les recettes par les activités régulées, non ouvertes à la concurrence, qui sont par nature plus sécurisées, sont utilisées pour les activités ouvertes à la concurrence et inversement.

[58] POLLITT M., « The arguments for and against ownership unbundling of energy transmission networks », pg. 1-36, pg. 7 ; disponible sur: http://www.eprg.group.cam.ac.uk/wp-content/uploads/2014/01/eprg0714.pdf (consulté le 10/08/2022).

du marché elles pourraient se retrouver affaiblies par des concurrents producteurs ou fournisseurs de pays voisins.

Un modèle qui distingue la propriété du réseau est, par ailleurs, beaucoup plus attirant pour les investisseurs qui s'intéressent à la gestion du réseau et ne souhaitent pas se retrouver sous la tutelle des opérateurs historiques nationaux.

90. De plus, la dissociation patrimoniale du gestionnaire de réseau de transport contribue à la clarification des responsabilités sur la chaîne énergétique, responsabilise le gestionnaire et favorise une meilleure transparence et confiance quant au fonctionnement du réseau. Cela pour la raison suivante. Les tarifs d'accès au réseau sont fixés administrativement sur la base des coûts du gestionnaire et peuvent ainsi lui offrir un retour sur le capital investi et une certaine stabilité économique[59]. Il s'agit d'une rémunération sûre étant donné qu'une tarification d'accès au-dessous des coûts du gestionnaire engendrerait la responsabilité du régulateur, en d'autres termes une responsabilité étatique. Les recettes du gestionnaire doivent être utilisées uniquement pour le réseau afin qu'il soit fiable, efficace et interconnecté et ne peuvent être employées pour financer des activités hors réseaux, comme c'est le cas au sein des entreprises verticales. Donc un gestionnaire dissocié sur la propriété peut décider et réaliser des interconnections dans un cadre financièrement sécurisé et n'a pas besoin de recettes issues d'activités hors réseaux. C'est plutôt l'inverse qui se produit : les activités concurrentielles hors réseaux requièrent les recettes assurées issues de la gestion du réseau. C'est ce qui arrive dans le cadre des entreprises verticales, au détriment, en réalité, du réseau et de son développement.

91. Pour les raisons précitées, la dissociation patrimoniale est, à notre sens, un modèle qui pourrait mieux assurer une gestion optimale du réseau en permettant le développement de celui-ci et la réalisation d'interconnexions.

Examinons à présent les effets de ce modèle sur une autre tâche majeure du gestionnaire de réseau : l'équilibre de réseau **(II)**.

---

[59] European Commission, SWD (2013) 177 final, Brussels, 08 may 2013, *'Commission staff working document – Ownership unbundling – The Commission's practice in assessing the presence of a conflict of interest including in case of financial investors'*, pg. 1-11, pg. 4 ; disponible sur https://ec.europa.eu/energy/sites/ener/files/documents/swd_2013_0177_en.pdf (consulté le 10/08/2022).

II. Le maintien de l'équilibre du réseau électrique

92. Si le gaz naturel est un stock, l'électricité est un flux. L'électricité est comme l'eau ; elle est par nature en constant mouvement. Afin d'atteindre un équilibre du réseau, il est nécessaire que la quantité d'électricité qui y est injectée soit en même temps soutirée. L'électricité, si l'on tient compte des données technologiques actuelles, ne peut être stockée à un niveau comparable de celui du gaz.

93. L'équilibrage de toute la chaîne électrique est réalisé à travers le réseau de transport. Les flux ne peuvent être contrôlés directement et l'équilibre entre l'offre et la demande en temps réel constitue l'une des responsabilités les plus importantes du gestionnaire de réseau de transport. Le réseau dispose d'une capacité maximale mise à la disposition de ses utilisateurs[60]. Il revient au gestionnaire de réseau de procéder à l'allocation des capacités de manière non discriminatoire entre les utilisateurs et de traiter les éventuelles congestions. Le gestionnaire doit procéder à un « dispatching » en temps réel[61], c'est-à-dire ordonner l'injection d'électricité dans le réseau afin que la demande soit immédiatement couverte[62].

94. C'est la demande d'électricité qui détermine le niveau de production. On consomme de l'énergie tout le temps : 365 jours par an, 24 heures sur 24, minute après minute, seconde après seconde. La demande en énergie varie cependant en fonction de la saison, de la période et du climat (hiver, été ; nuit, jour ; semaine, week-ends ; températures basses, températures élevées...). La production ne s'alignant pas toujours sur la demande, la différence entre le volume d'électricité injecté et le volume soutiré produit des écarts. Le gestionnaire de réseau de transport doit alors procéder aux ajustements nécessaires afin d'équilibrer le système[63]. La demande peut excéder la production en période de pics mais il peut aussi y avoir une grande production alors que la demande est basse. Les interconnexions peuvent servir à importer de l'électricité dans le premier cas et à en exporter

---

[60] Selon l'article 12 « *Tâches des gestionnaires de réseau de transport* », pt. D de la directive 2009/72/CE « *Chaque gestionnaire de réseau de transport est tenu : d) de gérer les flux d'électricité sur le réseau en tenant compte des échanges avec d'autres réseaux interconnectés. À cet effet, le gestionnaire de réseau de transport est tenu de garantir un réseau électrique sur, fiable et efficace et, dans ce contexte, de veiller à la disponibilité de tous les services auxiliaires nécessaires, y compris ceux fournis en réponse à la demande, dans la mesure où cette disponibilité est indépendante de tout autre réseau de transport avec lequel son réseau est interconnecté* ».

[61] Le terme « dispatching » désigne « *la répartition, la transmission, l'expédition* ». Notion de « dispatching », *in* MOUREAU M., BRACE G., SEVADJAN G., *Dictionnaire du pétrole et autres sources d'énergie*, Paris, ed. Technip, 2008, pg. 156.

[62] Art. 94 « *Tâches du gestionnaire du système national de transport d'électricité* », par. 2 de la loi n° 4001/2011.

[63] *Ibidem*

dans le second. Les interconnexions permettent alors une circulation de l'électricité en contribuant à un meilleur équilibre du réseau.

95. Or, l'absence d'équilibre du réseau électrique de transport est susceptible d'avoir de graves conséquences ; elle peut provoquer un *blackout* de tout le pays. Pour le gaz naturel, la question de l'équilibre ne se pose pas avec la même intensité étant donné qu'il peut être stocké et donc, en cas de demande supplémentaire, être facilement injecté dans le réseau. Plus la capacité de stockage d'une énergie est importante, plus la sécurité de son approvisionnement est renforcée.

96. Il a été soutenu par le Professeur Marcou que la transformation significative du réseau de transport permise par la dissociation patrimoniale peut rendre l'exigence d'équilibrage plus complexe tandis que le statut de verticalité du gestionnaire de réseau peut davantage permettre d'atteindre cette exigence[64]. En effet, le gestionnaire de réseau de transport doit se coordonner en temps réel avec les producteurs et les fournisseurs. Cette coordination n'est pas évidente. Comme le relevait déjà le Professeur Marcou, avec les deux premiers paquets de libéralisation (1996, 2003) qui ont ouvert la production et la fourniture à la concurrence, il s'est produit une dispersion du système énergétique. Avec la dissociation patrimoniale, il a été ajouté un acteur au dispositif électrique, le gestionnaire de réseau de transport, qui joue un rôle vital et qui est une entreprise distincte de l'entreprise chargée de la production et de la fourniture. Or, plus il y a dispersion, plus l'équilibre du réseau et, par conséquent, l'unité fonctionnelle du système électrique risque d'être mis en péril[65].

En outre, selon cette approche, la coordination de plusieurs opérateurs a un coût et requiert du temps[66]. En cas d'échec de coordination, leur substitution serait difficile puisqu'il s'agit d'agents spécifiques. En revanche, dans le cadre d'une entreprise verticale, la coordination est plus facile à réaliser dès lors que la même entreprise assure la production, le transport, la distribution et la fourniture.

---

[64] MARCOU G., « État et collectivités territoriales dans la loi sur la transition énergétique. Adaptation ou mutation du système énergétique français ? », *in* MARCOU G., EILLER A.-C., POUPEAU F.-M., STAROPOLI C. (dir.), *Gouvernance et innovations dans le système énergétique. De nouveaux défis pour les collectivités territoriales,* Paris, L'Harmattan, coll. « GRALE », 2015, pg. 17-71, pg. 51.

[65] *Ibidem.* Dans la même lignée que le Professeur Marcou, se positionne F. Varone pour qui la libéralisation des réseaux a été réalisée à partir d'une logique non technique, qui vise seulement le démantèlement des monopoles des entreprises intégrées sans tenir compte de la « *nature systémique des infrastructures* ». Voir VARONE F., « Libéralisation, privatisation et régulation des services publics : état des lieux au sein de l'Union européenne », *in* PAULIAT H. (dir.), *Services publics, concurrence, régulation : le grand bouleversement en Europe ?,* Limoges, PULIM, 2008, pg. 39-52, pg. 49.

[66] GROSSMAN S., HART O., « The costs and benefits of ownership: a theory of vertical and lateral integration », *in* WILLIAMSON O., MASTEN S., *Transaction Cost Economics-Volume I-Theory and concepts*, Royaume-Uni, Elgar Reference Collection, 1999, pg. 287-315, pg. 288.

De plus, des entreprises séparées peuvent adopter des comportements opportunistes[67]. L'intégration verticale permettrait, en revanche, selon cette logique, un alignement des intérêts des opérateurs et la réduction des coûts de transaction[68]. Ainsi, celle-ci pourrait être vue comme une stratégie de minimisation des coûts sur le marché et des risques de comportements stratégiques de la part des agents économiques[69].

Enfin, suivant la même perspective, le développement des énergies renouvelables dans le cadre de la transition énergétique, intermittentes et imprévisibles par nature, nécessiterait une coopération encore plus renforcée entre le gestionnaire de réseau et les producteurs afin d'assurer l'équilibre et éviter le *blackout*. Or, c'est plutôt dans le cadre des entreprises verticales qu'un tel équilibre pourrait être davantage garanti.

97. Cependant, même si l'on reconnaît la validité des arguments exprimés en faveur des entreprises verticales et contre la dissociation patrimoniale, on ne les partage pas. Selon nous, la dissociation patrimoniale ne mettrait pas en soi en danger l'équilibre du réseau et, par conséquent, l'unité fonctionnelle du système électrique pour les raisons suivantes.

98. Le système électrique traditionnel change et se caractérise par une transition énergétique et numérique, deux éléments étroitement liés[70]. En effet, afin de pouvoir répondre aux enjeux de la transition énergétique, caractérisée par une multiplication d'unités de production d'énergies renouvelables décentralisées, intermittentes et imprévues, les réseaux doivent évoluer technologiquement en devenant plus « intelligents ». Le développement des réseaux intelligents (*smart grids*) peut permettre un meilleur pilotage du réseau en ajustant automatiquement la production d'électricité à la demande, ce qui est susceptible de faciliter la tâche d'équilibrage du gestionnaire de réseau de transport dissocié quant à la propriété[71]. La manque de coordination en dehors du cadre des entreprises verticales peut ainsi être pallié à travers l'utilisation des réseaux intelligents qui peuvent garantir de manière sécurisée l'équilibre du réseau et la stabilité du système énergétique. Ainsi, le régime de verticalité n'est plus, selon nous, nécessaire et la coordination des acteurs afin d'assurer l'équilibre du réseau de transport pourrait être garantie avec un gestionnaire de réseau dont la

---

[67] *Ibidem*

[68] *Ibid.*

[69] TIROLE J. (Prix Nobel d'économie 2014), *Théorie de l'organisation industrielle,* Paris, Economica, coll. « Economie et statistiques avancées », 2015, pg. 340.

[70] On reviendra plus en détail sur cette question à la fin de notre travail. Voir : Partie II / Titre II / Chapitre II / Section II / Sous-section II / II.

[71] HADJSAID N., SABONNADIERE J.-C., « Réseaux intelligents : aspects scientifiques et technologiques », *in* LAPEYRE M. (dir.), *Les nouvelles régulations électriques. Productions, réseaux et demande,* tome II, Paris, éd. Hermès-Lavoisier, coll. « EGEM-Génie électrique », 2012, pg. 167-203, pg. 188.

propriété est dissociée, au moyen du développement de systèmes d'information et d'une modernisation du réseau de transport[72].

99. De plus, il existe un autre moyen qui pourrait renforcer la robustesse du réseau. Les directives de libéralisation n'imposant pas de dissociation entre la production et la fourniture, les producteurs peuvent en même temps être fournisseurs. Cette double fonction (producteur-fournisseur) est la règle dans les pays européens où les entreprises verticales exerçaient toutes les activités énergétiques. Une telle double fonction facilite, à tout le moins, la coordination des activités hors réseaux. Les directives n'imposent pas non plus de dissociation fonctionnelle à l'intérieur du réseau lui-même, c'est à dire entre le transport et la distribution. La possibilité d'une gestion combinée du réseau de transport et du réseau de distribution est prévue dans les directives[73]. La notion de réseau combiné ne signifie pas un seul réseau mais une gestion combinée de deux types des réseaux, qui sont bien identifiés : le réseau de transport en haute tension et le réseau de distribution en moyenne/basse tension dont la gestion est assurée par un seul gestionnaire. Dans un tel cas, le gestionnaire du réseau pourrait être alors chargé des tâches du gestionnaire du réseau de transport et de celles du gestionnaire de réseau de distribution. Cette configuration permettrait, selon nous, un alignement de la gestion de tout le réseau en haute (transport) et basse (distribution) tension renforçant ainsi sa stabilité.

Le modèle de la dissociation patrimoniale du réseau pourrait être associé à une gestion combinée du réseau (de transport et de distribution) dans le but de garantir une homogénéisation du fonctionnement du réseau et d'assurer l'équilibre nécessaire de celui-ci. En d'autres termes, il y aurait un seul gestionnaire pour l'ensemble du réseau, dont la propriété est dissociée de celle pour les activités concurrentielles hors réseau, c'est-à-dire la production et la fourniture.

La gestion combinée de la totalité du réseau n'a toutefois pas été retenue par la Grèce. Il s'agit d'une proposition de notre part, laquelle pourrait être associée au régime de la dissociation patrimoniale du réseau qui a été mis en œuvre dans le pays. Une telle configuration pourrait assurer l'équilibre du réseau.

100. Pour conclure, le régime de la dissociation patrimoniale du réseau de transport électrique introduit en Grèce ne crée pas d'inquiétudes insurmontables quant à l'équilibre indispensable de celui-ci.

101. Ce régime de la dissociation patrimoniale peut aussi avoir des effets sur d'autres tâches essentielles qui reviennent au gestionnaire, en particulier celle d'assurer l'accès au réseau électrique **(III)**.

---

[72] POLLITT M., « The arguments for and against ownership unbundling of energy transmission networks », *op.cit.*

[73] Art. 29 « *Gestionnaire de réseau combiné* » de la directive 2009/72/CE ; art. 29 « *Gestionnaire d'infrastructure combinée* » de la directive 2009/73/CE.

III. L'encouragement de l'accès au réseau électrique

102. La libéralisation des échanges passe inévitablement par l'octroi d'un droit d'accès au réseau[74]. L'accès des tiers (*Third Party Access/TPA*) est une condition *sine qua non*, « *la pierre angulaire* » de la libéralisation[75]. Elle implique qu'un fournisseur puisse délivrer librement ses produits/services à des clients et que les consommateurs, de leur côté, puissent choisir librement (« clients éligibles »[76]) leurs fournisseurs[77]. L'accès au réseau de tiers et le choix libre des consommateurs sont les deux faces d'une même pièce.

103. Un contrat d'accès au réseau est conclu entre le gestionnaire et les titulaires d'un droit d'accès (producteurs, fournisseurs, clients éligibles), lequel précise la disponibilité du réseau, les conditions d'accès, les obligations des contractants, les modalités de l'injection ou du soutirage d'énergie, le payement d'une redevance d'accès et un mécanisme de comptage[78].

104. L'accès des tiers aux réseaux est une application de la fameuse théorie américaine dites des « facilités essentielles » (*bottleneck facility* ou *essential facility*) précisée par la Cour Suprême des États-Unis dans l'affaire *United States v. Terminal Railroad* (1912) à l'occasion de laquelle cette dernière l'a appliquée au regard des règles de droit antitrust américain. Selon cette théorie, quand l'utilisation d'infrastructures constitue la condition nécessaire (*essential*) pour l'exercice des activités économiques d'entreprises, le propriétaire de ces infrastructures est obligé de permettre leur utilisation[79].

---

[74] LEMAIRE C., *Energie et concurrence. Recherches sur les mutations juridiques induites par la libéralisation des secteurs de l'électricité et du gaz naturel*, *op.cit.*, pg. 411.

[75] *Ibidem*, pg. 412 ; LAMOUREUX M., *Droit de l'énergie*, Paris, LGDJ, 2e édition, 2022, pg. 252 et s.

[76] Le client éligible est « *un client qui est libre d'acheter de l'électricité au fournisseur de son choix au sens de l'article 33* ». À partir du 1er juillet 2007, tous les clients ont été considérés comme étant éligibles : donc tous ont eu droit de choisir leur fournisseur, ce qui établit le droit de tous les fournisseurs de pouvoir accéder au réseau. Jusqu'au 1er juillet 2007 l'éligibilité était fixée sur la base d'un seuil de consommation au-dessous duquel le client n'était considéré comme éligible et était obligé être approvisionné par l'opérateur historique. V. art. 19 de la directive 96/92/CE et l'art. 21 « *Ouverture du marché et réciprocité* » de la directive 2003/54/CE. V. aussi l'art. 2 « *Définitions* » pt. 12 et l'art. 33 « *Ouverture du marché et réciprocité* » de la directive 2009/72/CE.

[77] Pt. 3 du préambule et art. 32 « *Accès des tiers* », par. 1 de la directive 2009/72/CE : « *Les États membres veillent à ce que soit mis en place, pour tous les clients éligibles, un système d'accès des tiers aux réseaux de transport et de distribution* ».

[78] LEMAIRE C., *op.cit.*, pg. 413.

[79] DEZOBRY G., « Facilités essentielles », *in* BAZEX M., ECKERT G., LANNEAU R., LE BERRE C., DU MARAIS B., SEE A. (dir.), *Dictionnaire des Régulations*, Paris, LexisNexis, 2016, pg. 330-337, pg. 331.

La théorie des « facilités essentielles » a été reprise tant par la Commission européenne[80], que par la Cour de Justice de l'Union européenne[81]. La justification du droit d'accès des tiers au réseau se base sur le fait qu'il s'agit d'infrastructures ayant une singularité (monopole naturel), offrant un avantage important à leur gestionnaire, et constituant un passage inévitable pour les opérateurs afin de fournir leur bien aux consommateurs[82]. Sans accès au réseau, le bien de l'énergie n'arrive pas aux consommateurs.

105. La notion de droit d'accès au réseau porte ainsi un assouplissement du droit de la propriété[83]. En effet, celle-ci implique qu'un propriétaire d'infrastructures ne peut exclure les tiers de l'utilisation de ces dernières. Or, l'exclusivité d'usage est, en principe, l'essence de la notion de la propriété. Dès lors, le propriétaire est obligé de laisser des tiers entrer dans le réseau lorsque l'entrée sur le marché n'est pratiquement possible que par l'intermédiaire de ce réseau[84]. Il ne devrait pas être nécessaire que les opérateurs dupliquent le réseau afin d'entrer sur le marché[85].

106. L'accès aux réseaux doit être garanti à tout utilisateur, dans des conditions non discriminatoires et transparentes. Le gestionnaire de réseau peut refuser l'accès de tiers seulement pour des raisons objectives prévues dans les directives de libéralisation : en cas de manque de capacité du réseau ou si l'accomplissement des obligations de service public qui pèsent sur lui

---

[80] La Commission européenne a évoqué pour la première fois la notion de « facilité essentielle » dans sa décision *Sealink.* Voir: Décision de la Commission du 21 décembre 1993 relative à une procédure d'application de l'article 86 du traité CE (IV/34 689 – Sea Containers contre Stena Sealink-Mesures provisoires), (94/19/CE), *JOCE* L 15/8 du 18/01/1994, (pt. 41). Aussi : Décision de la Commission du 21 decembre 1993 relative au refus d'accès aux installations du port de Rødby (Danemark), (94/119/CE), *JOCE* L 55/52 du 26/02/1994. Voir : FOX E., GERADIN D., *EU Competition Law. Cases, Texts and Context*, Cheltenham, Northampton, ed. Edward Elgar, 2017, pg. 173.

[81] CJCE, C-179/90, *Merci convenzionali porto di Genova SpA c./Siderurgica Gabrielli SpA*, 10/12/1991 ; CJCE, C-439/06, *Citiworks*, (question préjudicielle), 22/05/2008 ; CJCE, C-239/07, *Julius Sabatauskas e.a.*, (question préjudicielle), 09/10/2008.

[82] DELLIS G., *Utilité publique et marché. Droit des services d'utilité publique libéralisés (communications électroniques, énergie, poste, transports, radiotélévision),* tome B, Athènes, Komotini, ed. Sakkoulas, 2008, pg. 242.

[83] Comme le souligne le Professeur Dellis le réseau, par nature, n'a pas une destination individualiste. Le propriétaire de celui-ci ne peut pas exercer son droit de la propriété comme il veut ; le réseau a plutôt une destination commune d'intérêt général. Toutefois, les réseaux ne peuvent être considérés en tant que *res publicae*, car ces derniers ne peuvent faire l'objet de droits réels à la différence du réseau ; de plus, le réseau est caractérisé par des particularités techniques, notamment une certaine capacité. *Ibidem*, pg. 245.

[84] RICHER L., « Droit d'accès et service public », *AJDA,* n° 2, 2006, pg. 73-81, pg. 73 ; PENARD T., « Mondialisation et accès aux marchés. L'accès au marché dans les industries de réseau : enjeux concurrentiels et réglementaires », *RIDE*, 2002/2, t. XVI, pg. 293-312, pg. 296 ; European Commission, « Competition aspects of access pricing », Report to the European Commission by CAVE M., CROWTHER P., HANCHER L., Decembre 1995, Luxembourg, Office for official publications of the European Communities, pg. 1-86, pg. 36.

[85] RICHER L., « Droit d'accès et service public », *ibidem*, pg. 73.

peut être empêché[86]. Et même dans ces cas, le refus doit être nécessaire et proportionné, c'est-à-dire qu'il n'existe pas de moyens moins restrictifs[87]. Un refus d'accès injustifié peut être considéré comme un type d'abus de position dominante (refus de livrer) entrant dans le champ d'application de l'article 102 TFUE[88]. La Cour de Justice de l'Union européenne, dans l'arrêt *Oscar Bronner*, a précisé les critères d'un refus d'accès à une infrastructure essentielle, tel qu'est le réseau, en le considérant comme un abus de position dominante[89].

Par ailleurs, un enjeu essentiel relatif à l'accès au réseau est celui de la tarification d'accès. L'accès au réseau est fondé sur des tarifs réglementés, fixés par l'autorité de régulation sur la base des coûts que le gestionnaire du réseau a communiqué au régulateur et sont publiés avant leur entrée en vigueur[90]. Un prix très élevé risque d'empêcher l'accès au réseau.

107. Le régime de propriété du gestionnaire de réseau peut avoir un impact significatif sur le droit d'accès au réseau ? La question qui se pose alors est de savoir dans quel cadre le gestionnaire du réseau de transport pourrait mieux assurer l'accès au réseau aux opérateurs intéressés ?

108. Selon les partisans du modèle des entreprises verticales, le dispositif de la séparation patrimoniale du gestionnaire de réseau engendrerait une augmentation du prix d'accès au réseau, empêchant de fait l'accès à celui-ci à de nombreux opérateurs. Le gestionnaire de réseau de transport étant une entreprise différente de celle assurant la production ou fourniture et chaque

---

[86] Art. 3 « *Obligations de service public et protection des consommateurs* », par. 14 et art. 32 « *Accès des tiers* », par. 2 de la directive 2009/72/CE.

[87] CJCE, C-439/2006, *Citiworks*, 22/05/2008, (pt. 60).

[88] Le refus d'accès peut être soit direct, soit indirect rendant le droit d'accès sans contenu. Tel est le cas, par exemple, d'un tarif d'accès très élevé, un grand retard dans l'examen d'une demande d'accès, le refus d'octroyer des informations pertinentes d'accès, un sous-investissement stratégique du réseau, ou encore la réservation d'une longue durée de la capacité du réseau. V. Communication de la Commission, « *Orientations sur les priorités retenues par la Commission pour l'application de l'article 82 du traité CE aux pratiques d'éviction abusives des entreprises dominantes* », *JOUE* C 45/7 du 24/02/2009, (pt. 78). Voir aussi l'analyse de L. Sandberg concernant le gaz naturel, toutefois l'analyse est aussi valable pour l'électricité : SANDBERG L., « Competition policy as a tool to complete the EU's internal gas market: antitrust », *in* JONES C. (dir.), *EU Energy Law. Volume XI – The role of Gas in the EU's Energy Union*, Deventer (Netherlands), Leuven (Belgium), éd. Claeys & Casteels, 2017, pg. 317-339, pg. 328 et s.

[89] Le refus de garantir l'accès à une infrastructure essentielle peut constituer un abus si : i) le refus élimine toute concurrence sur le marché en aval, ii) l'accès à une facilité essentielle est indispensable à l'exercice de l'activité, dans le sens qu'il n'y a pas de substitut potentiel, iii) le refus doit être dépourvu de toute justification. CJCE, C-7/97, *Oscar Bronner*, 26/11/1998, (pt. 41). Le refus à livrer s'est posé pour la première fois dans l'arrêt *Commercial Solvents*, concernant la décision d'une entreprise d'arrêter la livraison à un client dans le marché en aval à la suite d'un changement de sa stratégie commerciale visant à s'intégrer verticalement. CJCE, aff. 6/73, *Commercial Solvents*, 06/03/1974, (pt. 25).

[90] Art. 32 « *Accès des tiers* » et art. 37 « *Missions et compétences de l'autorité de régulation* » de la directive 2009/72/CE.

opérateur visant à récupérer leurs coûts fixes[91] plus un profit. La fragmentation du système électrique avec la dissociation patrimoniale aurait pour conséquence une augmentation du prix d'accès[92]. En revanche, dans le cadre d'entreprises verticales, bénéficiant de subventions croisées, le prix d'accès au réseau pourrait rester à des niveaux plus bas, facilitant ainsi l'accès à des opérateurs.

109. On ne partage pas cette position. La pratique a montré que lorsque le gestionnaire de réseau de transport fait partie de l'entreprise verticale, il favorise l'accès au réseau de diverses manières à son entreprise mère, faussant ainsi la concurrence et provoquant un verrouillage du marché[93]. Quant à la fixation du prix d'accès par le régulateur, un gestionnaire qui est une entreprise filiale, par exemple, pourrait communiquer des coûts fictifs dans le but d'augmenter le prix d'accès en favorisant de cette manière l'accès de l'entreprise mère. Ce faisant, elle empêcherait par conséquent les autres opérateurs d'y entrer.

110. L'entreprise verticale aurait tendance à vouloir exclure les concurrents de l'accès au réseau, afin d'en profiter seule, tandis qu'un gestionnaire dont la propriété est dissociée de l'opérateur historique serait plutôt enclin à ouvrir l'accès au réseau[94]. Un gestionnaire de réseau de transport distinct quant à la propriété est plus neutre face aux opérateurs du marché. Le régime de la séparation patrimoniale empêche donc la création d'un avantage anticoncurrentiel en faveur de l'opérateur historique, les conflits d'intérêts et les mauvaises subventions croisées. Dans ce cadre, les relations entre le gestionnaire de réseau de transport et l'opérateur historique ne sont plus figées ; ce dernier se trouvant dans la même position que les autres producteurs et fournisseurs qui veulent accéder au réseau[95].

On peut ainsi croire que ce nouveau système, adopté en Grèce, de la séparation patrimoniale du réseau de transport met sur un plan d'égalité tous les opérateurs en encourageant l'accès au réseau des tiers.

---

[91] Les coûts fixes sont les coûts qui sont indépendants des quantités produites. Notion de « Coût fixe » *in Lexique d'économie* (sous la direction de SILEM A., GENTIER A., ALBERTINI J.-M.), Paris, ed. Dalloz, 14e édition, 2016, pg. 234.

[92] MARCOU G., « État et collectivités territoriales dans la loi sur la transition énergétique. Adaptation ou mutation du système énergétique français ? », *op.cit.*, pg. 50.

[93] Commission européenne, COM (2006) 851 final, Bruxelles, le 10 janvier 2007, « *Communication de la Commission-Enquête menée en vertu de l'article 17 du règlement (CE) n° 1/2003 sur les secteurs européens du gaz et de l'électricité (rapport final)* » ; disponible sur : http://eur-lex.europa.eu/legal-content/FR/TXT/PDF/?uri=CELEX:52006DC0851&from=FR (consulté le 10/08/2022).

[94] BOITEAU C., « L'entreprise régulée », *RFDA*, n° 3, juillet 2018, pg. 469-480, pg. 474 ; DELLIS G., *Utilité publique et marché. Droit des services d'utilité publique libéralisés (communications électroniques, énergie, poste, transports, radiotélévision)*, *op.cit.*, pg. 264.

[95] LELOVITIS D., « La dissociation dans le troisième paquet » (« Ο διαχωρισμός στην τρίτη δέσμη »), *E&D*, décembre 2009, pg. 21-29, pg. 22.

111. Pour conclure, on pourrait considérer que le découplage patrimonial du réseau de transport électrique grec est susceptible de répondre de manière suffisante à la nécessité que le gestionnaire assure une gestion efficace du réseau ainsi qu'aux enjeux liés à cette tâche (interconnexions, équilibre, accès au réseau). On reconnaît la validité des arguments exprimés contre ce type de dissociation totale et en faveur du maintien de la verticalité des entreprises, cependant on ne les partage pas. La dissociation patrimoniale, éventuellement accompagnée d'autres mesures (gestion combinée, réseaux intelligent), pourrait écarter les réticences exprimées contre ce modèle. D'un point de vue concurrentiel, ce type de dissociation du réseau permet effectivement un meilleur fonctionnement de la concurrence. Bien évidemment, les comportements anticoncurrentiels ne sont jamais exclus de la part du gestionnaire de réseau, même si la propriété est dissociée de l'opérateur historique ; par exemple, peuvent se produire des ententes anticoncurrentielles ou des asymétries en matière d'informations fournies aux utilisateurs du réseau[96]. Néanmoins, la dissociation patrimoniale nous semble être un instrument approprié qui crée les conditions d'une concurrence améliorée, plus transparente, plus neutre et plus saine quant à l'accès au réseau. En favorisant l'accès au réseau et, par conséquent, en encourageant la concurrence, ce modèle permettrait *in fine* d'achever le marché intérieur de l'énergie.

112. D'autres vives critiques contre le régime de la dissociation patrimoniale se sont par ailleurs développées portant, cette fois-ci, non pas sur des questions techniques liées à la gestion et l'équilibre du réseau ou à l'accès à celui-ci, comme on l'a décrit précédemment, mais sur la compatibilité de ce régime avec la protection des droits fondamentaux et certaines politiques européennes **(Sous-section II)**.

Sous-section II : Contradiction avec les droits fondamentaux et certaines politiques de l'Union européenne ?

113. L'analyse de l'impact de la dissociation patrimoniale sur les missions du gestionnaire de réseau de transport doit être complétée par une étude de ses conséquences sur le consommateur final. Cette mutation du réseau de transport pose question : constitue-t-elle un réel progrès si la situation des consommateurs n'est pas améliorée **(I)** ou si elle contredisait certains droits fondamentaux tels que la liberté d'entreprendre, la libre circulation des capitaux **(II)** et le droit de propriété ? **(III)**.

---

[96] POLLITT M., « The arguments for and against ownership unbundling of energy transmission networks », *op.cit.*

I. La protection des droits des consommateurs

114. La protection des consommateurs constitue le but ultime du droit de la concurrence[97]. En matière d'énergie, les droits des consommateurs se concrétisent à travers l'accomplissement des obligations de service public qui reposent sur les opérateurs énergétiques[98], dont on parlera dans un chapitre ultérieur. Or, c'est du réseau dont dépendent le plus les besoins des consommateurs, non de la production ou de la fourniture[99]. Les consommateurs ne s'intéressent pas forcément à l'origine de l'électricité (lignite, gaz naturel, pétrole, énergies renouvelables…) mais à son prix qui doit être relativement bas, à la stabilité du réseau, à la sécurité de l'approvisionnement et à la continuité du service rendu[100].

115. Dans le cadre de la dissociation patrimoniale, le prix final payé par les consommateurs risque, comme on l'a relevé, d'être plus élevé. Ce nouveau système est, en effet, caractérisé par une fragmentation des activités énergétiques ; elles sont interdépendantes mais séparées. Or, plus il y a d'intermédiaires entre la production et la consommation, plus le prix final augmente. Chaque opérateur souhaite récupérer ses coûts et réaliser un profit raisonnable[101]. L'ensemble des opérateurs doivent se coordonner afin de permettre un équilibre du système. Cette coordination du marché a un coût et que l'intégration verticale permettrait de réduire par le biais d'économies d'échelle et de gamme[102].

116. Des auteurs ont soutenu que les conséquences de la libéralisation sur les prix de l'électricité, qui continuent de croître, ont largement été méconnues[103]. L'augmentation du prix final d'électricité semble ainsi être une conséquence de l'ouverture à la concurrence. Le Professeur Marcou

---

97 Cours de « *Droit de la concurrence-secteur privé* » donné par le Professeur Denis WAELBROECK au Collège d'Europe (Bruges) pendant l'année universitaire 2011-2012.

98 Voir l'art. 3 « *Obligations de service public et protection des consommateurs* » et annexe I « *Mesures relatives à la protection des consommateurs* » des directives 2009/72/CE et 2009/73/CE.

99 MARCOU G., « Electricité, marché unique et "transition énergétique" : les contradictions du nouveau système électrique et la place des collectivités territoriales », *op.cit.*, pg. 53.

100 *Ibidem*

101 HAUCAP J., « The costs and Benefits of Ownership Unbundling », *op.cit.*, pg. 303.

102 TIROLE J. (Prix Nobel d'économie 2014), *Théorie de l'organisation industrielle, op.cit.*, pg. 340 ; JONES A., SUFRIN B., *EU Competition Law: Text, Cases, and Materials*, United Kingdom, Oxford University Press, 5th edition, 2014, pg. 7.

103 On reprend l'expression de Marcel Boiteux à propos de la suppression des tarifs réglementés : « *Avec la suppression des tarifs régulés que demande Bruxelles, il ne s'agit donc plus, comme on pouvait le croire initialement, d'ouvrir la concurrence pour faire baisser les prix, mais d'élever les prix pour permettre la concurrence* », BOITEUX M., « Les ambiguïtés de la concurrence-Electricité de France et la libéralisation du marché de l'électricité », *Revue Futuribles*, n° 331, juin 2007, pg. 5-16, pg. 11.

relevait ce paradoxe : *« on a ouvert le marché d'électricité pour avoir des prix plus élevés »*[104] ?

117. Toutefois, l'augmentation du prix final semble inévitable et n'est pas seulement due au régime de dissociation patrimoniale. Les exigences européennes de renforcement de la production à partir des énergies renouvelables, de modernisation des réseaux, de mise en œuvre de réseaux intelligents et de renforcement des interconnexions ont sans doute comme résultat, au moins à court-moyen terme, une augmentation du prix final pour les consommateurs. En ce sens, un prix plus élevé pour les consommateurs serait plutôt le reflet d'un progrès, d'une vision à long terme du marché énergétique.

Donc, selon nous, le régime de la dissociation patrimoniale ne signifie pas une méconnaissance des droits des consommateurs. Examinons à présent la question de la compatibilité de ce régime avec le principe de libre circulation des capitaux **(II)**.

II. La limitation justifiée à la libre circulation des capitaux

118. Les nouvelles dispositions portant sur la dissociation patrimoniale posent la question de leur compatibilité avec le droit primaire de l'Union européenne, notamment les dispositions du Traité relatives à la libre circulation des capitaux. En effet, aux termes de l'article 63, par. 1 TFUE : « *Dans le cadre des dispositions du présent chapitre, toutes les restrictions aux mouvements de capitaux entre les États membres et entre les États membres et les pays tiers sont interdits* ».

119. Le régime de la séparation patrimoniale, quant à sa dimension territoriale, s'applique dans toute l'Union européenne, tant aux entreprises européennes qu'aux entreprises non européennes[105]. À titre d'exemple, un producteur ou un fournisseur d'électricité en Belgique ou provenant de Suisse (pays tiers) ne peut acquérir une participation majoritaire dans le capital ou la maintenir, exercer un contrôle, être désigné ou designer un membre du conseil de surveillance, du conseil d'administration ou des organes représentants légalement l'entreprise d'un gestionnaire de réseau de transport d'électricité dans un pays européen qui a adopté le modèle de la dissociation patrimoniale pour le réseau de transport.

Quant à sa dimension matérielle, le régime de la séparation patrimoniale s'applique de façon diagonale, pour l'électricité et le gaz naturel[106]. En

---

[104] MARCOU G., « Electricité, marché unique et "transition énergétique" : les contradictions du nouveau système électrique et la place des collectivités territoriales », *op.cit.*, pg. 62.

[105] Pt. 24 du préambule de la directive 2009/72/CE.

[106] Art. 9 « *Dissociation des réseaux de transport et des gestionnaires de réseau de transport* », par. 3 de la directive 2009/72/CE ; European Commission, Brussels, 22/01/2010, Commission staff working paper : « *Interpretative note on directive 2009/72/EC concerning common rules for*

d'autres termes, un producteur ou un fournisseur d'électricité ne peut acquérir la propriété, ou exercer un contrôle ou un pouvoir (éléments du contrôle mentionnés ci-dessus) sur le gestionnaire de réseau de transport gazier d'un pays qui applique la séparation patrimoniale. De même, un importateur/producteur ou fournisseur de gaz ne peut acquérir ou exercer un contrôle ou un pouvoir sur une entreprise assurant la gestion du réseau de transport d'électricité et inversement.

Dans l'arrêt *Commission c. Allemagne*, la Cour de justice a récemment réitéré sa position selon laquelle les règles d'*unbundling* lient les entreprises non européennes qui souhaitent entrer sur le marché de l'énergie européen[107]. La Cour a relevé un risque de conflits d'intérêts « *dans une situation où le gaz naturel ou l'électricité produits en dehors de l'Union par une entreprise sont transportés au sein de l'Union au moyen d'un réseau de transport appartenant à la même entreprise, le risque de comportements discriminatoires dans l'exploitation de ce réseau, susceptibles de défavoriser le transport de produits énergétiques de concurrents, apparait clairement* »[108].

Le fait que les règles d'*unbundling* lient aussi bien les entreprises européennes que non européennes garantit une application effective de ces dispositions mais aussi une égalité entre les opérateurs économiques sur le marché.

120. Le résultat de l'application du modèle de dissociation patrimoniale est clairement une restriction de la libre circulation des capitaux[109].

Il convient, par ailleurs, de souligner que dans le cadre des systèmes de dissociation où la verticalité est maintenue, tels que l'*ISO* et l'*ITO model*, les entreprises des pays tiers sont liées par les exigences d'*unbundling* qui déterminent le cadre des rapports au sein de l'entreprise verticale, entre la filiale (le gestionnaire du réseau de transport) et l'entreprise mère (producteur ou fournisseur de l'énergie). Dans le cadre de ces modèles, il n'existe pas une séparation nette comme dans la dissociation patrimoniale qui requiert un choix entre réseau et hors réseau. Un fournisseur ou producteur européen, ou d'un pays tiers, peut donc participer au capital de l'entreprise qui gère le réseau de transport.

---

the internal market in electricity and directive 2009/73/EC concerning common rules for the internal market in natural gas - The unbundling regime », pg. 1-30, pg. 10 ; disponible sur : https://ec.europa.eu/energy/sites/ener/files/documents/2010_01_21_the_unbundling_regime.pdf (consulté le 30/06/2020).

107 CJUE, C-718/18, *Commission européenne c. République fédérale d'Allemagne*, (4ème chambre), 02/09/2021.

108 CJUE, C-718/18, *ibidem*, (pt. 37).

109 KROES N., « Improving competition in European energy market through effective unbundling », *Fordham International Law Journal,* volume 31, number 4, April 2008, pg. 1387-1441, pg. 1425.

121. La restriction de la libre circulation des capitaux en application de la séparation patrimoniale a néanmoins été justifiée par la Cour de Justice de l'Union européenne dans le cadre de l'affaire *Essent*[110]. En l'espèce, les juges ont, dans un premier temps, relevé que les dispositions nationales prévoyant une séparation patrimoniale des réseaux de distribution d'électricité et de gaz aux Pays Bas et l'interdiction de privatisation du réseau constituaient des entraves à la libre circulation des capitaux[111]. Cependant, ils ont accepté de considérer que des « raisons impérieuses d'intérêt général » pouvaient justifier des entraves aux libertés fondamentales ; comme le but d'assurer « *un accès non discriminatoire aux réseaux de distribution d'électricité ou de gaz ainsi que la transparence des marchés, de prévenir des subventions croisées, d'assurer des investissements suffisants dans les réseaux afin de garantir la sécurité d'approvisionnement stable en électricité et en gaz ainsi que d'empêcher les échanges d'informations confidentielles entre les gestionnaires de réseau et les entreprises de production et de fourniture* »[112]. Dans cette affaire, la Cour a donc voulu maintenir un équilibre entre les raisons d'intérêt général qu'un État membre peut invoquer pour limiter la libre circulation des capitaux et la liberté des entreprises privées d'acquérir une participation dans des réseaux énergétiques[113].

122. La Commission européenne a quant à elle, dans une note interprétative, adopté une approche neutralisante du principe de séparation patrimoniale et favorisé un examen au cas par cas[114]. Cette dernière souligne, en effet, qu'une participation simultanée aux entreprises de production ou de fourniture et au réseau de transport ne crée pas forcément de conflit d'intérêts ou une incitation d'exploitation au détriment des concurrents. C'est au gestionnaire de réseau de transport qu'il revient de prouver qu'il n'existe pas de conflit d'intérêts ou une incitation d'exploitation du réseau même si, simultanément, il agit sur des segments hors réseau en tant que

---

[110] CJUE, C-105/12 à C-107/12, *Staat der Nederlanden c/Essent NV (C-105/12), Essent Nederland BV (C-105/12), Eneco Holding NV (C-106/12), Delta NV (C-107/12)* (grande chambre), 22/10/2013.

[111] *Ibidem*, (pt. 47).

[112] *Ibid.*, (pt. 65).

[113] ARGALIAS P., « Gestionnaires des réseaux de distribution d'électricité » (« Διαχειριστές δικτύων διανομής ηλεκτρικής ενέργειας »), *RHellDE*, n° 2, 2014, pg. 205-208, pg. 208 ; IDOT L., « Propriété publique et exigences impérieuses d'intérêt général », *Europe*, n° 12, décembre 2013, pg. 35-36, pg. 35.

[114] European Commission, SWD (2013) 177 final, Brussels, 08 mai 2013, « *Commission staff working document – Ownership unbundling – The Commission's practice in assessing the presence of a conflict of interest including in case of financial investors* », pg. 1-11, pg. 10 ; disponible sur :
https://ec.europa.eu/energy/sites/ener/files/documents/swd_2013_0177_en.pdf
(consulté le 10/08/2022).

producteur ou fournisseur[115]. L'identification du conflit d'intérêts et de l'incitation d'exploitation repose sur la considération de plusieurs éléments : la localisation des activités de production et de fourniture, la nature des participations, les parts de marché, l'accès à des informations confidentielles qui peuvent donner un avantage à une entreprise verticale par rapport à ses concurrents[116]. Selon cette approche, une restriction de la circulation des capitaux, conséquence de la dissociation patrimoniale, ne serait en tout cas justifiée[117].

123. On partage plutôt l'approche de la Cour de Justice de l'Union européenne exprimée dans l'arrêt *Essent* selon laquelle la séparation patrimoniale apporte des restrictions à la libre circulation des capitaux mais celles-ci peuvent toutefois être justifiées et proportionnées par rapport au but recherché.

Étudions maintenant la compatibilité du régime de la dissociation patrimoniale avec le droit de propriété **(III)**.

III. La limitation justifiée au droit de propriété

124. On l'a noté, les États pouvaient choisir entre trois systèmes de dissociation pour le réseau de transport : la dissociation patrimoniale, le *ISO* model ou le *ITO* model si à la date d'adoption du troisième paquet en 2009 le réseau appartenait à des entreprises verticales. Si ce n'était pas le cas, les États devaient mettre en œuvre le régime de la dissociation patrimoniale à partir de 2012.

Pour autant la Grèce, bien que son réseau de transport appartenait à une entreprise verticale en 2009, a dû, en application des memoranda d'accord signés avec la *Troïka*, adopter le régime de la dissociation patrimoniale.

125. Se pose alors la question de la compatibilité de cette imposition de la dissociation patrimoniale avec, d'une part, l'article 345 TFUE[118] et, d'autre part, le droit de propriété des entreprises verticales[119] protégé en tant que principe général de l'Union européenne[120].

---

[115] *Ibidem*

[116] *Ibid.*

[117] *Ibid.*

[118] Art. 345 TFUE : « *Les traités ne préjugent en rien le régime de la propriété dans les États membres* ».

[119] PIELOW J.-C., BRUNEKREEFT G., EHLERS E., « Legal and economic aspects of ownership unbundling in the EU», *Journal of World Energy Law & Business*, vol. 2, n° 2, 2009, pg. 96-116, pg. 109.

[120] Le droit de la propriété est protégé dans l'article 1 « *Protection de la propriété* » du Protocole additionnel de la Convention européenne des droits de l'homme (CEDH), laquelle constitue un principe général du droit de l'Union européenne, faisant partie du droit primaire. Selon cet article : « *Toute personne physique ou morale a droit au respect de ses biens. Nul ne peut être privé de sa propriété que pour cause d'utilité publique et dans les conditions prévues par la loi et les*

Sans doute, le législateur grec a été privé de la liberté offerte par l'article 345 TFUE et les directives de libéralisation aux autres États membres de pouvoir déterminer le régime de propriété des entreprises.

126. Concernant le droit de propriété de l'opérateur historique grec qui devait choisir entre la gestion du réseau ou les activités de production et de fourniture, la dissociation patrimoniale y apporte une restriction dans la mesure où il va perdre un bien sans être compensé[121].

Une limitation de ce droit peut néanmoins être regardée comme légitime et proportionnée pour des raisons d'intérêt général[122], sans toutefois porter atteinte à sa substance[123]. Les raisons d'intérêt général avancées par la Cour de Justice de l'Union européenne dans le cadre de l'arrêt *Essent*, présentées ci-dessus - notamment l'élimination des subventions croisées et de l'échange d'informations stratégiques, davantage de transparence, l'élimination des distorsions de concurrence - pourraient justifier des restrictions au droit de propriété.

Dès lors, le régime de la dissociation patrimoniale apporte une restriction au droit de la propriété des entreprises verticales mais celle-ci semble être justifiée dans la mesure où elle est nécessaire et proportionnée.

127. Après avoir étudié le régime de la séparation patrimoniale adopté par la Grèce pour le réseau de transport électrique, conformément aux memoranda d'accord signés avec la *Troika*, il s'agit à présent d'exposer le modèle de dissociation adopté pour le réseau de transport gazier ainsi que les installations de GNL **(Section II)**.

---

principes généraux du droit international. Les dispositions précédentes ne portent pas atteinte au droit que possèdent les Etats de mettre en vigueur les lois qu'ils jugent nécessaires pour réglementer l'usage des biens conformément à l'intérêt général ou pour assurer le paiement des impôts ou d'autres contributions ou des amendes ».

[121] Dans leur article, J.-C. Pielow et E. Ehlers soulignent que la privation d'un bien par son propriétaire et son transfert obligatoire à quelqu'un autre, en application du « *ownership unbundling* » du réseau pour les entreprises verticales, conduit en réalité à une « expropriation *de facto* ». PIELOW J.-C., EHLERS E., « Ownership unbundling and constitutional conflict: a typical German debate? », *EREM*, vol. 2, issue 3, May 2008, pg. 1-34, pg. 21.

[122] Dans l'arrêt de principe *Sporrong et Lonroth c/Suède*, la Cour européenne des droits de l'homme (Cour EDH) a accepté que des restrictions au droit de la propriété (protocole 1 CEDH) soient possibles. Elle a statué que l'article 1 du Protocole 1er de la CEDH contient trois normes : « *La première, d'ordre général, renfonce le principe du respect de la propriété ; ... La deuxième vise la privation de propriété et la soumet à certaines conditions ; ... Quant à la troisième elle reconnait aux États le pouvoir, entre autres, de réglementer l'usage des biens conformément à l'intérêt général et en mettant en vigueur les lois qu'ils jugent nécessaires à cette fin* » Decision de la CEDH req. 7151/75 ; 7152/75 *Sporrong et Lonrroth c/ Suède* (plénière), 23/09/1982, (pt. 61).

[123] CJUE, aff. 44/79, *Liselotte Hauer c/ Land Rheinland*, 13/12/1979, (pt. 23).

Section II :
Le modèle de la dissociation patrimoniale du réseau de transport gazier et des installations de GNL

128. Le réseau gazier en Grèce est caractérisé par un système (réseau) national de gaz naturel (ESFA, « *Εθνικό Σύστημα Φυσικού Αερίου/ΕΣΦΑ* ») et des systèmes indépendants de gaz naturel (ASFA, « *Ανεξάρτητα Συστήματα Φυσικού Αερίου/ΑΣΦΑ* »).

Le système national de gaz naturel (ESFA) comprend[124] : a) un réseau de transport de gaz naturel (« *Εθνικό Σύστημα Μεταφοράς Φυσικού Αερίου/ΕΣΜΦΑ* ») qui inclut : des gazoducs à haute pression (plus de 19 bars), une conduite centrale de gaz et des branches, des extensions du système national de transport de gaz, des installations de mesure, réglage, compression et décompression, un système de contrôle du fonctionnement et de communication à distance, des centres de fonctionnement et de maintenance, des centres de contrôle de répartition des charges, des installations qui soutiennent le système de transport aux points d'entrée du gaz[125] ; b) une installation pour le gaz naturel liquéfié (GNL) de l'île de Revithoussa et sa modernisation[126] ; c) une expansion et un renforcement du système national de gaz naturel (ESFA) vers nouvelles régions, des installations, des interconnexions, des infrastructures, des espaces de stockage et de réintroduction du gaz naturel dans le système national de gaz naturel. Le réseau de distribution n'est pas inclus dans le système national de gaz naturel.

129. Le gestionnaire du système national de gaz naturel est l'entreprise DESFA (Hellenic Gas Transmission System Operator, « *Διαχειριστής Εθνικού Συστήματος Φυσικού Αερίου/ΔΕΣΦΑ* »), filiale à 100 % jusqu'en 2017 de l'opérateur historique DEPA[127].

---

[124] Art. 67 « *Système national de gaz naturel* » de la loi n° 4001/2011.

[125] *Ibidem*

[126] D'autres terminaux de GNL sont en cours de construction au nord de la Grèce, dans la région Alexandroupolis ainsi que dans la région de Corinthe. Le terminal GNL à Revithoussa est parmi les 28 GNL terminaux opérant actuellement dans toute l'Europe. Autres pays qui disposent des installations de GNL sont : l'Espagne, la France, la Belgique, l'Italie, le Portugal, le Royame Uni et les Pays Bas. Voir sur le site de DESFA : « *LGN : Services description* » ; disponible sur : https://www.desfa.gr/en/regulated-services/lng/description et sur le site de la Commission européenne : « *Liquefied Natural Gas* » ; disponible sur : https://ec.europa.eu/energy/topics/oil-gas-and-coal/liquefied-natural-gas-lng_en?redir=1#infrastructures (consulté le 10/08/2022).

[127] Art. 63 À « *Dispositions spéciales concernant DESFA* » de la loi n° 4001/2011 telle que modifiée par l'art. 103 de la loi n° 4472/2017, « *Dispositions gouvernementales en matière de pensions et dispositions modificatives de la loi 4387/2016, mesures de mise en œuvre des objectifs et réformes budgétaires, mesures de soutien social et réglementation du travail, stratégie budgétaire à moyen terme et autres dispositions* », *JO* A 74 du 19/05/2017.

Le schéma ci-dessous expose le système national de gaz naturel, incluant le réseau de transport gazier et les installations de GNL à Revithoussa où est transféré le GNL par le biais bateaux méthaniers en provenance d'Algérie :

Source : https://www.desfa.gr/national-natural-gas-system/transmission

130. Les directives européennes de libéralisation de 2009 ne visaient pas le démantèlement des entreprises verticales. On l'a vu, elles ont prévu deux exceptions au modèle de séparation patrimoniale si au 3 septembre 2009 le réseau de transport (électrique ou gazier) appartenait à une entreprise verticalement intégrée. Dans ce cas les États pouvaient choisir soit la dissociation patrimoniale, soit le modèle de gestionnaire de réseau indépendant (*ISO model*) ou le modèle de gestionnaire de réseau de transport indépendant (*ITO model*)[128].

131. Le modèle du gestionnaire de réseau de transport indépendant (*ITO* model) a été adopté initialement par la Grèce pour le réseau de transport de gaz naturel et les installations de GNL[129]. Dans le cadre de l'*ITO* model, la propriété du réseau de transport gazier appartenait à son gestionnaire

[128] Art. 9 « *Dissociation des réseaux de transport et des gestionnaires de réseau de transport* », par. 8 de la directive 2009/72/CE ; art. 9 « *Dissociation des réseaux de transport et des gestionnaires de réseau de transport* », par. 8 de la directive 2009/73/CE.

[129] Art. 63B « *Actifs, équipement, personnel et identité de DESFA et ses relations avec DEPA* » de la loi n° 4001/2011 ; chapitre IV « *Gestionnaire de réseau de transport indépendant* » de la directive 2009/73/CE.

DESFA qui était une filiale de l'entreprise verticale DEPA[130]. Dans ce dispositif, il n'existait pas de séparation stricte entre l'entreprise verticale et le gestionnaire de réseau de transport. Pour cette raison, la directive 2009/73/CE contient des dispositions visant à garantir l'indépendance de celui-ci par rapport à l'entreprise mère (ex. programme d'engagements incluant des mesures de garantie de non-discrimination ; compétence du gestionnaire s'agissant du développement décennal du réseau, des décisions d'investissement et du raccordement des installations de stockage de gaz et de GNL)[131]. L'entreprise mère ne devrait pas déterminer l'activité quotidienne du gestionnaire de réseau de transport, ni participer à l'élaboration du plan décennal de développement du réseau de transport[132].

132. La France maintient toujours l'*ITO* model pour le réseau de transport de gaz naturel. Il existe deux gestionnaires de réseaux de transport (GRT) de gaz : le GRT gaz, filiale d'ENGIE (opérateur historique successeur de GDF en 2015), qui gère le réseau dans le nord du pays ; le TIGF, filiale d'un consortium réunissant plusieurs entreprises et responsable du réseau dans le sud-ouest du pays[133]. Les gestionnaires du réseau de distribution sont des filiales de l'opérateur historique.

133. S'agissant de la Grèce, conformément aux obligations issues des memoranda d'accord, le modèle de la dissociation patrimoniale a été introduit en 2017 pour le système national de gaz naturel (ESFA), remplaçant l'*ITO model* alors en vigueur[134]. Les *ASFA*, sur lesquels on reviendra ultérieurement dans notre analyse, n'ont cependant pas été concernés par les memoranda d'accord.

134. Il importe d'examiner les implications de ce modèle de séparation sur le fonctionnement du système national gazier en Grèce. Or, la nature des compétences du gestionnaire du réseau de transport gazier est, dans une grande mesure, similaire à celle du gestionnaire du réseau de transport électrique. Les recherches réalisées pour le second s'appliquent donc *mutatis mutandis* pour le premier. On limitera donc les développements qui suivent à l'étude des spécificités du dispositif relatif au gaz en examinant, dans un premier temps, les conséquences du modèle de la dissociation patrimoniale sur les compétences du gestionnaire du réseau de transport gazier **(Sous-**

---

[130] Ce modèle de dissociation succédait la dissociation juridique et fonctionnelle du gestionnaire de réseau de transport prévu dans la directive 2003/55/CE (2e paquet). V. art. 9 « *Séparation juridique des gestionnaires de réseau de transport* » de la directive 2003/55/CE.

[131] Art. 17-23 de la directive 2009/73/CE.

[132] Art. 17 « *Indépendance du gestionnaire de réseau de transport* », par. 4 de la directive 2009/73/CE.

[133] Voir l'article L. 111-9 à L. 111-38 du Code de l'énergie. Voir sur le site de la CRE « *Présentation des réseaux de gaz naturel* »; disponible sur : https://www.cre.fr/Gaz-naturel/Reseaux-de-gaz-naturel/Presentation-des-reseaux-de-gaz-naturel (consulté le 10/08/2022).

[134] Loi n° 4472/2017, *précit.*

section I) ; avant, dans un second temps, de s'intéresser au modèle spécifique de dissociation applicable aux *ASFA* **(Sous-section II)**.

Sous-section I :
Les effets sur les tâches du gestionnaire du réseau de transport gazier et des installations de GNL

135. Les tâches du gestionnaire du réseau de transport de gaz naturel, d'installation de stockage et/ou d'installation de GNL sont harmonisées au niveau européen[135]. Ainsi, DESFA, en tant que gestionnaire du réseau de transport gazier : a) octroie l'accès aux utilisateurs au réseau ; b) organise la réception et la livraison du gaz dans le système national de gaz naturel (ESFA) ; c) procède à la répartition de la capacité du réseau entre les utilisateurs ; d) veille à la qualité du gaz ; e) est responsable de l'équilibre du réseau ainsi que de la compensation des pertes ; f) est chargé de la sécurité d'approvisionnement ; g) gère les congestions aux points d'entrée et de sortie du gaz naturel ; h) rédige un rapport sur le fonctionnement d'ESFA ; i) conclut des accords avec les gestionnaires des systèmes indépendants de gaz naturel, le gestionnaire de réseau de distribution et les systèmes de gaz naturel établis en dehors du pays dans le but de renforcer l'interopérabilité du réseau ; j) octroie des informations sur le fonctionnement du réseau, la capacité réservée du réseau, les conditions d'accès au réseau et la tarification ; k) gère un système électronique pour les échanges de gaz naturel ; l) remplit les obligations de service public ; m) établit le plan de développement du système national de gaz naturel ; n) achète ou vend le gaz si cela est nécessaire à l'équilibre du réseau et se charge de la gestion des congestions sur l'île de Revithoussa (GNL)[136].

136. Les tâches du gestionnaire du réseau de transport gazier et d'installations de GNL peuvent être classés en quatre catégories : **I.** la gestion du réseau de transport et des installations du GNL inclus dans le système national de gaz naturel ; **II.** la sécurité de l'approvisionnement ; **III.** l'équilibre du réseau gazier, et ; **IV.** l'accès au réseau gazier.

I. La gestion optimale du système national de gaz naturel

137. La gestion du réseau de transport de gaz et des installations du GNL implique leur exploitation, maintenance, développement et interconnexion afin

---

[135] Art. 13 « *Tâches des gestionnaires de réseau de transport, d'installation de stockage et/ou d'installation de GNL* » de la directive 2009/73/CE.

[136] Art. 68 « *Tâches de DESFA* » de la loi n° 4001/2011 qui transfère l'art. 13 « *Tâches des gestionnaires de réseau de transport, d'installation de stockage et/ou d'installation de GNL* » de la directive 2009/73/CE.

qu'ils soient techniquement solides et rentables[137]. Il s'agit de répondre aux besoins des utilisateurs de manière sécurisée, suffisante et crédible.

138. Chaque année, le gestionnaire DESFA établit un programme décennal pour le développement du réseau de transport qui est soumis à l'autorité de régulation[138]. Ce document prévoit tous les investissements nécessaires au développement, renforcement et raccordement du système national de gaz naturel (ESFA) pour les dix années à venir en tenant compte de l'offre et de la demande (existantes et prévisibles), des échanges avec d'autres pays, de l'exécution des obligations de service public, de l'amélioration de l'efficacité d'ESFA, ou encore de la protection de l'environnement[139]. L'autorité de régulation surveille la mise en œuvre de ce plan de développement et peut imposer des sanctions en cas de non-accomplissement, une situation que l'on abordera dans un chapitre ultérieur[140].

139. Le gaz naturel, au regard de sa nature, a un caractère transnational. La Grèce est alimentée par du gaz qui provient de Russie (entreprise *Gazprom*), de Turquie (entreprise *Botas*) et d'Algérie pour le GNL (entreprise *Sonatrach*)[141]. Le commerce transfrontalier est aujourd'hui en cours de développement grâce notamment à des interconnexions entre la Grèce et l'Azerbaïdjan (*Trans Adriatic Pipeline/TAP*), la Bulgarie (*Interconnector Greece-Bulgaria/IGB*)[142], Chypre et Israël (*East Mediterranean Pipeline/East Med*) et l'Italie (*Interconnector Greece-Italy/IGI Poseidon*) dans le cadre d'un projet plus large d'interconnexion de la Turquie et de l'Italie (*ITGI*). D'autres terminaux de GNL au nord (région d'Alexandroupolis) et au milieu (région de Corinthe) de la Grèce ainsi que des installations de stockage de gaz au nord du pays (région de Kavala) sont en cours de construction.

Les interconnexions de réseaux nationaux gaziers sont la clé pour la libre circulation du bien de gaz naturel d'un pays européen à l'autre[143]. Elles

---

137 LEMAIRE C., *Energie et concurrence. Recherches sur les mutations juridiques induites par la libéralisation des secteurs de l'électricité et du gaz naturel*, *op.cit.*, pg. 117.

138 Art. 63, pt. 8 « *Développement de ESFA et compétence pour les décisions des investissements* » de la loi n° 4001/2011, art. 22 « *Développement du réseau et compétences pour les décisions d'investissements* » de la directive 2009/73/CE.

139 *Ibidem*

140 *Ibid.*

141 Rapport de l'Autorité Réglementaire pour l'Énergie (RAE), « *National Report to the European Commission.* Covering *the period 01/01/2012 - 31/12/2012* », Athènes, Décembre 2013, pg. 1-98, pg. 86.

142 Art. 176 « *Transport et installations de gazoducs du gaz naturel entre Grèce-Italie, Grèce-Bulgarie* » de la loi n° 4001/2011.

143 À cet égard, une coopération entre gestionnaires nationaux des réseaux de transport de gaz naturel a été instituée dans le cadre du Réseau Européen des Gestionnaires de Réseau de Transport pour le Gaz (REGRT-G, *European Network of Transmission System Operators for Gas/ENTSO-G*), laquelle est primordiale pour le développement des réseaux transeuropéens gaziers. Pt. 16 et art. 4 « *Réseau européen des gestionnaires de réseau de transport pour le gaz* » du règlement n° 715/2009 du Parlement européen et du Conseil du 13 juillet 2009 concernant les conditions d'accès aux réseaux de transport de gaz naturel et abrogeant le règlement (CE) n°

contribuent à l'unification des marchés nationaux, à un équilibre entre l'offre et la demande et à une communication des prix[144]. Les interconnexions transfrontalières, ainsi que les installations de stockage de gaz et de GNL, sont ainsi considérées comme des projets d'intérêt commun éligibles à un financement européen[145].

Il convient de souligner que les projets d'intérêts commun qui ont bénéficié d'un financement selon le règlement n°347/2013 et qui n'ont pas été terminés lors de l'adoption du règlement postérieur n° 2022/869[146] ne sont pas affectés, même s'ils ne sont pas inclus parmi les projets éligibles pour un financement selon ce dernier règlement.

Le schéma ci-dessous présente les interconnexions extérieures gazières de la Grèce.

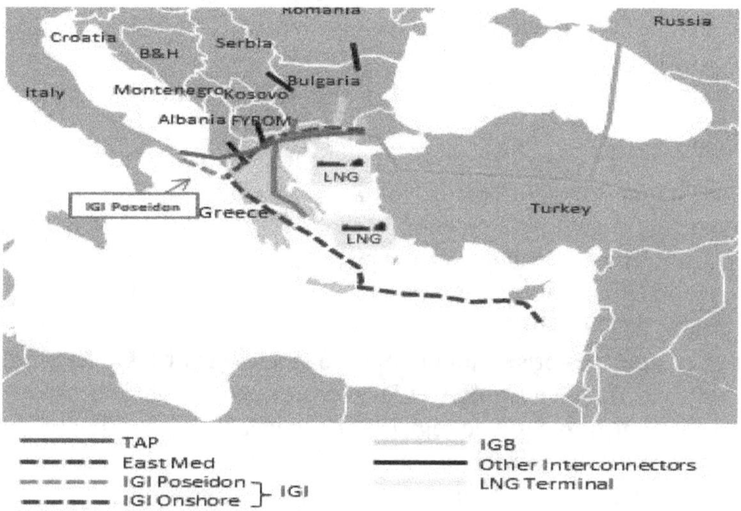

Source : https://www.depa.gr/international-infrastructures/?lang=en

---

1775/2005, *JOUE* L 211/36 du 14/08/2009. Voir : SIKOW-MAGNY C., « Gas infrastructure – the trans-European energy networks », *in* JONES C. (dir.), *EU Energy Law. Volume XI – The role of Gas in the EU's Energy Union, op.cit.*, pg. 287-296, pg. 287.

[144] BOWDEN J., « South Eastern Europe gas markets – moving towards integration », *in* JONES C. (dir.), *EU Energy Law. Volume XI - The role of Gas in the EU's Energy Union, ibidem*, pg. 73-88, pg. 74.

[145] Voir l'annexe I « *Corridors et domaines prioritaires en matière d'infrastructures énergétiques* » du règlement (UE) n° 347/2013, *précit.*

[146] Règlement (UE) 2022/869 du Parlement européen et du Conseil du 30 mai 2022 concernant des orientations pour les infrastructures énergétiques transeuropéennes, modifiant les règlements (CE) n° 715/2009, (UE) 2019/942 et (UE) 2019/943 et les directives 2009/73/CE et (UE) 2019/944, et abrogeant le règlement (UE) n° 347/2013, *précit.*

140. Reprenant les arguments avancés en faveur de la séparation patrimoniale du réseau de transport électrique et les interconnexions qui sont aussi valables pour le gaz, on peut considérer que les investisseurs potentiels seraient davantage intéressés à prendre une participation dans une entreprise gestionnaire du réseau de transport gazier dont la propriété est dissociée de l'opérateur historique et non juste indépendante, c'est-à-dire sans tutelle de l'entreprise-mère. Ce n'est pas une priorité des opérateurs historiques de développer le réseau et de faciliter l'entrée d'autres opérateurs. Le modèle de la dissociation patrimoniale paraît ainsi plus apte à garantir la réalisation des interconnexions de la Grèce avec les pays voisins. Il est donc, de notre point de vue, un modèle de dissociation préférable.

141. Analysons plus précisément les effets de la séparation patrimoniale du système national de gaz naturel au regard d'un autre enjeu qui se pose pour le gaz : la sécurité de l'approvisionnement **(II)**.

II. La garantie d'une sécurité de l'approvisionnement en gaz

142. La sécurité de l'approvisionnement est un élément crucial de la politique européenne gazière. L'Union européenne n'est pas autonome en matière de gaz et l'importe essentiellement de Russie, de Norvège, d'Algérie et du Qatar[147]. Or, cette dépendance pose question en termes de sécurité de l'approvisionnement en gaz compte tenu des tensions politiques régulières avec certains de ces pays[148].

En effet, après les crises qui ont opposé la Russie et l'Ukraine, un pays de passage du gaz russe en Europe, et les ruptures en approvisionnement en gaz que celles-ci ont provoqué, le législateur européen a adopté le règlement n° 994/2010[149] visant à assurer la sécurité de l'approvisionnement en gaz en Europe. Ce règlement établit une responsabilité partagée entre les entreprises de gaz naturel, les États membres et la Commission européenne et prévoit la mise en œuvre de plans d'action nationaux et de plans d'urgence en cas de risque sur l'approvisionnement en gaz[150]. Puis, dans le but de garantir une continuité de cet approvisionnement, le règlement n° 2017/1938 a introduit des mesures encore plus renforcées de coordination des États contre les

---

147 HANSEN J.-P., PERCEBOIS J., JANSSENS A. (Prix Nobel d'économie 2014), *Energie : Economie et Politiques*, Louvain-la-Neuve, ed. De Boeck, 3e édition, 2019, pg. 220.

148 BOURGUIGNON D., « Quel rapport entre libéralisation du marché gazier et sécurité énergétique ? Comment Bruxelles tente d'assurer son approvisionnement en gaz naturel sur fond de tensions avec Moscou », *RMCUE*, 2008, pg. 178-182, pg. 179.

149 Règlement (UE) n° 994/2010 du Parlement européen et du Conseil du 20 octobre 2010 concernant des mesures visant à garantir la sécurité de l'approvisionnement en gaz naturel et abrogeant la directive 2004/67/CE du Conseil, *JOUE* L 295/1 du 12/11/2010.

150 Art. 3 « *Responsabilité de la sécurité de l'approvisionnement en gaz* » et art. 4 « *Mise en place d'un plan d'action préventif et d'un plan d'urgence* » du reglement n° 994/2010, *ibidem*.

ruptures de gaz[151]. Ce règlement a notamment créé un mécanisme de solidarité entre les États qui disposent d'infrastructures de stockage gaziers et ceux qui n'en ont pas et qui peuvent avoir accès au stockage des pays voisins en cas d'urgence[152].

142A. En 2022, tenant compte de l'agression militaire russe contre l'Ukraine et les risques de ruptures de gaz que celle-ci peut engendrer, il a été adopté le règlement n° 2022/1032 qui a posé des objectifs de remplissage des installations de stockage de gaz à l'endroit des États européens. Précisément, il a été prévu qu'au 1er novembre 2022, le taux de remplissage doit atteindre au moins 80 % de la capacité de telles infrastructures et à partir du 1er novembre 2023 et jusqu'à novembre 2025, le taux de remplissage doit être de 90 %[153]. De plus, ce règlement prévoit un mécanisme de solidarité entre les pays qui disposent d'infrastructures de stockage de gaz et ceux qui n'en disposent pas, incluant le droit de ces derniers d'accéder aux infrastructures des pays voisins.

143. La sécurité de l'approvisionnement en gaz constitue une obligation de service public qui pèse sur les opérateurs énergétiques et peut être garantie de plusieurs manières. Des interconnexions avec plusieurs pays, par exemple, permettent de diversifier les sources d'approvisionnement. Par ailleurs, l'utilisation du GNL permet l'importation de grandes quantités de gaz liquéfié et les installations de stockage de gaz qui sont en cours de construction en Grèce constituent un élément déterminant en offrant une flexibilité et une efficacité de réponse, le cas échéant, à une demande variable et croissante.

144. D'une part, force est de reconnaître que les grandes entreprises que constituent les opérateurs historiques sont davantage en mesure de détenir un pouvoir de négociation important face aux vendeurs de gaz naturel, notamment l'entreprise géante russe *Gazprom*[154]. De ce point de vue, une entreprise verticale avec un gestionnaire de réseau filiale aurait un pouvoir de négociation plus fort.

145. D'autre part, cependant, la promotion de la concentration d'entreprises verticales renforce la position des opérateurs historiques sans réellement contrebalancer les opérateurs des pays exportateurs. C'est davantage dans le cadre d'un marché concurrentiel, décloisonné, fluide que

---

[151] Règlement (UE) 2017/1938 du Parlement européen et du Conseil du 25 octobre 2017 concernant des mesures visant à garantir la sécurité de l'approvisionnement en gaz naturel et abrogeant le règlement (UE) n° 994/2010, *JOUE* L 280/1 du 28/10/2017.

[152] Art. 13 « *Solidarité* » du règlement (UE) 2017/1938, *précit.*

[153] Règlement (UE) 2022/1032 du Parlement européen et du Conseil du 29 juin 2022 modifiant les règlements (UE) 2017/1938 et (CE) n° 715/2009 en ce qui concerne le stockage de gaz, *JOUE* L 173/17 du 30/06/2022.

[154] BOURGUIGNON D., « Quel rapport entre libéralisation du marché gazier et sécurité énergétique ? Comment Bruxelles tente d'assurer son approvisionnement en gaz naturel sur fond de tensions avec Moscou », *op.cit.*, pg. 180.

cette dépendance à l'importation de gaz pourrait être relativisée. En cas de séparation patrimoniale, la place du gestionnaire du réseau de transport gazier (DESFA) se trouve renforcée dans la mesure où, dans ce cadre, les interconnexions pourraient davantage être développées et offrir des sources alternatives d'approvisionnement en gaz en assurant ainsi la sécurité de celui-ci[155].

146. Outre la sécurité de l'approvisionnement en gaz, un autre enjeu important se pose pour le système national de gaz naturel : la question de son équilibre. Aussi est-il pertinent d'examiner les effets de la dissociation patrimoniale sur l'équilibre du réseau gazier **(III)**.

III. Le maintien de l'équilibre du réseau gazier

147. La multiplication des acteurs consécutive à la libéralisation européenne a aussi conduit à une multiplication des points d'injection et de soutirage ; une évolution qui a accentué le besoin d'équilibre du réseau. Pour le gaz, le maintien en équilibre de l'offre et de la demande est un enjeu moins crucial que pour l'électricité. En effet, l'électricité est en mouvement constant et doit être consommée immédiatement dès la production tandis que le gaz peut être stocké.

148. Le règlement 312/2014 a établi des règles d'équilibrage harmonisées à l'échelle de l'Union et créé une obligation partagée d'équilibre du réseau de transport entre le gestionnaire du réseau de transport et les utilisateurs de ce dernier[156]. Les utilisateurs doivent équilibrer leurs entrées par rapport à leurs sorties sur des plateformes d'échange, lesquelles donnent des informations sur l'offre et la demande en gaz[157]. Les utilisateurs doivent par ailleurs payer des redevances d'équilibrage qui sont équivalentes à des actions d'équilibrage du gestionnaire de réseau[158].

149. En cas de déséquilibre entre les quantités entrantes et sortantes, le gestionnaire de réseau peut les ajuster *via* le stockage ou l'achat/vente sur le marché[159]. Le stockage est effectivement un élément clé pour l'équilibre du réseau gazier ; il lui offre une flexibilité, permettant d'adapter en

---

[155] *Ibidem*

[156] Règlement (UE) n° 312/2014 de la Commission du 26 mars 2014 relatif à l'établissement d'un code de réseau sur l'équilibrage des réseaux de transport de gaz, *JOUE* L 91/15 du 27/03/2014.

[157] Les « plateformes d'échange » sont des plateformes électroniques qui permettent aux participants (utilisateurs du réseau et gestionnaire du réseau de transport) de placer et d'accepter des demandes et des offres pour le gaz, nécessaires pour répondre à des fluctuations à court terme de l'offre et de la demande. Art. 3 « *Définitions* », pt. 4 du règlement (UE) n° 312/2014, *précit.*

[158] Chapitres V « *Redevances d'équilibrage journalier* » et VI « *Obligations intra journaliers* » du règlement n° 312/2014, *précit.*

[159] SABLIERE P., *Droit de l'énergie,* Paris, Dalloz, 2014, pg. 1664.

permanence l'offre à la demande des consommateurs[160]. Des capacités inutilisées peuvent être offertes par le gestionnaire de réseau à un autre utilisateur et les utilisateurs eux-mêmes peuvent les revendre ou les sous-louer[161]. Comme les installations de stockage de gaz, les installations de GNL peuvent participer à l'équilibrage du réseau de transport[162].

150. En Grèce, des installations de stockage souterrain de gaz sont en cours de construction au nord de la Grèce (région Kavala). Concernant les installations de GNL à Revithoussa, il est envisagé d'augmenter leur capacité. De plus, de nouvelles installations de GNL sont aussi en cours de construction au nord du pays, dans la région d'Alexandroupolis (l'achèvement de ce projet est prévu pour 2023) ainsi que dans la région de Corinthe (où une opération d'essai de ces installations est prévue pour la fin de l'année 2023).

151. Le modèle de la dissociation patrimoniale du gestionnaire du réseau de transport ne pose pas d'inquiétudes quant au maintien de l'équilibre du réseau de transport gazier étant donné que celui-ci bénéfice d'un avantage du fait de sa nature : la possibilité de stockage.

Analysons, enfin, les effets du modèle de la dissociation patrimoniale quant à l'accès au réseau gazier **(IV)**.

IV. L'encouragement de l'accès au réseau gazier

152. L'accès au réseau du système national de gaz naturel implique un accès au réseau de transport, aux installations de stockage et aux installations de GNL. Cet accès repose sur un accord entre le gestionnaire du système et les utilisateurs du réseau. Ces derniers doivent payer un tarif pour l'utiliser, fixé par l'autorité de régulation sur la base des coûts du gestionnaire[163].

153. Si le gestionnaire du réseau de transport est une filiale d'une entreprise verticale, il est probable qu'il peut empêcher l'accès au réseau d'autres opérateurs. Par exemple, en Grèce, en 2010, le gestionnaire du réseau de transport et des installations de GNL, l'entreprise DESFA, filiale à l'époque de l'opérateur historique gazier DEPA, a été sanctionné pour abus de sa position dominante sur le fondement de l'article 102 TFUE au motif de ne pas permettre à un concurrent de DEPA l'accès aux installations de GNL.

---

[160] HANSEN J.-P., PERCEBOIS J., JANSSENS A. (Prix Nobel d'économie 2014), *Energie : Economie et Politiques*, *op.cit.*, pg. 221.

[161] Art. 16 « *Principes des mécanismes d'attribution des capacités et procédures de gestion de la congestion en ce qui concerne les gestionnaires de réseau de transport* » du règlement (CE) n° 715/2009, *précit.*

[162] SABLIERE P., *Droit de l'énergie*, *op.cit.*, pg. 1665.

[163] Art. 6 « *Contrat cadre pour le transport de gaz naturel* » de la décision de la RAE n° 239/2017 « *Modification du code de gestion du système national de gaz naturel* », *JO* B 1549 du 05/05/2017.

Précisément, une entreprise concurrente de DEPA avait conclu un accord avec une entreprise algérienne pour l'importation de GNL algérien en Grèce et demandé à DESFA l'accès aux installations de GNL à Revithoussa. DESFA avait dénié la demande alors que n'était présente aucune des raisons de refus d'accès prévues dans la directive 2009/73/CE liées notamment à la capacité des installations. L'entreprise concurrente n'a donc pu recevoir le GNL ni, par conséquent, fournir de gaz aux consommateurs.

L'Autorité de la Concurrence grecque, dans une décision[164], a alors condamné le gestionnaire DESFA à une amende pour violation des règles relatives à l'accès au réseau en considérant que son comportement constituait un abus de sa position dominante.

Le fait de favoriser l'opérateur historique DEPA était dû à sa qualité de filiale du gestionnaire de réseau DESFA. Si ce dernier n'avait pas été une filiale et avait donc été dissocié de la propriété de l'opérateur historique, l'accès au réseau aurait pu se faire dans des conditions non discriminatoires pour tous les opérateurs intéressés, car le gestionnaire du réseau, en tant qu'entreprise distincte, n'aurait alors pas de raison particulière de favoriser l'opérateur historique.

154. Ainsi, l'adoption du modèle de la dissociation patrimoniale pour le système national de gaz naturel en Grèce, notamment pour le réseau de transport gazier et les installations de GNL, pourrait permettre au gestionnaire du réseau d'exécuter les tâches qui lui incombent plus efficacement et de manière égalitaire vis-à-vis des utilisateurs du réseau, favorisant ainsi la concurrence. Les arguments développés en faveur de la dissociation patrimoniale du réseau de transport électrique peuvent être ici repris.

155. Par ailleurs, il convient de mentionner qu'en Grèce, outre le système national de gaz naturel, il existe parallèlement des systèmes indépendants de gaz naturel auxquels s'applique un régime différent de celui mis en œuvre pour le système national **(Sous-section II)**.

Sous-section II :
Un gestionnaire *ad hoc* pour les systèmes indépendants de gaz naturel

156. Les systèmes indépendants de gaz naturel grecs ou *ASFA* (« *Ανεξάρτητα Συστήματα Φυσικού Αερίου/ΑΣΦΑ* ») ne sont pas compris dans le système national de gaz naturel en raison d'une absence de raccordement à celui-ci[165]. Les systèmes *ASFA* ont requis de nouvelles

---

[164] Décision n° 551/VII/2012 de l'Autorité de la concurrence (section plénière) du 12 novembre 2012, « *Décision sur la plainte de : a) de l'entreprise Alouminion contre les entreprises DESFA et DEPA devant RAE (décision 1175/2010), b) de l'entreprise Alouminion contre l'entreprise DEPA* », pg. 1-69.

[165] Art. 2 « *Définitions* », par. 2 de la loi n° 4001/2011.

infrastructures gazières et l'instauration d'un régime particulier a été décidée pour satisfaire l'intérêt général, permettre l'approvisionnement en gaz de régions qui ne sont pas connectées avec le réseau national, renforcer la sécurité de l'approvisionnement, ou encore contribuer à un développement régional équilibré[166].

Les *ASFA* comprennent un réseau de transport, des installations de GNL et des installations de stockage[167]. Ce sont des systèmes autonomes et complets. Les titulaires d'une autorisation ASFA disposent du droit de construire et de détenir la propriété des infrastructures incluses dans l'ASFA[168]. L'octroi d'autorisation ASFA se réalise dans le cadre d'appel d'offres décidé par le ministre de l'Environnement, de l'Énergie et du Changement climatique, après avis de l'autorité de régulation (RAE)[169].

157. S'agissant des nouvelles grandes infrastructures gazières, la directive 2009/73/CE a prévu, dans son article 36 (« *Nouvelles infrastructures* »), la possibilité de non-application de certaines dispositions de la directive de libéralisation 2009/73/CE, spécifiquement des principes de dissociation patrimoniale, ainsi que l'accès des tiers et la régulation (fixation ou approbation par l'autorité de régulation) des tarifs d'accès au réseau[170].

Selon l'article 36 « *Nouvelles infrastructures* » par. 1 al. 1 de la directive 2009/73/CE : « *Les nouvelles grandes infrastructures gaziers à savoir les interconnexions, les installations de GNL ou de stockage, peuvent, sur demande, bénéficier pendant une durée déterminée d'une dérogation aux dispositions figurant aux articles 9, 32, 33 et 34 et à l'article 41, paragraphe 6, 8 et 10, dans les conditions suivantes : a) l'investissement doit renforcer la concurrence dans la fourniture de gaz et améliorer la sécurité d'approvisionnement, b) le niveau de risque lié à l'investissement doit être tel que cet investissement ne serait pas réalisé si une dérogation n'était pas accordée, c) l'infrastructure doit appartenir à une personne physique ou morale qui est distincte, au moins sur le plan de la forme juridique, des gestionnaires de réseau dans les réseaux desquels elle sera construite, d) des redevances doivent être perçues auprès des utilisateurs de l'infrastructure concernée, et e) la dérogation ne doit pas porter atteinte à la concurrence ou au bon fonctionnement du marché intérieur du gaz naturel*

---

[166] Art. 74 « *Autorisation ASFA* » de la loi n° 4001/2011.

[167] KONTOGIORGIS M., PAPADOPOULOS D., « Le stockage du gaz naturel dans l'ordre juridique grec et communautaire » (« Η αποθήκευση του φυσικού αερίου στην ελληνική και την κοινοτική έννομη τάξη »), *E&D*, 13 et 14/2010, pg. 76-84, pg. 82.

[168] Art. 74 « *Autorisation ASFA* » de la loi n° 4001/2011.

[169] Art. 75 « *Appel d'offres pour l'octroi d'autorisation de ASFA* » de la loi n° 4001/2011.

[170] Voir sur la dérogation à l'article 36 de la directive 2009/73/CE : STANIČ A., « An overview of EU Energy law », *in* CAMERON P., HEFFRON R. (dir.), *Legal Aspects of EU energy regulation. The consolidation of energy law across Europe*, New York, Oxford University Press, 2nd edition, 2016, pg. 32-48, pg. 41.

ni à l'efficacité du fonctionnement du réseau réglementé auquel l'infrastructure est reliée ».

Cela signifie qu'un gestionnaire d'une infrastructure qui bénéfice d'une exemption selon l'article 36 de la directive peut avoir une participation simultanée, tant dans le réseau, que dans des activités hors réseau, sans être lié par le principe de la dissociation patrimoniale. De plus, il peut dénier l'accès à cette infrastructure à un tiers sans être tenu par les contraintes de la directive quant au refus d'accès. Enfin, les tarifs d'accès au réseau ne sont pas fixés ou approuvés par le régulateur mais par le gestionnaire lui-même.

158. Pour les *ASFA*, le législateur grec a prévu la possibilité de bénéficier de l'exemption de l'article 36 de la directive 2009/73/CE[171]. Pour cela, est nécessaire une décision de l'autorité de régulation grecque, sur demande du gestionnaire d'*ASFA*, avec l'accord de la Commission européenne[172].

Ainsi le gestionnaire d'*ASFA* qui a pu obtenir la dérogation prévue à l'article 36 de la directive précitée ne doit pas se conformer aux exigences de la directive relative à la dissociation patrimoniale du réseau, l'accès des tiers au réseau et la régulation des tarifs d'accès au réseau[173].

159. En Grèce, un exemple d'*ASFA* est le gazoduc *Trans Adriatic Pipeline AG* (TAP AG), qui transporte le gaz naturel d'Azerbaïdjan (Shah Deniz II) vers l'Europe *via* la Grèce. Sa construction a débuté en 2016. Il est connecté au gazoduc *TANAP*, aux frontières gréco-turques, et traverse la Grèce du nord, l'Albanie, la mer Adriatique pour arriver en Italie et être raccordé au réseau de transport italien et ensuite approvisionner les pays européens[174].

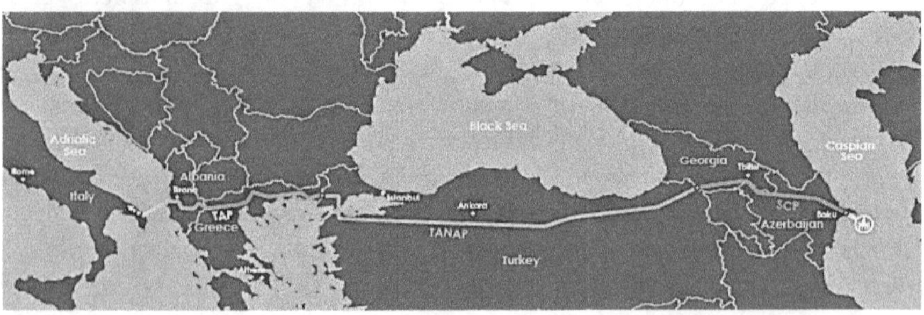

Source : http://www.tap-ag.com/the-pipeline/the-big-picture/southern-gas-corridor

[171] Art. 76 « *Exemption de l'obligation d'octroi d'accès des tiers à un ASFA et de l'obligation de la dissociation patrimoniale* » de la loi n° 4001/2011.

[172] Art. 36 « *Nouvelles infrastructures* », par. 3 et par. 8 de la directive 2009/73/CE.

[173] Art. 77 « *Gestionnaire d'ASFA* » de la loi n° 4001/2011.

[174] Le TAP fait partie d'une construction complexe avec trois phases : le gazoduc Azarbeitjan-Georgie (gazoduc SCPX), le gazoduc de l'Anatolie-Turquie (Trans Anatolian Pipeline/TANAP) et le gazoduc Grèce-Albanie-Italie (Trans Adriatic Pipeline/TAP). V. « *Southern Gas Corridor* » sur le site de Trans Adriatic Pipeline ; disponible sur https://www.tap-ag.com/the-pipeline/the-big-picture/southern-gas-corridor (consulté le 10/08/2022).

Le projet *TAP* a obtenu la dérogation prévue à l'article 36 de la directive 2009/73/CE. Il a ainsi été exempté sur décision de la Commission européenne et du régulateur national, de l'application des dispositions relatives à la séparation patrimoniale et à l'accès des tiers[175]. Conformément à la décision de la Commission, l'exception octroyée pour le gazoduc *TAP* a une durée de 25 ans. L'entreprise TAP a annoncé le début de son fonctionnement commercial le 15 novembre 2020, qui est donc la date du début de l'exception de 25 ans (2020-2045)[176]. De plus, cette entreprise a été certifiée par l'autorité de régulation nationale en tant que gestionnaire de réseau de transport indépendant (*ITO model*)[177].

160. Un autre *ASFA* en Grèce est le gazoduc *IGB*, reliant la Grèce et la Bulgarie (voir l'illustration ci-dessus) qui a été considéré comme *ASFA* par le régulateur national et a aussi été exempté de l'application de la directive 2009/73/CE conformément à l'article 36 de la directive précitée, sur décision de la Commission européenne et du régulateur national[178]. L'exemption octroyée au gazoduc *IGB* permettant la non-application des dispositions de la directive 2009/73/CE est également d'une durée de 25 ans. L'exception a commencé à s'appliquer lorsque la construction du gazoduc a été terminée et que celui-ci est entré en fonction commerciale, en octobre 2022. L'entreprise *IGB* a également fait une demande de certification selon

---

[175] European Commission, C (2013) 2949 final, Brussels, 16/05/2013, '*Commission Decision of 16-5-2013 on the exemption of the Trans Adriatic Pipeline from the requirements on third party access, tariff regulation and ownership unbundling laid down in Article 9, 32, 41(6), 41 (8) and 41 (10) of the Directive 2009/73/EC*' ; disponible sur https://ec.europa.eu/energy/sites/ener/files/documents/2013_tap_decision_en.pdf (consulté le 10/08/2022); Décision de l'autorité de régulation (RAE) n° 269/2013, « *Conformité de RAE, en application de l'article 36 par. 9 de la direcive 2009/73/CE, avec la décision de la Commission européenne C (2013) 2949 final pour l'exemption de TAP par les dispositions des articles 9, 32 et 41 (6), (8) et (10) de la directive 2009/73/CE et amendement de la décision n° 111/2013 de RAE* », 12/06/2013.

[176] Regulatory Authority for Energy (RAE), « *Rapport d'activité 2020* », Athènes, Mars 2021, pg. 1-418, pg. 224.

[177] Décision de la RAE 45/2016, « *Certification de l'entreprise "TRANS ADRIATIC PIPELINE AG" en tant que gestionnaire de réseau de transport indépendant* », *JO* B 972 du 08/04/2016. V. Chapitre IV « *Gestionnaire de réseau de transport indépendant* » de la directive 2009/73/CE. Voir aussi : PAPSCH J., « Derogations and exemptions », *in* JONES C. (dir.), *EU Energy Law. Volume I – The Internal Energy Market*, Deventer (Netherlands), Leuven (Belgium), éd. Claeys & Casteels, 4th edition, 2016, pg. 527-601, pg. 593.

[178] European Commission, C (2018) 5058 final, Brussels, 25/07/2018, '*Commission decision of 25/7/2018 on the exemption of the Interconnector Greece-Bulgaria from the requirements regarding third party access, tariff regulation and ownership unbundling*'; disponible sur: https://ec.europa.eu/energy/sites/ener/files/documents/2018_igb_decision_en.pdf (consulté le 10/08/2022);
Décision de RAE n° 671/2019, « *Octroie d'une autorisation d'ASFA à l'entreprise ICGB AD* », 26/06/2019.

l'*ITO model* auprès des autorités de régulation compétentes, à savoir les autorités grecque et bulgare[179].

161. Les installations de stockage de gaz de la région de Kavala, les terminaux de GNL dans les régions d'Alexandroupolis et de Corinthe ainsi que le gazoduc *IGI Poseidon*, qui sont en cours de construction, sont aussi considérés comme des systèmes indépendants *ASFA*[180]. Ces nouvelles infrastructures pourraient aussi bénéficier de l'exemption de l'article 36 de la directive 2009/73/CE conformément à la procédure précédemment décrite.

Enfin, le gazoduc *EastMed*, qui n'a pas encore été construit, basé sur un accord signé en janvier 2020 entre la Grèce, Chypre et Israël pour l'exploitation des hydrocarbures en Méditerranée, sera aussi probablement considéré comme un *ASFA*, en tant que nouvelle infrastructure gazière.

162. Les interconnexions gazières qui relient la Grèce à d'autres pays sont d'une grande importance. Elles sont en cours de construction et permettront la diversification des sources d'approvisionnement en gaz naturel, renforçant ainsi tant la sécurité en approvisionnement de la Grèce que celle de l'Union européenne. Ces projets positionnent la Grèce comme un nœud gazier important du sud-est de l'Europe. La possibilité de non-application de la directive 2009/73/CE - spécifiquement du régime de la dissociation patrimoniale, du principe de l'accès des tiers et de la régulation des tarifs d'accès au réseau - offre un cadre sécurisé pour pouvoir réaliser ces projets, en dehors de toute concurrence[181]. Le régime de verticalité sous la forme d'un gestionnaire de réseau indépendant (*ITO model*) leur permettra de garantir un retour sur investissement dans un temps raisonnable ainsi que la réalisation d'économies. Une fois ces chantiers terminés, les gazoducs seront connectés au réseau national, les dérogations prendront fin et les dispositions relatives à la concurrence seront pleinement applicables.

---

[179] Voir sur le site de *ICGB Interconnector*, « *The IGB pipeline on track to receive operation licence in Greece* » ; disponible sur : https://www.icgb.eu/the-igb-pipeline-on-track-to-receive-operation-license-in-greece (consulté le 10/08/2022).

[180] Regulatory Authority for Energy (RAE), « *Rapport d'activité 2020* », *op.cit.*, pg. 236 et 241. Voir sur les ASFA en Grèce l'étude de VLACHOU-VLACHOPOULOU M.-C., *Systèmes indépendants de gaz naturel (ASFA)*, Athènes, ed. Nomiki Bibliothiki, 2022, pg. 405 et suite.

[181] Ainsi BERNAERTS I., « The third internal market package and its implications for electricity and gas infrastructure in the EU and beyond », *in* VINOIS J.-A. (dir.), *EU Energy Law. Volume VIII – The Energy Infrastructure Policy of the European Union*, Deventer (Netherlands), Leuven (Belgium), ed. Claeys & Casteels, 2014, pg. 7-36, pg. 35.

Conclusion du chapitre I

163. Les directives de libéralisation de 2009 ont introduit, pour le réseau de transport, le modèle de la dissociation patrimoniale mais aussi deux modèles alternatifs permettant le maintien des entreprises verticales (*ISO, ITO models*), en laissant les États européens libres de choisir. En Grèce, les memoranda d'accord signés avec la *Troïka* lui ont cependant imposé une dissociation patrimoniale tant pour le réseau de transport électrique en 2016 que pour le réseau de transport gazier en 2017. Ce modèle de dissociation implique une distinction nette entre les réseaux et les activités hors réseau.

164. On a essayé de démontrer, tout au long de notre analyse, que le modèle de la dissociation patrimoniale crée un cadre permettant au gestionnaire de réseau d'exécuter de manière efficace les tâches qui lui incombent. Un tel modèle implique une entreprise distincte et autonome, en dehors de la tutelle des opérateurs historiques ; une configuration qui responsabilise le gestionnaire de réseau, renforce la transparence et la clarification des tâches, crée des incitations pour le développement du réseau à travers des interconnexions et assure un accès au réseau non discriminatoire et égalitaire à tous les opérateurs intéressés.

Plusieurs critiques ont toutefois été exprimées à l'encontre du système de la dissociation patrimoniale du réseau de transport selon lesquelles le découpage de la chaîne énergétique pourrait mettre en péril l'équilibre du réseau et, par conséquent, l'unité fonctionnelle du système énergétique. Ce serait surtout le cas pour l'électricité dont la production et la demande doivent être équilibrées en temps réel étant donné qu'il n'a pas encore été développé de possibilité de stockage à un niveau comparable à celui du gaz. Cette question devient encore plus cruciale avec le développement des énergies renouvelables, intermittentes, qui risquent de déséquilibrer le réseau. Selon cette approche, les entreprises verticales seraient donc mieux placées pour garantir l'équilibre du réseau.

165. On a cependant exposé des arguments favorables au modèle de la dissociation patrimoniale visant à démontrer que l'équilibre d'un réseau peut aussi être assuré en dehors d'un régime vertical. Par exemple, le développement technologique des réseaux afin qu'ils deviennent « intelligents » faciliterait la tâche d'équilibrage du gestionnaire de réseau. Aussi, nous proposons la combinaison du modèle de la dissociation patrimoniale du réseau avec une gestion combinée de tout le réseau ; c'est-à-dire un gestionnaire du réseau dont la propriété serait dissociée des activités hors réseau et qui gérerait de manière combinée et homogène tant le réseau de transport que le réseau de distribution. Une telle association (gestion combinée et dissociation patrimoniale) permettrait, à notre sens, d'une part, de dissocier la propriété du réseau des activités concurrentielles et, d'autre part, d'assurer une gestion unifiée du réseau en garantissant ainsi son équilibre. De cette façon, les exigences de concurrence et la sécurité du réseau seraient mieux respectées.

166. Le but de la différenciation effective des réseaux de transport à travers une dissociation patrimoniale n'est pas de démanteler ou d'affaiblir les opérateurs historiques verticaux mais de donner au réseau une véritable autonomie en plaçant l'opérateur historique à la même place que d'autres opérateurs. Le but est d'éliminer les conflits d'intérêts qui peuvent résulter d'une intervention simultanée pour la gestion monopolistique du réseau et les activités concurrentielles hors réseaux et ainsi de créer les conditions d'une concurrence neutre et saine sans ignorer les contraintes techniques inhérentes à la chaîne énergétique.

167. Les trois modèles de séparation des réseaux sont restés les mêmes dans les paquets postérieurs. On regrette ainsi que dans le *Clean Energy Package*, adopté en 2019 et applicable depuis le 1er janvier 2021, ainsi que dans les propositions de la Commission européenne pour un *Hydrogen and Decarbonised Gas Package* de 2021 en cours d'adoption par le législateur européen, le modèle de la dissociation patrimoniale du réseau de transport n'a pas été rendu obligatoire pour les États membres européens et que le statut des entreprises intégrées sur les réseaux a pu être maintenu[1].

168. Si la séparation des réseaux de transport électrique et gaziers a été effective en Grèce à travers le régime de la dissociation patrimoniale, concernant les réseaux de distribution électrique et gazier, la séparation est restée légère, prenant la forme d'une dissociation juridique et fonctionnelle. Il est à cet égard intéressant de se demander pourquoi une séparation modérée a été adoptée pour les réseaux de distribution et non une séparation effective **(Chapitre II)**.

---

[1] Chapitre VI « *Dissociation des gestionnaires de réseau de transport* » de la directive 2019/944 du Parlement européen et du Conseil du 5 juin 2019 concernant des règles communes pour le marché intérieur de l'électricité et modifiant la directive 2012/27/CE, *JOUE* L 158/125 du 14/06/2019. Chapitre IX « *Dissociation des gestionnaires de réseau de transport* » de la proposition de la Commission Européenne, COM (2021) 803 final, Bruxelles, le 15 décembre 2021, « *Proposition de directive du Parlement Européen et du Conseil concernant des règles communes pour les marchés intérieurs des gaz naturel et renouvelable et de l'hydrogène* ».

CHAPITRE II.

La dissociation modérée de(s) réseau(x) de distribution électrique et gazier

169. Sur une chaîne énergétique, le réseau de distribution est une prolongation du réseau de transport[1]. Si le réseau de transport peut être comparé à la colonne vertébrale d'un être humain, le réseau de distribution correspond à ses artères.

170. Les enjeux qui se posent au regard du réseau de distribution sont en principe les mêmes que ceux qui concernent le réseau de transport. Toutefois, le réseau de distribution n'est pas soumis à des contraintes techniques et stratégiques aussi fortes que celles qui touchent le réseau de transport[2]. C'est au niveau du réseau de distribution que se réalise l'abaissement de la tension de l'électricité et du gaz avant qu'ils soient dirigés vers les centres de consommation. La distribution fait partie du réseau et n'inclut pas la fourniture. Le réseau de distribution est soumis, par nature, à une gestion décentralisée. C'est également un monopole mais au niveau local. Un dysfonctionnement du réseau de distribution crée en effet des perturbations à un niveau local, non une panne dans tout le pays comme ce peut être le cas pour le réseau de transport. C'est sur les épaules d'une personne, le gestionnaire du réseau de distribution (GRD), que repose la responsabilité d'assurer une gestion optimale de celui-ci.

171. Le réseau de distribution, tant électrique que gazier, n'a pas été touché de manière profonde par le troisième paquet de libéralisation de 2009. Le principe d'une dissociation efficace, à travers la dissociation patrimoniale, a été prévu par le législateur européen uniquement pour les réseaux de transport électrique et gazier. Le réseau de distribution continue

---

[1] CHEBEL-HORSTMANN N., *La régulation du marché de l'électricité. Concurrence et accès aux réseaux* (thèse sous la direction de Piet-Jan Slot), Paris, Budapest, Kinshasa, Université Panthéon Assas, Université de Leiden, L'Harmattan, 2006, pg. 190.

[2] TERNEYRE P., « Sur quelques problèmes juridiques contemporains à haute tension. A propos des concessions locales de distribution et de fourniture d'électricité », *AJDA*, n° 30, 2009, pg. 1640-1647, pg. 1642.

d'être soumis à une dissociation juridique et fonctionnelle introduite dès le deuxième paquet de libéralisation en 2003[3].

Sans doute, le législateur européen a-t-il voulu en 2009 un découplage des réseaux de distribution afin que le gestionnaire de celui-ci soit neutre quant à l'accès des tiers au réseau et qu'il ne favorise pas l'entreprise verticale à laquelle il est lié. Cependant, il a aussi pris en compte le fait que le risque de discrimination en matière d'accès des tiers au réseau et d'empêchement des investissements était moins important pour le réseau de distribution que pour le réseau de transport qui peut connaître des congestions et une forte influence de producteurs et de fournisseurs[4].

Le législateur européen a ainsi considéré en 2009 qu'une dissociation modérée, sous forme de dissociation juridique et fonctionnelle, était suffisante pour les réseaux de distribution électrique et gazier[5]. Les memoranda d'accord ne se sont pas intéressés de manière directe aux réseaux de distribution mais les mesures qu'ils ont envisagées pour le marché énergétique grec ont eu une influence sur eux.

172. Dans le cadre d'une séparation juridique et fonctionnelle, la propriété du réseau de distribution reste à l'entreprise verticale et la gestion est confiée à une entreprise filiale, le gestionnaire du réseau de distribution, qui doit être indépendante. En Grèce, c'est le cas pour le réseau de distribution électrique et, jusqu'en 2019, cela était également le modèle retenu pour le réseau de distribution gazier.

173. Dans les pages qui suivent, on examinera, dans un premier temps, les implications de ce type de dissociation juridique et fonctionnelle sur le fonctionnement du réseau de distribution électrique **(Section I)**. En matière de gaz, longtemps le marché grec n'était pas ouvert à la concurrence et ce sont les memoranda d'accord, notamment le troisième en 2015, qui ont accéléré cette ouverture et la mise en œuvre de la dissociation sur le réseau de distribution gazier. Un régime mixte a été introduit pour le réseau de distribution de gaz qui, depuis 2019, combine le modèle de la dissociation juridique et fonctionnelle avec le modèle de la dissociation patrimoniale. Puis, on étudiera, dans un second temps, les conséquences de ce modèle mixte de dissociation sur le fonctionnement du réseau de distribution gazier **(Section II)**.

---

[3] Art. 15 « *Séparation juridique des gestionnaires de réseau de distribution* » de la directive 2003/54/CE (électricité) ; art. 15 « *Séparation juridique des gestionnaires de réseau de distribution* » de la directive 2003/55/CE (gaz).

[4] Pt. 26 du préambule de la directive 2009/72/CE ; pt. 25 du préambule de la directive 2009/73/CE.

[5] Art. 26 « *Dissociation des gestionnaires de réseau de distribution* » de la directive 2009/72/CE ; art. 26 « *Dissociation des gestionnaires de réseau de distribution* » de la directive 2009/73/CE.

Section I :
Le modèle de la dissociation juridique et fonctionnelle du réseau de distribution électrique

174. La directive 2009/72/CE donne une définition de la dissociation juridique et de la dissociation fonctionnelle. Selon son article 26, « *lorsque le gestionnaire de réseau de distribution fait partie d'une entreprise verticalement intégrée, il est indépendant, au moins sur le plan de la forme juridique, de l'organisation et de la prise de décision, des autres activités non liées à la distribution. Ces règles ne créent pas d'obligation de séparer la propriété des actifs du gestionnaire de réseau de distribution, d'une part, de l'entreprise verticalement intégrée, d'autre part* »[6]. Quant à la séparation fonctionnelle, la directive énumère plusieurs critères minimaux à appliquer à cet effet : la personne responsable de la gestion du réseau de distribution ne prend pas part à la gestion quotidienne des activités de production, transport, fourniture d'électricité et inversement ; des mesures doivent être prises pour que les intérêts professionnels du gestionnaire du réseau de distribution ne l'empêchent pas d'agir en toute indépendance ; celui-ci doit disposer d'un pouvoir de décision et de ressources humaines, techniques, matérielles et financières suffisantes pour exploiter, entretenir, développer le réseau ; le gestionnaire doit aussi établir un programme d'engagements contenant des mesures visant à ce que toute pratique discriminatoire en faveur de l'entreprise verticale soit exclue[7].

175. La directive 2009/72/CE a encadré les relations entre l'entreprise mère et sa filiale, c'est-à-dire le gestionnaire du réseau de distribution (GRD). L'entreprise mère supervise la gestion du réseau de distribution, elle approuve le plan financier annuel du GRD, elle fixe un plafond concernant le niveau d'endettement de sa filiale ; elle ne peut cependant donner d'instructions quant à la gestion quotidienne de réseau de distribution ou les décisions relatives à la construction ou la modernisation des lignes du réseau de distribution s'il n'y a pas dépassement du plan financier[8].

La dissociation juridique et fonctionnelle ressemble au modèle de séparation du gestionnaire de réseau de transport indépendant (*ITO model*), analysé précédemment, qui exige un contrôle élevé de la part de l'autorité de régulation[9]. Néanmoins, la différence entre les deux est que le réseau de

---

[6] Art. 26 « *Dissociation des gestionnaires de réseau de distribution* », par. 1 de la directive 2009/72/CE ; art. 124 « *Indépendance du gestionnaire de EDDIE* » de la loi n° 4001/2011.

[7] Art. 26 « *Dissociation des gestionnaires de réseau de distribution* », par. 2 de la directive 2009/72/CE ; art. 124 « *Indépendance du gestionnaire de EDDIE* » de la loi n° 4001/2011.

[8] Art. 26 « *Dissociation des gestionnaires de réseau de distribution* », par. 1 de la directive 2009/72/CE ; art. 124 « *Indépendance du gestionnaire de EDDIE* » de la loi n° 4001/2011.

[9] *Ibidem*

distribution dans le cadre d'une dissociation juridique et fonctionnelle reste de la propriété de l'entreprise verticale.

176. En Grèce, le réseau national de distribution d'électricité (EDDIE, « *Ελληνικό Δίκτυο Διανομής Ηλεκτρικής Ενέργειας/ΕΔΔΗΕ* ») comprend les lignes de moyenne et de basse tension, les installations de distribution d'électricité ainsi que des lignes à haute tension qui ont été incluses dans le réseau de distribution[10].

DEDDIE (« *Hellenic Electricity Distribution Network Operator* », « *Διαχειριστής Ελληνικού Δικτύου Διανομής Ηλεκτρικής Ενέργειας/ΔΕΔΔΗΕ* ») est le gestionnaire du réseau de distribution d'électricité en Grèce, filiale à 100 % de l'opérateur historique DEI. Il a été octroyé à l'opérateur historique une autorisation exclusive pour la propriété des infrastructures du réseau de distribution, qui inclut son développement futur[11]. Les memoranda d'accord n'ont pas modifié ce régime de dissociation entre l'opérateur historique et sa filiale DEDDIE.

177. Dans un premier temps, on analysera les effets de la séparation juridique et fonctionnelle sur les tâches du gestionnaire du réseau de distribution d'électricité **(Sous-section I)**, avant de s'intéresser, dans un second temps, aux compétences élargies dont dispose le gestionnaire du réseau de distribution quant à la gestion des réseaux isolés sur les îles non interconnectées **(Sous-section II)**.

Sous-section I : Les effets sur les tâches du gestionnaire de réseau de distribution électrique

178. Les tâches du gestionnaire de réseau de distribution d'électricité sont harmonisées au niveau européen[12]. Ainsi, DEDDIE est le responsable du développement, du fonctionnement et de la maintenance à long terme du réseau de distribution d'électricité. Il veille à la fiabilité et à la sécurité de celui-ci afin qu'il soit techniquement solide et rentable. Il assure un accès au réseau des producteurs, des fournisseurs et de ceux qui demandent l'accès. En outre, il doit couvrir les pertes d'énergie en maintenant une capacité de réserve et assurer l'équilibre du réseau[13].

179. Les tâches du gestionnaire du réseau de distribution sont, dans une large mesure, les mêmes que celles assurées par le gestionnaire du réseau de transport c'est pourquoi, sur ce point, nous renvoyons aux analyses et arguments précédemment exposés. Concernant le développement du réseau

---

[10] Art. 2 « *Définitions* », par. 3 de la loi n° 4001/2011.

[11] Art. 122 « *Propriété du réseau de distribution* » et art. 126 « *Autorisation de la gestion du réseau de distribution* » de la loi n° 4001/2011.

[12] Art. 25 « *Tâches des gestionnaires de réseau de distribution* » de la directive 2009/72/CE.

[13] *Ibidem* ; art. 127 « *Tâches du gestionnaire de EDDIE* » de la loi n° 4001/2011.

de distribution, la question n'est pas si fondamentale que pour le réseau de transport. L'électricité est, dans tout le pays, acheminée par les réseaux de distribution. En revanche, le développement du réseau de transport est essentiel dans le cadre d'interconnexions extérieures. Concernant l'équilibre du réseau, on peut également renvoyer aux analyses précédentes relatives à l'équilibre du réseau de transport électrique. On se limitera ici à analyser l'accès au réseau, une question pour laquelle le choix du statut de la propriété peut jouer un rôle déterminant.

180. Dans le cadre d'une séparation juridique et fonctionnelle, le gestionnaire du réseau de distribution doit être indépendant et garantir un accès égal aux utilisateurs du réseau, sans favoriser l'entreprise mère verticale, présente dans les activités hors réseau. L'accès au réseau de distribution se fait dans les mêmes conditions que l'accès au réseau de transport. Un accord entre le gestionnaire du réseau de distribution d'électricité et les utilisateurs du réseau est nécessaire et la contrepartie de l'accès est le paiement d'une redevance dont le montant est fixé par le régulateur.

181. Le fait que le gestionnaire du réseau de distribution DEDDIE soit une filiale de l'opérateur historique DEI qui agit en même temps sur les segments hors réseaux, notamment de production et de fourniture, pourrait constituer un obstacle en matière d'accès au réseau de tiers pour les raisons suivantes.

182. La tarification d'accès au réseau s'avère cruciale. Celle-ci est réglementée[14]. Le tarif d'accès doit couvrir les coûts marginaux du gestionnaire du réseau de distribution et ne pas être très élevé afin d'éviter que l'accès au réseau soit fictif; ni trop bas, car des opérateurs inefficients pourraient alors entrer sur le marché[15]. Or, les coûts qui conditionnent les tarifs peuvent être déterminés de telle sorte qu'ils favorisent en réalité l'accès de l'opérateur historique. Ces coûts sont communiqués par le gestionnaire au régulateur, lequel fixe ensuite le tarif d'accès. L'entreprise verticale présente sur le réseau *via* sa filiale, mais aussi sur les segments de production et de fourniture, vise à maximiser ses profits pour toutes ses activités[16]. Le gestionnaire de réseau de distribution pourrait déterminer des coûts qui aboutiraient à un tarif excessif et *in fine* permettrait l'accès au seul opérateur historique.

---

[14] Art. 32 « *Accès des tiers* » de la directive 2009/72/CE.

[15] GERADIN D., « L'ouverture à la concurrence des entreprises de réseau. Analyse des principaux enjeux du processus de libéralisation », *Cahiers de droit européen,* n° 1-2, 1999, pg. 13-48, pg. 31.

[16] TIROLE J., *Economie du Bien Commun*, Paris, PUF, 2016, pg. 618 ; HOFFLER F., KRANZ S., « Legal unbundling can be a golden mean between vertical integration and separation », Bonn Econ Discussion Papers - Discussion Paper 15/2007, December 2007, pg. 1-37, pg. 4 ; disponible sur : https://www.econstor.eu/bitstream/10419/27156/1/557262593.PDF (consulté le 10/08/2022).

183. Même de manière indirecte, l'accès au réseau des tiers peut être faussé au moyen, par exemple, d'échanges d'informations entre le gestionnaire de réseau de distribution et l'entreprise mère mais dissimulées aux autres opérateurs, ou encore des exigences de contrats compliquées et des retards quant à l'approvisionnement de services auxiliaires[17].

La directive 2009/72/CE a ainsi prévu une obligation de confidentialité du gestionnaire du réseau de distribution[18] et que l'entreprise mère ne donne pas d'instructions relatives à la gestion quotidienne mais seulement plafonne le niveau d'endettement de sa filiale et approuve le plan financier annuel en respectant cette obligation de confidentialité[19]. Toutefois l'opérateur historique étant de la « même famille » que le gestionnaire du réseau de distribution, une « *stratégie de sabotage* » de la part de l'entreprise verticale visant à fausser la concurrence n'est pas exclue[20].

184. Une manière de surmonter ces inquiétudes pourrait être de renforcer la dissociation entre le réseau et les activités hors réseau et écarter la verticalité. Selon nous, une dissociation patrimoniale devrait être introduite également pour le réseau de distribution électrique. Ce modèle de dissociation pourrait être associé avec une gestion combinée de l'ensemble du réseau électrique, une configuration déjà prévue dans la directive de 2009[21]. L'application du principe de la dissociation patrimoniale au gestionnaire de réseau avec une gestion combinée de l'ensemble du réseau serait optimale pour le fonctionnement du réseau électrique et, plus largement, de toute la chaîne énergétique. Une homogénéisation de la gestion de tout le réseau électrique diminuerait les difficultés quant à la stabilité du réseau et sa nécessaire unité fonctionnelle ; l'équilibre du réseau serait aussi davantage garanti. L'accès au réseau serait un véritable droit reconnu à tous les utilisateurs intéressés, sans faveur accordée à l'opérateur historique, et les investissements engagés pour le réseau par le gestionnaire seraient plus rentables.

185. Le régime de la dissociation patrimoniale pour le réseau de distribution électrique et gazier a été choisi par les Pays Bas, comme on l'a vu en analysant l'arrêt *Essent* de la Cour de Justice de l'Union européenne[22].

---

[17] HOFFLER F., KRANZ S., « Legal unbundling can be a golden mean between vertical integration and separation », *ibidem*.

[18] Art. 27 « *Obligation de confidentialité des gestionnaires de réseau de distribution* » de la directive 2009/72/CE.

[19] Art. 26 « *Dissociation des gestionnaires de réseau de distribution* », par. 2 de la directive 2009/72/CE.

[20] HOFFLER F., KRANZ S., « Legal unbundling can be a golden mean between vertical integration and separation », *op.cit.*

[21] Art. 29 « *Gestionnaire de réseau combiné* » de la directive 2009/72/CE.

[22] CJUE, C-105/12 à C-107/12, *Staat der Nederlanden c/Essent NV (C-105/12), Essent Nederland BV (C-105/12), Eneco Holding NV (C-106/12), Delta NV (C-107/12)* (grande chambre), 22/10/2013.

Dans ce cas, celui-ci n'a toutefois pas été associé à une gestion combinée des réseaux de transport et de distribution.

186. En France, s'applique également une dissociation juridique et fonctionnelle du réseau de distribution électrique. Néanmoins, les réseaux n'appartiennent pas à l'opérateur historique, comme en Grèce, mais sont de la propriété des communes qui peuvent déléguer leur compétence d'autorité en concédant le service à des syndicats intercommunaux ou départementaux[23]. Si les communes n'assurent pas elles-mêmes, à travers des régies, la gestion de leurs réseaux de distribution, les autorités concédantes la confient à un gestionnaire du réseau de distribution[24]. Ainsi, l'entreprise Enedis et environ 160 régies ou entreprises locales de distribution (ELD), filiales à 100 % de l'opérateur historique EDF, assurent la gestion des réseaux publics de distribution qui acheminent l'électricité au niveau local[25].

187. Le réseau de distribution électrique sera appelé à jouer un rôle important dans le cadre de la transition énergétique. Les infrastructures du réseau de distribution nécessiteront des adaptations techniques afin de permettre l'insertion des énergies renouvelables de petite taille et à moyenne et basse tension[26]. Au regard de cette réalité, la fonction du gestionnaire du réseau de distribution, qui devra assurer l'équilibre entre la production intermittente et imprévisible de ces énergies et la demande des consommateurs, sera amenée à évoluer[27].

188. Le gestionnaire du réseau de distribution électrique, outre ses tâches habituelles qu'il accomplit dans le cadre de la dissociation juridique et fonctionnelle, assume des tâches supplémentaires s'agissant des îles grecques non interconnectées **(Sous-section II)**.

Sous-section II :
Les tâches étendues du gestionnaire du réseau de distribution électrique sur le réseau des îles non interconnectées

189. Le réseau de transport continental en Grèce est géré par le gestionnaire du réseau de transport (ADMIE), lequel n'incluait pas, jusqu'à récemment, le réseau des îles non interconnectées (INI). En principe, il s'agit

---

23 Article L. 111-57 à L. 111-60 du Code de l'énergie. Voir sur le site de la Commission de Régulation de l'énergie (CRE) : « *Présentation des réseaux d'électricité* »; disponible sur : https://www.cre.fr/Electricite/Reseaux-d-electricite/Presentation-des-reseaux-d-electricite (consulté le 10/08/2022).

24 *Ibidem*

25 *Ibid.*

26 BELTRAN A., DERDEVET M., ROQUES F., *Energie. Pour des réseaux électriques solidaires,* Descartes & Cie, Paris, mai 2017, pg. 165.

27 *Ibidem*

d'un nombre important d'îles de la mer Égée (Cyclades, Dodécanèse, îles d'Égée du nord et la Crète), à l'exception de certaines îles proches du territoire continental[28]. Le réseau des îles non interconnectées est géré par le gestionnaire du réseau de distribution d'électricité (DEDDIE), conformément au Code de la gestion des systèmes électriques des îles adopté pour la première fois en 2014[29].

Le schéma ci-dessous présente la structure des îles non interconnectées.

Source : https://www.mdpi.com/2076-3298/3/3/18/htm

[28] Les îles non interconnectées de la mer Égée sont les suivantes : Crète, Rhodes, Chalki, Kos, Kalymnos, Lipsi, Leros, Nisyros, Tilos, Telendos, Lesvos, Chios, Psara, Oinousses, Paros, Antiparos, Naxos, Iraklia, Koufonissia, Schinousa, Ios, Sikinos, Folegadros, Samos, Fournoi, Syros, Thira, Mykonos, Dilos, Limnos, Karpathos, Kasos, Ikaria, Skyros, Patmos, Sifnos, Symi, Amorgos, Kythnos, Serifos, Astypalea, Megisti, Anafi, Agathonisi, Donousa, Antikithyra, Gavdos. Les îles de la mer Égée qui ne sont pas incluses dans la catégorie des îles non interconnectées, car elles sont proches du territoire continental ce qui permet une connexion électrique, sont les suivantes : Eubée, les îles de Sporades (Skiros, Skopelos, Skiathos, Alonnisos) et les îles d'Argosaronic (Salamina, Aigina, Hydra, Spetses, Poros, Agistri). De plus, les îles de la mer Ionienne (Céphalonie, Corfu, Cythère, Antikythera, Ithaque, Leucade, Paxos, Antipaxos, Scorpios, Zante, Kastos, Kalamos, Ereikoussa, Mathraki, Othonoi, Pontikonisi, Atokos, Lazareto, Makri, Madouri, Omfori) ne sont pas incluses dans les îles non interconnectées. Les îles ioniennes et les îles proches du territoire continental sont connectées avec le réseau de transport du continent *via* des câbles sous-marins.

[29] Décision de l'autorité de régulation de l'énergie (RAE) n° 39/2014, « *Code de gestion des systèmes électriques aux îles non interconnectées (code INI)* », *JO* B 304 du 11/02/2014.

190. Les îles non interconnectées sont caractérisées par des micro-réseaux et des petits réseaux isolés[30]. Par définition, tous les micro-réseaux isolés sont inclus dans des petits réseaux isolés, mais non l'inverse. La Crète est la seule île qui constitue un petit réseau isolé, sans être un micro-réseau isolé.

191. Les autorités grecques, en 2012, ont demandé à la Commission européenne une dérogation, conformément à l'article 44 de la directive 2009/72/CE, quant à l'application de certaines dispositions de cette directive aux îles, spécifiquement celles qui organisent la production (Chapitre III de la directive) et l'accès au réseau (Chapitre VIII de la directive)[31].

Aux termes de l'article 44, par. 1 de la directive 2009/72/CE, « *les États membres, qui après l'entrée en vigueur de la présente directive, peuvent prouver que des problèmes importants se posent pour l'exploitation de leurs petits réseaux isolés peuvent demander à bénéficier de dérogations aux dispositions pertinentes des chapitres IV* ("Exploitation du réseau de transport")*, VI* ("Exploitation du réseau de distribution")*, VII* ("Dissociation comptable et transparence de la comptabilité")*, VIII* ("Organisation de l'accès au réseau")*, ainsi que du chapitre III* ("Production")*, dans le cas des micro-réseaux isolés, en ce qui concerne la rénovation, la modernisation et l'expansion de la capacité existante, qui peuvent leur être accordées par la Commission. ... Cette décision est publiée au Journal Officiel de l'Union européenne* ».

192. Dans sa décision de 2014, la Commission européenne a d'abord souligné que l'absence d'interconnexion des îles impliquait que la demande soit couverte dans les limites de la capacité de production de ces dernières[32]. Elle a ensuite analysé les difficultés de gestion du réseau des îles non interconnectées qui sont dues à plusieurs facteurs : des variations de la demande affectée par les périodes touristiques et les conditions météorologiques qui créent des dysfonctionnements dans les systèmes de production ; une forte pénétration des énergies renouvelables qui sont d'une

---

[30] Selon l'art. 2, par. 3 de la loi n° 4001/2011 les « *micro-réseaux isolés* » sont les systèmes électriques des îles non interconnectées dont la consommation annuelle en 1996 était inférieure à 500 GWh tandis que les « *petits réseaux isolés* » désignent les systèmes électriques des îles non interconnectées dont la consommation annuelle en 1996 était inférieure à 3000 GWh.

[31] La demande de la part des autorités grecques a été faite dès 2003 concernant la dérogation aux dispositions de la directive 2003/55/CE pour les îles, mais il n'y a pas eu de réponse. Voir aussi : PAPSCH J., « Derogations and exemptions », *in* JONES C. (dir.), *EU Energy Law. Volume I – The Internal Energy Market*, Deventer (Netherlands), Leuven (Belgium), éd. Claeys & Casteels, 4th edition, 2016, pg. 527-601, pg. 552.

[32] Décision de la Commission n° 536/2014/UE du 14 août 2014 accordant à la République hellénique une dérogation à certaines dispositions de la directive 2009/72/CE du Parlement européen et du Conseil, *JOUE* L 248/12 du 22/08/2014, pt. 48 ; disponible sur: https://op.europa.eu/fr/publication-detail/-/publication/d1ab77a9-29cc-11e4-8c3c-01aa75ed71a1/language-fr (consulté le 10/08/2022).

grande ampleur sur les îles ; une difficulté de trouver des sites appropriés pour l'installation de nouvelles centrales de production en raison de la petite taille des îles, de l'opposition de la population et du caractère sensible des écosystèmes insulaires ; des procédures longues pour l'adjudication de nouvelles capacités de production ; un intérêt réduit pour des investissements visant à augmenter les capacités de production des îles au regard des projets prévoyant une interconnexion avec le réseau continental[33].

193. Considérant que la concurrence ne pouvait pas vraiment déployer tous ses effets sur les îles, la Commission a décidé d'octroyer une dérogation quant à l'application de certaines dispositions de la directive 2009/72/CE pour les îles non interconnectées en Grèce[34].

194. Plus précisément, concernant la demande de dérogation à l'égard du Chapitre III « *Production* » de la directive 2009/72/CE, lequel détermine les procédures relatives à l'octroi de nouvelles capacités de production - la procédure d'autorisation (art. 7) ou la procédure d'appel d'offres (art. 8) - la Commission l'a octroyée, conformément à l'article 44 de la directive précitée. Selon la Commission : « *Une dérogation aux dispositions de l'article 7, paragraphe 1, de la directive 2009/72/CE est accordée, selon laquelle les autorisations de la rénovation, la modernisation et l'expansion de la capacité conventionnelle existante au sein des micro-réseaux isolés peuvent être octroyées directement à la CPE* (DEI) »[35]. Autrement dit, dans ces cas, la production d'électricité aux îles n'est pas ouverte à la concurrence et des droits exclusifs de production ont été octroyés à l'opérateur historique DEI[36].

A contrario, suivant la lettre de l'article 44, la dérogation ne s'applique pas s'il n'y a pas de micro-réseau isolé, ce qui est le cas pour la Crète. Cette dérogation ne s'applique pas non plus quand il s'agit d'une nouvelle capacité pour les micro-réseaux isolés. Enfin, la dérogation ne s'applique pas aux producteurs d'énergies renouvelables sachant qu'elles font l'objet d'un fort intérêt sur les îles. Dans ces trois cas, les règles de la concurrence s'appliquent et les autorisations de production d'électricité sont octroyées conformément aux dispositions de la directive ; soit à travers d'une procédure d'autorisation[37], soit après une procédure d'appel d'offres pour octroyer de nouvelles capacités[38].

La durée des droits exclusifs attribués à DEI pour la rénovation, la modernisation et l'expansion des centrales existantes dans les micro-réseaux

---

[33] Pt. 19, 20 de la décision de la Commission n° 536/2014/UE du 14 août 2014, *ibidem*

[34] Décision de la Commission n° 536/2014/UE du 14 août 2014, *ibid.*

[35] Art. 3 de la décision de la Commission n° 536/2014/UE du 14 août 2014, *op.cit.*. Par l'acronyme « CPE » la décision se réfère à la Compagnie Publique d'Electricité, autrement dit à DEI. Le terme CPE n'est toutefois courant.

[36] Pt. 50-64 de la décision de la Commission n° 536/2014/UE du 14 août 2014, *op.cit.*

[37] Art. 7 « *Procédure d'autorisation pour de nouvelles capacités* » de la directive 2009/72/CE.

[38] Art. 8 « *Appel d'offre pour la fourniture de nouvelles capacités* » de la directive 2009/72/CE.

isolés ne pouvait cependant pas dépasser, conformément à la décision de la Commission, la date du 1er janvier 2021[39].

195. Concernant la demande de dérogation à l'égard du Chapitre VIII « *Organisation de l'accès au réseau* » - qui comprend des dispositions relatives à l'accès des tiers au réseau (art. 32), à l'ouverture du marché (art. 33) et aux lignes directes (art. 34) - la Commission a pris une position différenciée. S'agissant de l'article 32 « *Accès des tiers* » la Commission a rejeté la demande de dérogation en considérant qu'il n'y avait pas de motif la justifiant. Ainsi le gestionnaire du réseau des îles, DEDDIE, est obligé d'accorder aux tiers un accès non discriminatoire au réseau qu'il gère[40].

Quant à l'article 33 « *Ouverture du marché et réciprocité* », la Commission a octroyé une dérogation, laquelle est applicable à toutes les îles non interconnectées (micro-réseaux isolés et petits réseaux isolés). Elle implique l'octroi de droits exclusifs de fourniture d'électricité à DEI ce qui signifie que, durant la période de dérogation, les consommateurs des îles non interconnectées ont été obligés de s'approvisionner auprès de l'opérateur historique.

Le monopole de fourniture d'électricité accordé à DEI sur les îles, selon la décision de la Commission, aurait dû durer jusqu'en 17 février 2019[41].

Enfin, s'agissant de la dérogation à l'article 34 « *Lignes directes* » de la directive, la Commission ne l'a pas octroyée.

196. En résumé, conformément à cette dérogation, l'opérateur historique grec DEI détenait en principe un <u>monopole en matière de fourniture</u> d'électricité à l'ensemble des îles non interconnectées (micro-réseaux et la Crète) jusqu'en 2019. Concernant les micro-réseaux isolés, c'est-à-dire toutes les îles non interconnectées sauf la Crète, il était prévu que DEI détienne un <u>monopole de production</u> à partir des centrales existantes jusqu'en 2021.

197. L'autorité de régulation grecque devait informer chaque année la Commission européenne du niveau de concurrence sur les îles. En cas d'interconnexion des îles avant les dates précitées, la dérogation ne s'appliquerait plus.

Jusqu'à ce que ces îles soient interconnectées avec le réseau continental, le gestionnaire du réseau de distribution DEDDIE, filiale de l'opérateur historique DEI, est le responsable de la gestion des réseaux électriques des INI[42].

DEDDIE est chargé de la gestion des réseaux électriques sur les îles non interconnectées. Il veille au développement des micro-réseaux isolés, au bon

---

39 Art. 3 de la décision de la Commission n° 536/2014/UE du 14 août 2014, *op.cit.*

40 Pt. 65 de la décision de la Commission n° 536/2014/UE du 14 août 2014, *op.cit.*

41 Art. 2 de la décision de la Commission n° 536/2014/UE du 14 août 2014, *op.cit.*

42 Art. 129 « *Tâches de DEDDIE concernant la gestion des systèmes électriques des îles non interconnectées* » de la loi n° 4001/2011.

fonctionnement des capacités de production, à l'installation de nouvelles capacités, à l'extension des capacités de production existantes, à la promotion de contrats avec les producteurs à partir des énergies renouvelables, au renforcement de leur réseau de distribution et de la connexion avec le réseau continental, à la conclusion de contrats pour l'injection et le soutirage d'électricité dans le réseau de distribution et le maintien d'un équilibre entre eux, à la fourniture de services auxiliaires aux réseaux de distribution des INI[43].

198. Selon le rapport publié par le régulateur énergétique grec (RAE) sur la situation du marché énergétique en 2017, comme l'a décidé le régulateur national, le marché électrique des îles non interconnectées a été ouvert avant les dates d'expiration de la dérogation mentionnée, laissant alors la concurrence produire ses effets[44].

Ainsi, pour la Crète à partir de 2016, pour Rhodes à partir de 2017 et pour la totalité des îles non interconnectées à partir de 2018, le segment de la fourniture d'électricité a été ouvert à la concurrence et les consommateurs ont pu librement choisir leur fournisseur[45]. Autrement dit, le monopole de l'opérateur historique DEI en matière de fourniture d'électricité aux îles a, de fait, pris fin en 2018. Le régulateur énergétique grec s'est révélé être un accélérateur de la libéralisation de l'électricité sur les îles.

Toutefois, les droits monopolistiques de production détenus par DEI dans les micro-réseaux isolés étaient valables jusqu'en 2021, comme prévu dans la décision de dérogation de la Commission.

199. Il convient par ailleurs de mentionner, d'un point de vue technique, que les travaux d'interconnexion des îles avec le réseau continental à travers des câbles sous-marins sont en cours. Leur achèvement est planifié pour 2024 pour la Crète et 2030 pour le reste des îles[46]. Une fois que l'interconnexion des îles avec le réseau continental sera réalisée, DEDDIE, gestionnaire du réseau de distribution, n'exercera plus d'importantes fonctions sur les îles ; celles-ci reviendront à ADMIE, gestionnaire du réseau de transport d'électricité.

---

[43] *Ibidem*

[44] Décision de l'autorité de régulation (RAE) n° 908/2017, « *Désengagement de la totalité des îles non interconnectées de la dérogation quant à la fourniture d'électricité à partir du 01.01.2018 selon la décision n° 2014/536 de la Commission européenne et l'art. 137A/2017 par. 1 de la loi n° 4001/2011* », *JO* B 4461 du 19/12/2017. Voir le rapport de la RAE pour la Commission européenne : Regulatory Authority for Energy (RAE), « *National Report 2018. Regulation and performance of the electricity market and the natural gas market in Greece in 2017* », Athènes, Décembre 2018, pg. 1-146.

[45] *Ibidem*, pg. 90.

[46] V. sur le site du gestionnaire du réseau de transport d'électricité, ADMIE, « *Programme décennal du développement du réseau de transport 2019-2028* », pg. 1-148, pg. 16 ; disponible sur :
https://www.admie.gr/en/grid/development/ten-year-development-plan (consulté le 10/08/2022).

Le schéma ci-dessous présente les interconnexions futures attendues des îles non interconnectées.

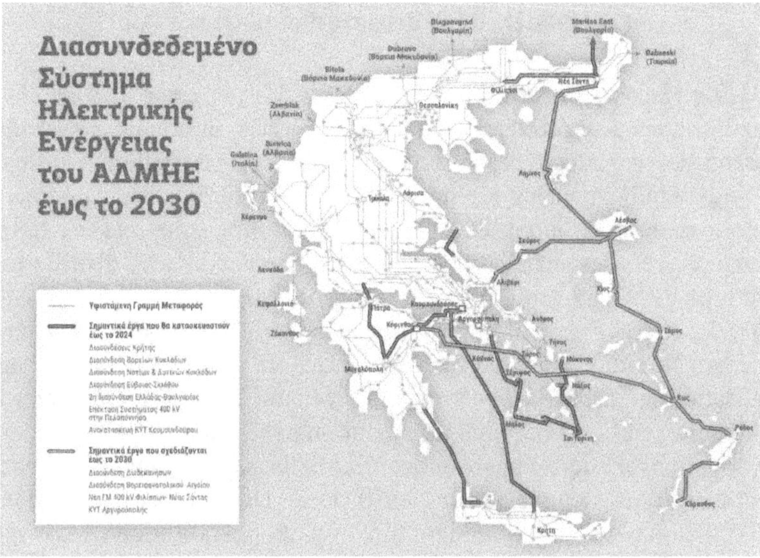

Légende : Interconnexion de la Crète d'ici à 2024 (lignes rouges)
et interconnexion d'autres îles non interconnectées d'ici à 2030 (lignes vertes).
Source : https://ecopress.gr/ypen-to-2030-oloklironete-o-chartis-ton-ile/

200. Si pour le réseau de distribution électrique a été maintenu un régime léger de dissociation, celui de la dissociation juridique et fonctionnelle, le régime applicable au réseau de distribution gazier est plus complexe. En effet, le législateur grec n'a adopté qu'en 2017 le régime de la dissociation juridique et fonctionnelle du réseau de distribution gazier, puis, en 2019, sans écartant ce régime, a aussi mis en place le régime de la dissociation patrimoniale. Analysons ce modèle mixte de dissociation appliqué au réseau de distribution gazier qui comprend donc des éléments du modèle de la dissociation juridique et fonctionnelle mais aussi des caractères du modèle de la dissociation patrimoniale **(Section II)**.

Section II :
Un modèle mixte de dissociation du réseau de distribution gazier : la combinaison du modèle de la dissociation juridique et fonctionnelle et du modèle de la dissociation patrimoniale

201. Le réseau de distribution gazier grec fait référence à la canalisation du gaz à travers des gazoducs sous basse pression, inférieure à 19 bars[47]. Il comprend des gazoducs, des installations de dépressurisation et de mesure ainsi que l'équipement et les installations de contrôle et de maintenance nécessaires à la distribution et à la canalisation du gaz naturel par le réseau de transport vers les installations des consommateurs[48]. La distribution est une activité de réseau, lequel n'inclut pas la fourniture.

202. Le marché gazier en Grèce n'a pas été libéralisé dans la mesure voulue par les directives européennes. Dès le début du mouvement de libéralisation en 1998, la Grèce a effectivement été considérée comme un marché émergent[49], en d'autres termes un marché jeune et pas assez mature pour fonctionner de manière concurrentielle étant donné l'absence, à l'époque, d'infrastructures gazières suffisantes. Des dérogations ont donc été octroyées au pays avec la première directive de libéralisation de gaz naturel dès 1998[50] et maintenues, comme on le verra, dans la troisième directive de libéralisation en 2009[51].

Le marché gazier grec était ainsi un marché fermé, non ouvert à la concurrence, et l'opérateur historique gazier DEPA disposait de droits exclusifs sur tous les segments de la chaîne, de l'importation de gaz jusqu'à la fourniture de celui-ci. Le régime de la dissociation du réseau de distribution n'était pas applicable durant la période de vigueur de la dérogation. L'ouverture du marché gazier grec a été accélérée avec les

---

47 Art. 2 « *Définitions* », par. 2 de la loi n° 4001/2011 qui transpose la définition donnée à l'art. 2 « *Définitions* » de la directive 2009/73/CE.

48 Art. 2 « *Définitions* », par. 2 de la loi n° 4001/2011.

49 Selon l'art. 2 pt. 24 de la directive 98/30/CE, un marché émergent signifie « *un État membre dans lequel la première fourniture commerciale relevant de son premier contrat de fourniture de gaz naturel à long terme a été effectuée il y a moins de six ans* ». V. FORTSAKIS T., *Energy Law in Greece*, Netherlands, Athens, ed. Kluwer Law International, Sakkoulas, 2009, pg. 71; PAPSCH J.,
« Derogations and exemptions », *in* JONES C. (dir.), *EU Energy Law. Volume I – The Internal Energy Market*, *op.cit.*, pg. 553.

50 Selon l'art. 26 par. 2 de la directive 98/30/CE : « *Un État membre qui a droit au statut de marché émergent et qui, en raison de la mise en œuvre de la présente directive, connaitrait d'importants problèmes non liés aux engagements contractuels "take or pay" visés à l'article 25 peut déroger à l'article 4, à l'article 18 paragraphes 1, 2, 3, 4 et 6, et/ou à l'article 20 de la présente directive. Cette dérogation vient automatiquement à expiration au moment où l'État membre n'a plus droit au statut de marché émergent. Une telle dérogation est notifiée à la Commission* ».

51 Art. 49 « *Marchés émergents et isolés* », par. 8 de la directive 2009/73/CE.

memoranda d'accord. C'est surtout le troisième mémorandum, signé en 2015, qui a apporté des changements fondamentaux pour le marché gazier. Il a été transféré dans l'ordre juridique grec à travers la loi n° 4336/2015[52].

203. Dans les pages qui suivent, on examinera tout d'abord l'exception dont jouissait la Grèce où le régime de la dissociation du réseau de distribution gazier des activités hors réseaux n'était pas applicable mais où une dissociation juridique et fonctionnelle a été mise en place conformément aux memoranda d'accord signés par le pays **(Sous-section I)**. Puis, on analysera l'évolution récente du marché gazier grec où un modèle mixte de dissociation a été mis en place pour le réseau de distribution gazier : à une dissociation juridique et fonctionnelle a été ajoutée une dissociation patrimoniale **(Sous-section II)**.

Sous-section I : De l'absence de dissociation du réseau de distribution gazier à une dissociation juridique et fonctionnelle

204. L'entreprise publique DEPA, opérateur historique gazier grec, a été créée au début des années 1990, soit un peu avant que la libéralisation européenne débute. Il s'agissait de développer un marché gazier visant à remplacer l'utilisation de lignite dont dispose la Grèce, réduire la dépendance du pays au pétrole et mieux protéger l'environnement[53]. Avant 1990, il n'existait pas de réseau gazier en Grèce. La Grèce était considérée comme un marché émergent où le principe de dissociation du réseau de distribution ne s'appliquait pas **(I)**. Ce sont les accords signés par la Grèce avec la *Troïka* qui ont imposé le régime de la dissociation juridique et fonctionnelle du réseau de distribution **(II)**.

I. L'absence de dissociation du réseau de distribution : le marché gazier grec en tant que marché émergent

205. Avec la création de DEPA, la distribution du gaz naturel a été confiée à trois entreprises filiales à 100 % de DEPA : les EPA (*Natural Gas Supply Company*, « *Εταιρείες Παροχής Αερίου/ΕΠΑ* »). Créées en 1995, elles desservent trois régions : Attiki (EPA Attiki), Thessalie (EPA Thessalie) et Thessalonique (EPA Thessalonique)[54]. Les EPA détenaient un droit exclusif

---

[52] Loi n° 4336/2015, « *Accord de soutien de MES/Pensions/Affligés/Fiscal/Transpositions/Gaz naturel* », *JO* A 94 du 14/08/2015.

[53] La période antérieure à 1990 se caractérisait par des accords internationaux qui préparent l'introduction du gaz naturel dans le pays. V. FORTSAKIS Th., *Droit de l'énergie*, *op.cit.*, pg. 75.

[54] Art. 4 « *Entreprises de distribution de gaz naturel* » de la loi n° 2364/1995 « *Création de l'organe de contrôle et de planification énergétique. Importation, transport, fourniture et distribution de gaz naturel* » *JO* A 252 du 06/12/1995. Pour un aperçu du secteur gazier en Grèce

pour la programmation, l'étude, la désignation, la construction, la propriété, l'exploitation du réseau de distribution et la fourniture de gaz à des clients non éligibles dans les régions de leur desserte[55].

206. Dès leur création, les EPA, filiales de l'opérateur historique DEPA, avaient une nature double : elles étaient en même temps gestionnaires du réseau de distribution et fournisseurs de gaz naturel. Il n'y avait pas de séparation entre la distribution et la fourniture de gaz ; les deux activités étaient liées tel un « *bundled product* »[56]. L'autorisation octroyée en 2000 relative aux droits de distribution et d'exclusivité pour la fourniture était initialement valable jusqu'en 2031 pour l'EPA Attiki et jusqu'en 2030 pour les EPA Thessalie et EPA Thessalonique[57].

207. La Grèce a obtenu une dérogation avec la première directive de libéralisation de 1998[58], laquelle a été maintenue avec la troisième directive de libéralisation sur la base de l'article 49 §8 de la directive 2009/73/CE[59] aux termes de laquelle : « *La Grèce peut déroger aux articles 4, 24, 25, 26, 32, 37 et/ou 38 de la présente directive en ce qui concerne les zones géographiques et les périodes mentionnées dans les licences qu'elles a délivrées avant le 15 mars 2002 et conformément à la directive 98/30/CE, pour le développement et l'exploitation exclusive de réseaux de distribution dans certaines zones géographiques* »[60]. Ainsi, pour les EPA existants, la directive de 2009 prévoyait une exception à l'application des articles relatifs à la séparation juridique et fonctionnelle du gestionnaire de réseau de distribution[61], à l'accès des tiers aux réseaux[62] et à l'ouverture du marché de fourniture[63] pour toute la période de leur autorisation. Autrement dit, la directive 2009/73/CE permettait à la Grèce de ne pas ouvrir son marché gazier et de ne pas dissocier le réseau de distribution et l'activité de fourniture de gaz.

---

jusqu'en 2016, voir l'analyse de : PAPAMICHALOPOULOS G., DOUKLIAS S., GONITHELLIS S., « Country Report : Greece », *in* CAMERON P., HEFFRON R., *Legal Aspects of EU energy regulation. The consolidation of energy law across Europe*, New York, Oxford University Press, 2e ed., 2016, pg. 323-343, pg. 327.

[55] Art. 4 « *Entreprises de distribution de gaz naturel* », par. 4 de la loi n° 2364/1995, *précit.*

[56] XENITI A.-E., « Country Reports-Greece-The natural gas sector in Greece: A long road to liberalisation », *ENLR*, 1/2015, pg. 56-59, pg. 58.

[57] Décision ministérielle D1/18 887/2011, *JO* B 1521 du 13/11/2001 ; décision ministérielle D1/C/F7/11 818/2000, *JO* B 1087 du 31/08/2000 ; décision ministérielle D1/C/F7/11 819/2000, *JO* B 1086 du 31/08/2000.

[58] Art. 26 de la directive 98/30/CE.

[59] Voir aussi l'art. 28 « *Marchés émergents et isolés* » de la deuxième directive de libéralisation 2003/55/CE.

[60] Art. 49 « *Marchés émergents et isolés* », par. 8 de la directive 2009/73/CE. Cet article fait aussi référence à d'autres pays pouvant bénéficier du statut de « marché émergent ou isolé » selon les critères décrits tels que l'Estonie, la Lettonie, la Finlande, le Chypre, le Luxembourg et la Malte.

[61] Art. 26 « *Dissociation des gestionnaires de réseau de distribution* » de la directive 2009/73/CE.

[62] Art. 32 « *Accès des tiers* » de la directive 2009/73/CE.

[63] Art. 37 « *Ouverture du marché et réciprocité* » de la directive 2009/73/CE.

Le législateur européen a reconnu cette exception pour la Grèce en vue d'encourager le développement des infrastructures et de promouvoir les investissements. L'octroi de droits exclusifs pour une période déterminée était nécessaire pour que ces investissements soient économiquement viables. De telles infrastructures ne pouvaient être rentables dans des conditions de concurrence.

208. En dehors des trois EPA mentionnées qui existaient à l'époque de la troisième directive de 2009, pour les nouvelles régions desservies en gaz naturel en Grèce[64], l'exception quant à l'application de la directive 2009/73/CE ne s'appliquait pas. Dès lors, pour les nouvelles régions desservies en gaz, les dispositions de la directive prévoyant une dissociation juridique et fonctionnelle du gestionnaire du réseau de distribution ainsi que l'accès des tiers au réseau et l'ouverture du marché de fourniture étaient applicables[65].

Afin de préciser notre analyse, la première carte ci-dessous présente les EPA considérés comme marchés émergents, avec l'existence de droits exclusifs au bénéfice de l'opérateur historique DEPA ; la seconde expose les régions caractérisées par de futurs projets d'alimentation en gaz naturel et qui ne sont pas considérées comme marchés émergents.

---

[64] Il s'agit des régions de Corinthe, Macédoine, Thrace et Péloponnèse (nord). V. art. 21 « *Entreprises de fourniture de gaz naturel* », par. 3 de la loi n° 3428/2005 « *Libéralisation du marché de gaz naturel* », *JO* A 313 du 27/12/2005 (transposition de la deuxième directive de libéralisation 2003/55/CE).

[65] Art. 80 « *Distribution de gaz naturel et gestion des réseaux de distribution de gaz naturel* » de la loi n° 4001/2011 (telle que modifiée par la loi n° 4336/2015 « *Memorandum d'accord III* »).

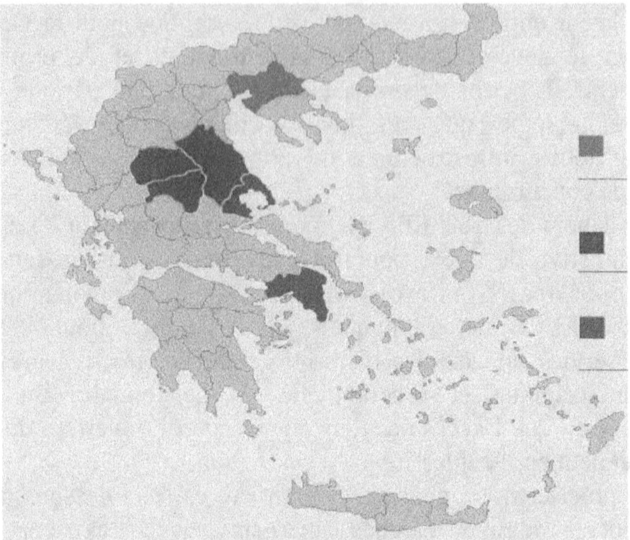

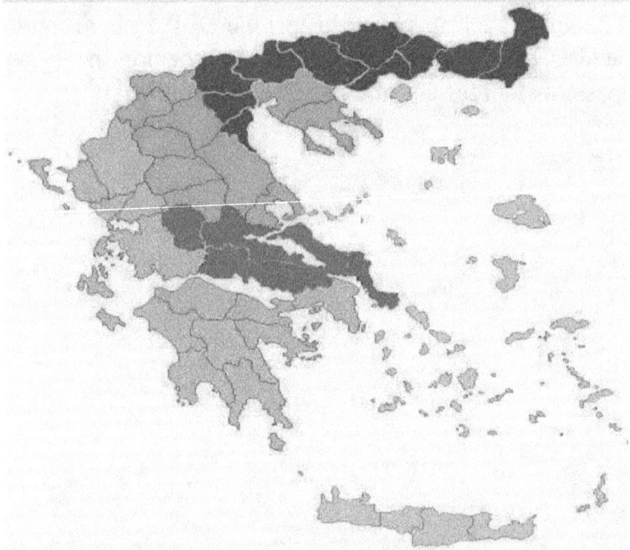

Les régions qui sont considérées « marchés émergents » :
Les futures régions (« marchés non émergents »)

EPA Attiki, EPA Thessalie, EPA Thessalonique. qui seront alimentés avec du gaz naturel : Grèce du sud, Grèce centrale, Macédoine centrale, Macédoine de l'est.

Source : « Greek natural gas market : from birth to maturity », may 2014, pg. 1-22, pg. 7 et 17 ; disponible sur : https://docplayer.net/7351870-Greek-natural-gas-market-from-birth-to-maturity-may-2014.html

209. Grâce aux exceptions octroyées, le marché gazier grec n'était donc pas vraiment ouvert à la concurrence et il existait une situation à deux vitesses avec, d'une part, les EPA existants où les droits exclusifs de DEPA dureraient jusqu'en 2030 et, d'autre part, les nouvelles régions desservies en gaz qui fonctionnaient de manière concurrentielle. Les memoranda d'accord ont mis fin à cette situation et appliqué les règles de la directive 2009/73/CE également pour les EPA existantes. Ils ont alors introduit une dissociation juridique et fonctionnelle **(II)**.

II. L'introduction de la dissociation juridique et fonctionnelle

210. Le troisième mémorandum d'accord, signé par la Grèce avec la *Troïka* en 2015 et transposé au niveau national à travers la loi n° 4336/2015[66], a accéléré l'ouverture du marché gazier grec dans son ensemble. Cet accord a introduit le régime de la dissociation du réseau de manière progressive et anticipée.

211. Tout d'abord, une dissociation comptable a été imposée dès le 1er janvier 2016. Alors la DEPA, l'opérateur historique, et les trois EPA, ses filiales pour le réseau de distribution et en même temps fournisseurs, ont dû, à partir de cette date, disposer de comptes séparés pour chacune de leurs activités, notamment l'activité de distribution, de fourniture à des clients éligibles, de fourniture à des clients non éligibles ainsi que pour les obligations de service public et la fourniture de dernier ressort[67].

D'autre part, le mémorandum a prévu que jusqu'au 1er janvier 2017, les EPA initiales (Attiki, Thessalie, Thessalonique) devaient procéder à une séparation juridique et fonctionnelle de leurs activités, c'est-à-dire séparer juridiquement et fonctionnellement le réseau de distribution de l'activité de fourniture[68]. La séparation juridique et fonctionnelle signifie que « *lorsque le gestionnaire du réseau de distribution fait partie d'une entreprise verticalement intégrée, il est indépendant au moins sur le plan de la forme juridique, de l'organisation et de la prise de décision, des autres activités non liées à la distribution* »[69]. La directive 2009/73/CE énumère plusieurs critères minimaux s'agissant de la séparation fonctionnelle, notamment : le gestionnaire du réseau ne doit pas faire partie des structures de l'entreprise intégrée chargées de la gestion quotidienne des activités de production, de transport et de

---

[66] Loi n° 4336/2015, « *Accord de soutien de MES/Pensions/Affligés/Fiscal/Transpositions/Gaz naturel* », *JO* A 94 du 14/08/2015.

[67] Art. 80À « *Création des entreprises de distribution de gaz naturel* », par. 2 de la loi n° 4001/2011 (telle qu'ajoutée par la loi n° 4336/2015 « *Memorandum d'accord III* » et modifiée par la loi n° 4414/2016).

[68] Art. 80À « *Création des entreprises de distribution de gaz naturel* », par. 3 de la loi n° 4001/2011.

[69] Art. 26 « *Dissociation des gestionnaires de réseau de distribution* », par. 1 de la directive 2009/73/CE.

fourniture de gaz naturel ; des mesures doivent être prises pour que les intérêts professionnels du gestionnaire lui permettent d'agir en toute indépendance et qu'il dispose de pouvoirs de décision ainsi que de ressources humaines, techniques, financières et matérielles pour exploiter, entretenir ou développer le réseau ; le gestionnaire doit établir un programme d'engagements contenant des mesures visant à garantir que toute pratique discriminatoire en faveur de l'entreprise verticale mère soit exclue[70].

De cette séparation juridique et fonctionnelle, trois entreprises de distribution ont été créées : EDA d'Attiki, EDA de Thessalie et EDA de Thessalonique, responsables de l'activité de distribution et filiales de l'opérateur historique[71]. En dehors de ces trois régions (Attiki, Thessalie, Thessalonique), pour le reste de la Grèce, il a été créé une entreprise gestionnaire du réseau de distribution de gaz, la DEDA (« *Gas Distribution Company Rest of Greece* », « Δημόσια Επιχείρηση Δικτύων Διανομής/ΔΕΔΑ »)[72].

Les gestionnaires du réseau de distribution, les trois EDA et l'entreprise DEDA, disposent chacun d'un monopole légal pour la distribution de gaz dans les régions qui leur reviennent. Les gestionnaires sont des filiales de l'opérateur historique gazier DEPA dissociées de manière juridique et fonctionnelle.

212. Les EPA initiales, après la division structurelle de leurs activités distribution-fourniture, ont maintenu leur activité de fourniture de gaz naturel et d'approvisionnement des clients[73]. Les EPA fournisseurs sont restées des filiales de l'opérateur historique et le segment de la fourniture de gaz a également subi, comme on le verra en détail, des changements significatifs. En effet, ce n'est qu'à partir de 2018 que les clients ont pu librement choisir leur fournisseur et ne pas être approvisionnés par l'opérateur historique DEPA à travers ses filiales, les EPA initiales[74].

213. Les memoranda d'accord ont ainsi accéléré l'ouverture à la concurrence du marché gazier grec. En leur absence, cette ouverture se serait vraisemblablement réalisée à l'expiration de la dérogation obtenue par la directive 2009/73/CE, soit en 2031 pour l'EPA Attiki et 2030 pour l'EPA Thessalie ainsi que l'EPA Thessalonique.

La transition d'un régime monopolistique vers un régime concurrentiel en Grèce a été, on pourrait dire, brutale. D'une absence de concurrence et d'une non-application d'un régime de dissociation du réseau gazier jusqu'en 2016, on

---

[70] Art. 26 « *Dissociation des gestionnaires de réseau de distribution* », par. 2 de la directive 2009/73/CE.

[71] Art. 80À « *Création des entreprises de distribution de gaz naturel* », par. 3 de la loi n° 4001/2011.

[72] Art. 80À « *Création des entreprises de distribution de gaz* naturel », par. 10 de la loi n° 4001/2011.

[73] Art. 80À « *Création des entreprises de distribution de gaz naturel* », par. 2 et par. 18 de la loi n° 4001/2011.

[74] On analysera en détail le segment de la fourniture dans un chapitre ultérieur.

est passé, en application des memoranda d'accord, à un marché concurrentiel en voie de consolidation. Les memoranda ont exigé de la Grèce des résultats en deux ans (2016-2018) envisagés pour les autres États membres après trois étapes de libéralisation européenne du marché gazier (1998, 2003, 2009) : la dissociation comptable, voulue par la directive de 1998, a été appliquée en Grèce à partir de 2016 ; la dissociation juridique et fonctionnelle pour le réseau de distribution gazier, prévue par la directive de 2003, a été mise en œuvre en Grèce à partir de 2017 ; l'ouverture à la concurrence du segment de la fourniture et la possibilité pour les clients de choisir librement leur fournisseur, applicable au niveau européen à partir de 2007, a été possible en Grèce à partir de 2018.

Sans les memoranda d'accord, le marché de fourniture gazier grec n'aurait probablement pas été ouvert à la concurrence avant 2030 pour les régions Thessalie-Thessalonique et 2031 pour la région d'Attiki bénéficiant d'un statut de « marché émergent »[75]. Dès lors, dès 2018, le marché gazier grec a été entièrement ouvert à la concurrence.

214. Conformément au régime de dissociation juridique et fonctionnelle du réseau de distribution, les gestionnaires de réseau (3 EDA, DEDA) sont des filiales de l'opérateur historique DEPA qui doivent cependant être indépendantes « *au moins sur le plan de la forme juridique, de l'organisation et de la prise de décision, des autres activités non liées à la distribution* »[76]. Ils disposent tous des ressources humaines, techniques, financières et matérielles nécessaires à l'accomplissement de leurs tâches[77]. Quant à la gestion quotidienne du réseau, les gestionnaires ne doivent pas recevoir d'instructions de la part de l'entreprise mère, laquelle dispose toutefois d'un droit de supervision à l'égard du plan financier annuel de ses filiales[78].

215. En France, la dissociation juridique et fonctionnelle est aussi applicable pour le réseau de distribution gazier. Toutefois, les infrastructures du réseau appartiennent aux autorités locales qui réalisent des concessions à des gestionnaires du réseau de distribution, filiales de l'opérateur historique Gaz de France (GDF). Selon les données du régulateur française, la Commission de Régulation de l'Énergie (CRE), 11 millions de consommateurs sont ainsi raccordés au réseau de distribution de gaz naturel et sont alimentés par 26 gestionnaires de réseau de distribution (GRD), chacun détenant un monopole dans la région de sa compétence : GRDF (Gaz Réseau Distribution France) qui distribue 96 % des quantités de gaz naturel et achemine le gaz sur la majorité du territoire français ; 22 GRD de plus petite taille, appelés entreprises locales

---

[75] Décision ministérielle D1/18 887/2011, *JO* B 1521 du 13/11/2001 ; décision ministérielle D1/C/F7/11 818/2000, *JO* B 1087 du 31/08/2000 ; décision ministérielle D1/C/F7/11 819/2000, *JO* B 1086 du 31/08/2000.

[76] Art. 26 « *Dissociation des gestionnaires du réseau de distribution* » de la directive 2009/73/CE.

[77] *Ibidem*

[78] *Ibid.*

de distribution (ELD) ; 3 GRD dits « nouveaux entrants » pour la distribution de gaz naturel en France[79].

216. Le régime de la dissociation juridique et fonctionnelle du réseau de distribution de gaz était celle voulue par les directives de libéralisation 2003/55/CE et 2009/73/CE et son application en Grèce, en 2017, a été accélérée par les memoranda d'accord.

Le législateur grec a fait un pas plus loin en 2019. Les memoranda d'accord ont effectivement imposé en Grèce la privatisation des entreprises énergétiques, une question que l'on analysera en détail ultérieurement. Cependant, mentionnons que dans le but de faciliter la privatisation de l'opérateur historique gazier DEPA, le législateur grec a procédé à sa restructuration et, dans ce cadre, adopté un modèle de dissociation encore plus poussé pour le réseau de distribution gazier. S'additionnant au régime de la dissociation juridique et fonctionnelle du réseau de distribution gazier, un modèle de dissociation patrimoniale a en effet été introduit à partir de 2019. Depuis lors, les deux modèles de dissociation s'appliquent simultanément pour le réseau de distribution gazier grec **(Sous-section II)**.

Sous-section II :
Une dissociation juridique et fonctionnelle complétée par une dissociation patrimoniale du réseau de distribution gazier

217. La loi n° 4336/2015[80] qui a transposé dans l'ordre juridique grec le troisième mémorandum d'accord de la Grèce en 2015 a été amendée par les lois n° 4602/2019[81] et n° 4643/2019[82]. Ces dernières ont introduit le régime de la dissociation patrimoniale pour le réseau de distribution gazier mais en maintenant dans le même temps le régime précédent introduit en 2017, celui de la dissociation juridique et fonctionnelle. Un régime particulier, mixte et complexe, a ainsi été établi à partir de 2019 en Grèce pour le réseau de distribution de gaz.

218. Les lois de 2019 introduisant le régime de la dissociation patrimoniale du réseau de distribution gazier par rapport aux activités hors

---

[79] Voir sur le site de la CRE « *Présentation des réseaux de gaz naturel* »; disponible sur : https://www.cre.fr/Gaz-naturel/Reseaux-de-gaz-naturel/Presentation-des-reseaux-de-gaz-naturel (consulté le 10/08/2022).

[80] Loi n° 4336/2015, « *Accord de soutien de MES/Pensions/Affligés/Fiscal/Transpositions/Gaz naturel* », *JO* A 94 du 14/08/2015.

[81] Loi n° 4602/2019, « *Recherche, exploitation et gestion du géothermique dynamique du pays, création de l'autorité pour des recherches géologiques et miniers, dissociation de la propriété de réseau de distribution de gaz, et autres provisions* », *JO* A 45 du 09/03/2019.

[82] Loi n° 4643/2019, « *Libéralisation du marché de l'énergie, modernisation de DEI, privatisation de DEPA, renforcement des énergies renouvelables et autres dispositions* », *JO* A 193 du 03/12/2019.

réseau s'appliquent pour les participations acquises après la promulgation de ces lois.

La dissociation patrimoniale, on l'a dit, signifie la séparation de la propriété entre les réseaux et les entreprises hors réseaux, en d'autres termes, il est nécessaire qu'il existe des entreprises différentes, distinctes sans lien capitalistique. Selon ce régime de la dissociation, la même personne juridique ne peut en même temps exercer un contrôle ou désigner des membres du conseil d'administration ou être un membre du conseil d'administration d'une entreprise qui produit, importe ou fournit du gaz (ou de l'électricité), qui sont des activités concurrentielles, et avoir tels pouvoirs sur l'entreprise qui gère le réseau de distribution, lequel constitue un monopole, et inversement[83]. Ce serait alors comme si la même personne gérait une activité monopolistique et exerçait une activité concurrentielle, ce qui est contraire au régime de la dissociation patrimoniale et peut créer des risques des comportements anticoncurrentiels. Des participations minoritaires, tant dans l'entreprise qui gère le réseau gazier que dans une entreprise qui importe et fournit le gaz, ne sont cependant pas exclues étant donné qu'il n'y a alors pas de risque d'influence.

Dès lors, en Grèce, à partir de 2019, avec l'introduction du régime de la dissociation patrimoniale du réseau de distribution de gaz, un opérateur ne peut détenir à la fois des participations (majoritaires) dans les entreprises qui gèrent le réseau de distribution gazier (les trois EDA, DEDA), et des participations dans les entreprises qui gèrent des activités concurrentielles.

219. Les lois de 2019 n'ont toutefois pas affecté les droits existants de l'opérateur historique quant à la gestion du réseau et les activités hors réseaux au moment de la promulgation de celles-ci. Cela veut dire que pour les gestionnaires du réseau de distribution, les EDA existants pour les trois régions (EDA Attiki, EDA Thessalie, EDA Thessalonique) et le DEDA pour le reste de la Grèce, leur statut de filiale de l'opérateur historique n'a pas été touché avec les lois de 2019 introduisant le régime de la dissociation patrimoniale[84]. L'opérateur historique DEPA garde donc les participations qu'il détenait au moment de la promulgation des lois de 2019 tant dans des entreprises qui gèrent le réseau de distribution gazier que dans des entreprises hors réseau. Dès lors, la dissociation juridique et fonctionnelle entre les entreprises gestionnaires du réseau de distribution (EDA, DEDA) et l'opérateur historique introduite en 2017 s'est maintenue après 2019. Les lois de 2019 empêchent toutefois l'opérateur historique DEPA d'obtenir de

[83] Telles restrictions s'appliquent aussi pour les membres du conseil de surveillance ou les membres des organes représentant légalement l'entreprise qui gère le réseau. Art. 9 « *Dissociation des réseaux de transport et des gestionnaires de réseau de transport* » de la directive 2009/73/CE ; art. 80 E « *Dissociation des gestionnaires de réseau de distribution de gaz naturel* » de la loi n° 4001/2011 (telle que modifiée par la loi n° 4602/2019).

[84] Art. 80 Z « *Participation existantes et droits* » de la loi n° 4643/2019, *précit.*

nouvelles participations tant sur le réseau de distribution que pour des activités hors réseaux.

220. Ainsi, le régime de la dissociation patrimoniale introduit pour le réseau de distribution gazier avec les lois de 2019 n'a pas affecté l'opérateur historique DEPA, lequel peut être présent tant sur le réseau de distribution à travers ses filiales, les gestionnaires du réseau, qu'à l'égard d'activités hors réseau. Néanmoins, ces lois empêchent les nouveaux entrants sur le marché de détenir des participations simultanées tant dans le réseau que dans des activités hors réseau.

221. Par conséquent, ces lois, d'une part, protègent les droits de propriété de l'opérateur historique DEPA mais, d'autre part, celles-ci pourraient être considérées comme constituant un obstacle à l'entrée sur le marché d'autres opérateurs, lesquels ne peuvent avoir des participations importantes simultanées tant dans le réseau de distribution qu'à l'égard d'activités concurrentielles.

Ainsi, pour l'opérateur (DEPA) s'applique le régime de la dissociation juridique et fonctionnelle tandis que pour tous les autres opérateurs sur le marché gazier s'applique le régime de la dissociation patrimoniale (!). Les lois de 2019 du législateur grec semblent ainsi contrarier le principe d'égalité devant la loi pour l'opérateur historique et les nouveaux entrants.

222. Selon le régime mixte applicable pour le réseau gazier en Grèce, les gestionnaires du réseau de distribution gazier - les trois EDA initiales et l'entreprise DEDA pour le reste de la Grèce, chacune bénéficiant d'un monopole de distribution dans sa région de desserte - continuent d'être des filiales de l'opérateur historique gazier DEPA et le régime de la dissociation juridique et fonctionnelle s'applique pour le réseau de distribution tandis que pour les nouvelles participations au capital de ces entreprises qui gèrent le réseau et les nouveaux entrants sur le marché, le régime de la dissociation patrimoniale s'applique depuis la promulgation des lois de 2019.

223. Le législateur grec a décidé de ne pas toucher aux droits de propriété de l'opérateur historique DEPA sur le réseau de distribution ou sur les entreprises de fourniture afin de faciliter sa privatisation, dont on parlera dans un chapitre ultérieur. Avec l'introduction d'un régime mixte pour le réseau de distribution gazier, le législateur grec a ensuite procédé à une transformation de l'entreprise DEPA. Précisément, les lois mentionnées - n° 4602/2019[85] et n° 4643/2019[86] - ont prévu une transformation de DEPA qui consiste en une division de ses activités en trois branches, chacune pouvant faire l'objet d'une privatisation.

224. Ainsi, depuis 2019, DEPA se divise de la manière suivante : DEPA Commerce, DEPA Projets internationaux, DEPA Infrastructures[87]. DEPA

[85] Loi n° 4602/2019, *précit.*
[86] Loi n° 4643/2019, *précit.*
[87] Art. 80 I « *Transformation de l'entreprise DEPA* » de la loi n° 4643/2019, *précit.*

Commerce agit en matière d'activités concurrentielles, notamment s'agissant de l'importation (soit à travers les gazoducs, soit l'importation de GNL avec des bateaux méthaniers) et de la fourniture de gaz naturel. On procédera à une analyse de DEPA commerce dans les chapitres suivants relatifs aux activités hors réseaux et à la privatisation. DEPA Projets internationaux traite de la participation de DEPA aux projets internationaux, comme on l'a mentionné dans le chapitre précédent, tels que le gazoduc *IGB* (interconnexion Grèce-Bulgarie), le gazoduc *EastMed* (interconnexion Grèce-Chypre-Israël) et l'interconnexion *IGI Poseidon* (interconnexion Grèce-Italie)[88]. DEPA Infrastructures détient la propriété du réseau de distribution gazier et assure la gestion de celui-ci à travers ses filiales, soit les trois EDA initiales pour les régions Attiki, Thessalie et Thessalonique (chacune dans la région de sa compétence) et l'entreprise DEDA s'agissant de la gestion du réseau de distribution gazier pour le reste de la Grèce[89].

Dès lors, les entreprises gestionnaires du réseau de distribution sont dissociées de manière juridique et fonctionnelle de l'opérateur historique DEPA Infrastructures. De plus, pour les nouvelles participations, mais seulement pour elles obtenues après les lois de 2019, ainsi que pour les nouveaux entrants, le régime de la dissociation patrimoniale s'applique simultanément.

Schématiquement on pourrait présenter de la manière suivante la transformation de l'entreprise DEPA et la dissociation du réseau de distribution gazier telle qu'elle s'applique depuis 2019 :

---

[88] Art. 80 I « *Transformation de l'entreprise DEPA* » de la loi n° 4001/2011 (telle qu'adoptée par la loi n° 4602/2019 et modifiée par la loi n° 4643/2019).
[89] *Ibidem*

Importation gaz	Réseau de transport	Réseau de distribution	Fourniture gaz
DEPA Commerce	DESFA (gestionnaire du réseau de transport, régime de la dissociation patrimoniale)	DEPA Infrastructures : les gestionnaires du réseau de distribution (trois EDA & DEDA) sont filiales de l'opérateur historique DEPA Infrastructures (dissociation juridique et fonctionnelle). À partir de 2019, seulement pour les nouvelles acquisitions au capital des gestionnaires de réseau, s'applique le régime de la dissociation patrimoniale.	DEPA Commerce

225. Alors le gestionnaire du réseau de distribution DEPA Infrastructures exerce ses tâches dans le cadre de la dissociation juridique et fonctionnelle en restant une filiale de l'opérateur historique DEPA.

Les tâches du gestionnaire du réseau de distribution consistent : à garantir la capacité à long terme du réseau de répondre à des demandes de gaz ; à exploiter, maintenir et développer le réseau ; à assurer un réseau sûr, fiable et performant ; s'abstenir de discrimination quant à l'accès au réseau ; assurer l'équilibre du réseau de distribution[90].

226. Selon le régime de la dissociation juridique et fonctionnelle qui régit le réseau de distribution gazier, l'entreprise qui est gestionnaire du réseau de distribution doit être indépendante - quant à son organisation, sa forme juridique et sa prise de décisions – vis-à-vis de son entreprise mère présente dans les

[90] Art. 25 « *Tâches des gestionnaires de réseau de distribution* » de la directive 2009/73/CE ; art. 80 « *Distribution de gaz naturel et gestion des réseaux de distribution de gaz naturel* » de la loi n° 4001/2011.

activités concurrentielles hors réseaux[91]. L'entreprise mère ne peut non plus intervenir dans le fonctionnement quotidien de ses filiales mais a le droit d'exercer une supervision quant aux décisions les plus importantes et d'approuver leur plan financier annuel[92].

227. Dans le cadre de la dissociation juridique et fonctionnelle, on l'a dit, il n'est cependant pas exclu que le gestionnaire du réseau favorise l'entreprise mère. Par exemple, l'accès au réseau peut être empêché pour des entreprises tierces. De plus, la tarification de l'accès au réseau étant fixée par le régulateur sur la base des coûts communiqués par le gestionnaire de réseau, il n'est pas exclu que ces coûts ne soient pas fiables et que les tarifs décidés soient trop élevés pour permettre un accès effectif à d'autres opérateurs.

228. Le régime de la dissociation patrimoniale du réseau de distribution gazier applicable pour les acquisitions nouvelles - après 2019 - dans le réseau de distribution n'est une exigence des memoranda d'accord en tant que telle, comme était le cas pour les réseaux de transport (électrique et gazier). Il ne s'agit pas, non plus, d'une exigence de la directive de libéralisation 2009/73/CE. Les memoranda ont envisagé la privatisation de l'opérateur historique DEPA mais c'est le législateur grec qui a considéré que la transformation de l'entreprise en la divisant en trois branches (DEPA Commerce, DEPA Infrastructures, DEPA Projets Internationaux) et le régime de la dissociation patrimoniale pourraient faciliter cette privatisation. Il convient ici de mentionner que la directive de libéralisation 2009/73/CE n'impose pas le régime de la dissociation patrimoniale pour le réseau de distribution gazier ; elle se limite à une dissociation juridique et fonctionnelle[93].

229. On émet toutefois certains doutes quant à l'efficacité de ce régime mixte de dissociation juridico-fonctionnelle et la dissociation patrimoniale du réseau de distribution gazier. Ce dispositif crée en effet une insécurité juridique et une situation inégalitaire entre les nouveaux entrants sur le marché et l'opérateur historique gazier DEPA. Selon nous, le régime de la séparation patrimoniale devrait être le seul adopté pour le réseau de distribution gazier et être applicable à tous les opérateurs, y compris l'opérateur historique. Dans une telle hypothèse où le régime de la dissociation patrimoniale serait uniquement applicable, l'opérateur historique devrait choisir entre les infrastructures de réseau et les entreprises concurrentielles hors réseaux.

---

[91] Art. 26 « *Dissociation des gestionnaires de réseau de distribution* » de la directive 2009/73/CE ; art. 80 « *Distribution de gaz naturel et gestion des réseaux de distribution de gaz naturel* » par. 5 de la loi n° 4001/2011.

[92] *Ibidem*

[93] Art. 26 « *Dissociation des gestionnaires de réseau de distribution* » de la directive 2009/73/CE.

Conclusion du chapitre II

230. L'exigence de dissociation des réseaux de distribution par rapport aux activités concurrentielles hors réseaux est moins stricte. Les directives de libéralisation 2009/72 et 2009/73 ont considéré qu'une dissociation modérée du gestionnaire du réseau de distribution, sous la forme d'une dissociation juridique et fonctionnelle, était suffisante. Ce régime de dissociation a été maintenu par le législateur européen avec le *Clean Energy Package* adopté en 2019, ainsi que dans les propositions de la Commission européenne quant à un *Hydrogen and Decarbonised Gas Package* de 2021.

231. En Grèce, concernant le réseau de distribution électrique, la dissociation juridique et fonctionnelle n'a pas été modifiée par les memoranda d'accord signés par le pays avec la *Troïka*. Le gestionnaire du réseau de distribution électrique est resté une filiale de l'opérateur historique DEI, avec toutes les inquiétudes en termes de favoritisme à l'égard de ce dernier que cette relation de « maternité » peut engendrer. De plus, le gestionnaire du réseau de distribution électrique exerce des tâches étendues sur le réseau des îles non interconnectées. En effet, s'agissant de ces îles, à cause de leur spécificité, la Grèce jouissait d'une exception à l'application de la directive de libéralisation 2009/72/CE permettant à l'opérateur historique de disposer de droits monopolistiques de production et de fourniture. Ce n'est qu'en 2018 que le marché électrique de fourniture a commencé à fonctionner de manière concurrentielle pour la totalité des îles non interconnectées. Toutefois, les droits monopolistiques de l'opérateur historique en matière de production d'électricité ont perduré jusqu'en 2021.

232. Concernant le réseau de distribution gazier grec, des modifications importantes ont été introduites à partir de 2016. Auparavant, le marché gazier grec était fermé à la concurrence étant donné qu'il était considéré comme un marché émergent exempté de l'application des dispositions sur la concurrence de la directive de libéralisation 2009/73/CE. Ainsi, l'opérateur historique gazier DEPA jouissait de droits monopolistiques sur tous les segments de la chaîne gazière. Le réseau de distribution gazier n'était pas dissocié de la fourniture de gaz ; les mêmes entreprises, filiales de l'opérateur historique, assuraient les deux types d'activités.

233. Les memoranda d'accord ont cependant anticipé l'ouverture à la concurrence du marché gazier grec (prévu à l'origine pour 2030, 2031) : en deux ans (2016-2018), ils ont exigé les résultats atteints pour les autres pays européens à travers trois phases de libéralisation du gaz (1998, 2003, 2009). Les memoranda ont effectivement imposé une dissociation comptable entre les activités énergétiques à partir de 2016 ; une dissociation juridique et fonctionnelle entre le réseau de distribution de gaz et les activités hors réseau à partir de 2017, notamment la fourniture et ; l'ouverture à la concurrence de la fourniture à partir de 2018, permettant alors aux consommateurs de choisir librement leur fournisseur gazier. Les memoranda d'accord ont ainsi mis fin au statut de marché émergent du marché gazier grec et à son exemption de l'application des dispositions relatives à la concurrence des directives de libéralisation.

Un régime de dissociation légère a ainsi été adopté pour le réseau de distribution gazier, celui de la dissociation juridique et fonctionnelle. Par ailleurs, en 2019, le législateur grec a procédé à la restructuration de l'opérateur historique gazier DEPA et à côté du régime de la dissociation juridique et fonctionnelle a adopté le modèle de la dissociation patrimoniale du réseau de distribution gazier pour les nouvelles participations au réseau de distribution ayant lieu après 2019.

Un régime mixte de dissociation est ainsi applicable pour le réseau de distribution gazier en Grèce depuis 2019 : la dissociation juridique et fonctionnelle des entreprises qui gèrent le réseau de distribution et qui restent filiales de l'opérateur historique et pour les nouvelles participations, après l'adoption des lois de 2019, ainsi que les nouveaux entrants sur le marché s'applique le régime de la dissociation patrimoniale.

Conclusion du titre I

234. Les mutations apportées aux réseaux énergétiques grecs pendant la crise économique sont considérables. Le régime de la dissociation est utilisé par le législateur en tant que moyen d'assurer l'accès au réseau et le bon fonctionnement de la concurrence. L'essence de la libéralisation européenne du secteur de l'énergie est de permettre que des opérateurs accèdent au réseau afin que le bien de l'énergie arrive effectivement aux consommateurs.

235. Concernant le réseau de transport, tant électrique que gazier, les memoranda d'accord ont imposé en Grèce un régime de dissociation, certes prévu dans les directives de libéralisation, mais le législateur grec a été privé de la liberté octroyée par ces directives de choisir d'autres modèles. En effet, les memoranda d'accord ont voulu une séparation nette et effective pour le réseau de transport et ont imposé une dissociation patrimoniale, tant pour le réseau de transport électrique applicable à partir de 2016 que pour le réseau de transport gazier applicable à partir de 2017. Depuis lors, le gestionnaire du réseau de transport électrique et le gestionnaire du réseau de transport gazier ne sont plus des filiales, des opérateurs historiques, respectivement, électrique et gazier, entreprises verticales présentes sur tous les segments concurrentiels hors réseau.

236. On a essayé, tout au long de notre analyse, de présenter des arguments en faveur de la dissociation patrimoniale du réseau de transport et de proposer des moyens afin de répondre aux réserves exprimées contre ce régime. De notre point de vue, la dissociation patrimoniale peut avoir des effets optimaux pour la gestion du réseau en promouvant les interconnexions, en favorisant un accès neutre et non discriminatoire au réseau pour les opérateurs intéressés, mais également en maintenant l'équilibre du réseau.

Le régime de la dissociation patrimoniale pourrait, à notre sens, avoir des effets encore plus bénéfiques si, dans le même temps, était mise en place une gestion combinée de la totalité du réseau. En effet, un gestionnaire de réseau qui gère aussi bien le réseau de transport que le réseau de distribution de manière unifiée et combinée, lequel serait dissocié au niveau de la propriété des activités hors réseau, pourrait à notre sens assurer une gestion optimale de questions cruciales liées au réseau de transport telles que l'équilibre du réseau, les interconnexions et l'accès au réseau. Telle est notre approche, tant pour le réseau électrique que pour le réseau gazier. Cette évolution nous semble d'autant plus pertinente actuellement que les réseaux sont appelés à jouer un rôle de plus en plus important en matière de transition énergétique sachant qu'ils doivent s'adapter afin de permettre, de manière sécurisée, la pénétration des énergies renouvelables, qui sont intermittentes par nature, sur le réseau.

La gestion combinée de l'ensemble du réseau en association avec une dissociation patrimoniale est une proposition que nous faisons, cependant seule la dissociation patrimoniale a été introduite en Grèce pour les réseaux de transport électrique et gazier.

237. Un régime différent s'applique pour les systèmes indépendants de gaz naturel (*ASFA*) en Grèce. Le régime de la verticalité, prenant la forme d'un gestionnaire de réseau indépendant (*ITO model*), est maintenu pour ces systèmes. Pour ces nouvelles infrastructures gazières en Grèce, certaines dispositions de libéralisation de la directive 2009/73/CE ne s'appliquent pas, spécifiquement il n'y a pas de dissociation du réseau pour ces systèmes, ni un accès des tiers à leur réseau, ni une régulation des tarifs d'accès au réseau. Le régime de la verticalité et la non-application des règles de la concurrence pour une période s'expliquent par la nécessité d'assurer un retour suffisant sur le capital investi.

238. Concernant les réseaux de distribution, une dissociation modérée a été adoptée, telle que prévue dans les directives de libéralisation. Pour le réseau de distribution électrique, les memoranda d'accord n'ont pas apporté des changements. Tant les memoranda que la directive de libéralisation 2009/72/CE n'ont imposé une séparation nette, effective, du réseau de distribution électrique. Une séparation plus légère a été maintenue sous la forme d'une séparation juridique et fonctionnelle. Le gestionnaire du réseau de distribution électrique fait partie de l'opérateur historique, entreprise verticale présente sur les segments hors réseaux. On a toutefois argumenté en faveur de l'introduction de la dissociation patrimoniale du réseau de distribution électrique.

Les tâches du gestionnaire du réseau de distribution électrique, filiale de l'opérateur historique, sont étendues s'agissant des îles non interconnectées. Les îles bénéficiaient effectivement d'une dérogation vis-à-vis de l'application de la directive de libéralisation 2009/72 grâce à une décision d'exemption de la Commission européenne ; il n'y avait donc pas de marché concurrentiel. L'opérateur historique électrique bénéficiait d'un monopole de production et de fourniture. Cependant, en 2018, la concurrence a commencé à s'appliquer pour la totalité des îles et l'opérateur historique a perdu son monopole de fourniture d'électricité. L'opérateur historique a maintenu sur les îles son monopole de production d'électricité à partir des capacités de production existantes jusqu'en 2021. L'interconnexion technique des îles avec le réseau du continent est planifiée entre 2024 et 2030.

239. Concernant le réseau de distribution gazier, des changements considérables ont été introduits par les memoranda d'accord. Alors, la Grèce était considérée comme un marché gazier émergent, exempté des dispositions de la directive de libéralisation 2009/73/CE, donc un marché fermé à la concurrence et l'opérateur historique gazier disposait de droits exclusifs. Jusqu'en 2016, il n'y avait pas de dissociation entre l'activité monopolistique de gestion du réseau de distribution et l'activité concurrentielle de fourniture de gaz ; les mêmes entreprises assuraient ces deux activités.

C'est le troisième mémorandum d'accord de 2015 qui a accéléré la libéralisation du gaz dans le pays en imposant, de 2016 à 2018, tous les régimes de dissociation des réseaux prévus durant tout le processus de libéralisation européenne ; une dissociation comptable entre les activités gazières à partir de 2016, une dissociation juridique et fonctionnelle du réseau de distribution à partir de 2017 et, à partir de 2018, l'ouverture de la fourniture du gaz à la concurrence. Une telle accélération de l'ouverture à la concurrence du marché gazier est bienvenue.

240. Par ailleurs, s'agissant du marché gazier, le législateur grec, afin de faciliter la privatisation de l'opérateur historique gazier, a procédé à sa restructuration et a adopté, en 2019, la dissociation patrimoniale pour le réseau de distribution gazier. Une telle dissociation n'est pas exigée, ni par la directive 2009/73/CE ni par les memoranda. La dissociation patrimoniale s'applique seulement pour les nouvelles acquisitions - après les lois de 2019 - dans les entreprises gestionnaires du réseau de distribution et pour les nouveaux entrants sur le marché. Ainsi, un régime mixte s'applique pour le réseau de distribution gazier grec depuis 2019 : celui de la dissociation juridique et fonctionnelle des entreprises qui gèrent le réseau de distribution gazier, lesquelles restent filiales de l'opérateur historique et, pour les nouvelles acquisitions après 2019, ainsi que pour les nouveaux entrants, le régime de la dissociation patrimoniale.

241. De manière schématique, on pourrait présenter le régime de la dissociation du réseau électrique (de transport et de distribution) et du réseau gazier (du transport et de distribution) adoptée en Grèce lors de la crise économique de la manière suivante :

	Production	Réseau de transport	Réseau de distribution	Fourniture
Électricité	DEI	ADMIE Dissociation patrimoniale (régime introduit en 2016).	EDDIE Dissociation juridique et fonctionnelle (filiale de l'opérateur historique DEI)	DEI
Gaz naturel	DEPA Commerce	DESFA Dissociation patrimoniale (régime introduit en 2017).	DEPA Infrastructures Dissociation juridique et fonctionnelle : les gestionnaires du réseau de distribution, les trois EDA et l'entreprise DEDA sont ses filiales de l'opérateur historique DEPA (régime introduit en 2017) & Dissociation patrimoniale seulement pour les nouvelles acquisitions après 2019 au capital des entreprises des gestionnaires, ainsi que pour les nouveaux entrants (régime introduit en 2019).	DEPA Commerce

242. En conclusion, on peut relever que les memoranda d'accord ont engendré des mutations structurelles majeures à l'égard des réseaux énergétiques grecs, tant électriques que gaziers. Les régimes d'exception dont jouissait la Grèce pour les îles non interconnectées et le marché gazier avec monopole des opérateurs historiques a pris fin en 2018. Or, une séparation nette entre les réseaux et les activités hors réseaux est un facteur déterminant pour laisser la concurrence fonctionner sur les marchés hors réseaux et assurer l'accès aux réseaux dans des conditions égales pour les opérateurs intéressés, sans favoriser les opérateurs historiques.

Outre des modifications considérables quant aux réseaux énergétiques, les memoranda d'accord ont aussi apporté des changements importants pour les activités hors réseaux **(Titre II)**.

TITRE II.

La consolidation des marchés concurrentiels pour les activités hors réseau(x)

243. Après avoir analysé l'organisation des réseaux électriques et gaziers ainsi que les mesures imposées en vue du renforcement de la concurrence en leur sein durant la crise économique, il s'agira à présent d'étudier de quelle manière s'organisent les activités en dehors des réseaux et quelles sont les mesures qui ont été adoptées à leur égard.

244. Les réseaux se situent au centre de la chaîne énergétique. Les activités exercées en dehors des réseaux peuvent l'être en amont ou en aval de ces derniers[1]. Les activités en amont correspondent à celles qui interviennent avant que l'électricité ou le gaz entre dans le réseau de transport ou bien avant que le gaz ne soit transporté ou stocké. Les activités en aval comprennent les activités intervenant dès que l'électricité ou le gaz sort du réseau. Il s'agit notamment, dans ce dernier cas, de la commercialisation et de la fourniture aux consommateurs finaux[2]. L'accès au réseau ainsi qu'à d'autres ressources « essentielles » en dehors des réseaux est nécessaire pour faire fonctionner le jeu de la concurrence[3].

245. Comme on a pu le relever, les réseaux constituent des monopoles naturels puisque pour des raisons autant économiques qu'environnementales, leur duplication est très difficile. On imagine mal, en effet, un deuxième réseau de transport ou de distribution en concurrence avec un réseau existant. Pour les activités réalisées en dehors des réseaux, l'existence de monopoles ne serait pas justifiée. Si l'électricité peut être produite par des centrales de pétrole ou de lignite, des barrages hydroélectriques, des

---

[1] LEMAIRE C., *Energie et concurrence. Recherches sur les mutations juridiques induites par la libéralisation des secteurs de l'électricité et du gaz naturel*, tome I (thèse sous la direction de Laurence Idot), Aix-en-Provence, Presses Universitaires d'Aix-Marseille-PUAM, 2003, pg. 147.

[2] *Ibidem*

[3] GERADIN D., « L'ouverture à la concurrence des entreprises de réseau. Analyse des principaux enjeux du processus de libéralisation », *Cahiers de droit européen*, n° 1-2, 1999, pg. 13-48, pg. 33.

panneaux solaires ou des éoliennes, aucun *numerus clausus* quant au nombre de producteurs n'est nécessaire. De même, s'agissant de la fourniture d'électricité ou de gaz, aucune raison valable ne justifie l'intervention d'un seul fournisseur. Bien évidemment, la capacité du réseau doit être prise en compte.

246. Une question préalable à l'analyse de l'ouverture à la concurrence des activités hors réseaux se pose toutefois : l'énergie est-elle un bien ayant une valeur commerciale, en d'autres termes une marchandise, ou à tout le moins peut-on la considérer en tant que telle ? La question se pose avec plus d'acuité pour l'électricité, composée de flux d'électrons en constant mouvement, sans possibilité de stockage comparable à celle du gaz[4].

247. Au niveau européen, la Cour de justice des Communautés européennes avait dès l'arrêt *Costa c/ Enel* de 1964 implicitement considéré l'électricité comme un « bien »[5], une position confirmée de manière explicite dans l'arrêt *Commune d'Almelo* rendu en 1994 dans lequel elle a qualifié l'électricité de marchandise[6] soumise au principe de la libre circulation consacré dans le Traité instituant la Communauté européenne[7]. De plus, la directive 85/374/CEE considère l'électricité comme un produit ce qui implique qu'en cas de dommage aux usagers, la responsabilité du producteur du fait des produits défectueux peut être engagée[8].

248. En droit des biens grec, sont en principe considérés comme des biens « les objets tangibles ». Pour autant, l'électricité, bien qu'elle ne soit pas par nature tangible, est assimilée à un bien[9]. Il s'agit d'une fiction

---

[4] Le gaz peut être stocké de manière souterraine, sous la forme de nappes aquifères, de cavités salines ou de gisements de gaz épuisés.

[5] CJCE, aff. 6/64, *Flaminio Costa c./E.N.E.L.,* (question préjudicielle), 15/07/1964. Dans ce fameux arrêt qui consacre le principe de la primauté du droit communautaire sur les législations nationales, la Cour de justice a traité l'électricité comme un produit commercial susceptible d'être l'objet de concurrence et d'échanges entre les États membres.

[6] « *L'électricité constitue une marchandise au sens de l'article 30 du traité* », pt. 28 de l'arrêt CJCE, C-393/92, *Gemeente Almelo et Energiebedrijf Ijseelmij NV*, 27/04/1994. V. aussi LAMOUREUX M., « Le bien énergie », *RTDCom*, n° 2, 2009, pg. 239-258, pg. 246; PENTTINEN S.-L., *Free movement and the energy sector in the European Union. The role of the European Court of Justice*, London, New York, ed. Routledge, 2020, pg. 66.

[7] Art. 23 « *La libre circulation des marchandises* » du Traité instituant la Communauté européenne/TCE (aujourd'hui il est devenu l'art. 28 TFUE).

[8] Article 2 de la directive 85/374/CEE du Conseil du 25 juillet 1985 relative au rapprochement des dispositions législatives, réglementaires et administratives des États membres en matière de responsabilité du fait des produits défectueux, *JOCE* L 210/29 du 07/08/1985 : « *Le terme "produit" désigne également l'électricité* ».

[9] Art. 947 du Code civil grec « *Biens* » : « *Les choses au sens de la loi, ne sont que des objets tangibles. En tant que choses sont considérées les forces naturelles ou des énergies, notamment l'électricité et la chaleur dans la mesure où elles sont sous possession et sont limitées dans une certaine zone* ». En droit pénal grec, l'électricité est par ailleurs assimilée à un bien qui peut être volé. Voir l'art. 372 du Code pénal grec « *Vol* », par. 2 : « *En tant que chose est considérée dans ce Code (pénal) l'énergie électrique, la vapeur et toute autre action* ». La Cour de cassation grecque (Άρειος Πάγος) a considéré qu'en cas d'alimentation en électricité par une canalisation

juridique permettant de lui appliquer les règles relatives aux biens. Sans cette assimilation, l'achat et la vente d'électricité ne pourraient se réaliser. Dans le droit français, l'électricité est aussi assimilée à un « bien »[10]. Quant au gaz, puisqu'il peut être stocké, c'est-à-dire limité dans un espace déterminé - les installations de stockage -, il remplit les critères de qualification d'un bien par nature prévus dans l'ordre juridique grec.

249. L'assimilation de l'électricité à un « bien » n'est néanmoins pas exempte de critiques. Selon certains auteurs, cette qualification s'analyse comme une fiction juridique en contradiction avec les caractéristiques physiques de l'électricité visant uniquement à créer artificiellement un marché (*market design*)[11]. Selon ces mêmes commentateurs, ce qui compte pour les consommateurs n'est pas forcément la création de marchés pour la production et la fourniture d'électricité mais le réseau dont dépendent la puissance, la stabilité et la sûreté énergétique[12].

Sans doute l'électricité n'est-elle cependant pas un bien comme les autres : elle a une nature spécifique, tant pour des raisons physiques que juridiques ; elle est aussi un bien essentiel permettant d'offrir une vie digne aux personnes qui en disposent.

250. L'introduction de la concurrence sur les segments de la chaîne énergétique situés en dehors des réseaux a débuté dès les années 1990, lorsque la Commission européenne a voulu reprendre les expériences anglaise et américaine de libéralisation[13]. La première phase de libéralisation a eu lieu en 1996 pour l'électricité et en 1998 pour le gaz ; le segment de la

---

sans le consentement du propriétaire de cette canalisation, il y a vol selon l'art. 372 du Code pénal mentionné. Voir le pt. 3 de l'arrêt de la Cour de cassation n° 602/2003 (section E), 21/02/2003 et l'arrêt n° 1942/2010 de la Cour de Cassation (section E), 01/10/2010. Voir aussi : Collection initiée et dirigée par GRIMALDI C., *Droit de la Grèce*, Association Henri Capitant, Paris, LGDJ, 2018, pg. 65.

[10] C'est le juge pénal français qui, en 1913, a assimilé l'électricité à une « chose » (Cass. Crim., 3 août 1912, S 1913 1 337). L'art. 1386-3 du Code civil français dispose que l'électricité est un « produit ». L'art. 311-2 du Code pénal français prévoit que « *la soustraction frauduleuse d'énergie au préjudice d'autrui est assimilé au vol* ». Voir aussi la jurisprudence française sur la responsabilité du producteur d'électricité du fait des produits défectueux : responsabilité d'ENEDIS et réparation des dommages occasionnés à des matériels électriques dus à l'instabilité du réseau de distribution électrique (arrêts de la Cour d'Appel de Versailles du 27 mars 2018, n° 17/004031 et du 9 octobre 2018, n° 17/056791).

[11] MARCOU G., STAROPOLI C., « Tarifs réglementés ou concurrence ? Aspects juridiques et comportementaux », *in* MARCOU G., EILLER A.-C., POUPEAU F.-M., STAROPOLI C. (dir.), *Gouvernance et innovations dans le système énergétique. De nouveaux défis pour les collectivités territoriales*, Paris, L'Harmattan, coll. « GRALE », 2015, pg. 221-246, pg. 225.

[12] *Ibidem*

[13] HARIHARAN S., GHAYA K., « Competition Law in the Energy Sector: The European Experience », *European Energy and Environmental Law Review*, October 2011, pg. 197-206, pg. 197.

production a alors été ouvert à la concurrence[14]. Pour être plus exact, s'agissant du gaz, la directive 98/30/CE a renforcé la concurrence sur le segment de la production qui avait déjà été introduite avec la directive 94/22/CE relative aux autorisations de prospecter, exploiter et extraire les hydrocarbures[15].

251. Un peu plus tard, en 2003, lors de la deuxième phase de libéralisation, le segment de la fourniture a été ouvert à la concurrence[16]. Selon les directives de libéralisation alors adoptées, au plus tard le 1er juillet 2007, le segment de la fourniture devait être libéralisé et les clients seraient « éligibles », pour reprendre le terme de la directive, c'est-à-dire qu'ils pouvaient « élire », choisir, librement leur fournisseur et pas être approvisionnés obligatoirement par les opérateurs historiques. À l'occasion d'une troisième phase de libéralisation, les directives de 2009 votées n'ont pas modifié ces segments de la chaîne mais plutôt les réseaux de transport, comme on a pu l'analyser dans les chapitres précédents.

252. La libéralisation a envisagé la suppression des monopoles légaux des opérateurs historiques entreprises verticales s'agissant de la production et de la fourniture. En effet, le principal but de l'ouverture à la concurrence était la multiplication des producteurs, des fournisseurs et, par conséquent, des échanges entre eux. Dans une certaine mesure, cet objectif a été atteint mais, après plus de 20 ans de libéralisation, on pourrait s'attendre à l'existence d'un véritable marché intérieur de l'énergie qui fonctionne avec fluidité et dans lequel interviendraient des opérateurs disposant chacun des mêmes opportunités[17]. Or, ce n'était pas le cas. Les opérateurs historiques verticalement intégrés ont continué, longtemps après la libéralisation, de bénéficier d'une position forte sur les marchés énergétiques européens. Pour pouvoir y entrer dans le marché, leurs concurrents doivent disposer de capacités techniques et économiques importantes. Ces réquisits constituent des barrières d'entrée pour de nouveaux opérateurs.

253. Telle était la situation des marchés énergétiques grecs électrique et gazier qui, malgré la libéralisation européenne, sont longtemps restés

---

[14] Art. 4 « *Production* » de la directive 96/92/CE s'agissant de l'électricité ; art. 4 « *Production* » de la directive 98/30/CE s'agissant du gaz.

[15] Directive 94/22/CE du Parlement européen et du Conseil du 30 mai 1994 sur les conditions d'octroi et d'exercice des autorisations de prospecter, d'exploiter et d'extraire des hydrocarbures, *JOCE* L 164/3 du 30/06/1994. Cette directive prévoit que les États membres possèdent la souveraineté sur les ressources d'hydrocarbures présentes sur leur territoire et désignent les aires de leur territoire où pourront être exercées des activités de prospection, d'exploration et d'exploitation des hydrocarbures.

[16] Art. 21 « *Ouverture du marché et réciprocité* » de la directive 2003/54/CE ; art. 23 « *Ouverture des marchés et réciprocité* » de la directive 2003/55/CE.

[17] GLACHANT J.-M., PEREZ Y., PIGNON V., SAGUAN M., « Un marché européen de l'électricité ou des marchés dans l'Europe ? Regards croisés : économistes et ingénieur », *in Annales de la régulation*, volume 1, tome 9, Institut André Tunc, Paris, LGDJ, 2006, pg. 477-501, pg. 477.

concentrés, caractérisés *de facto* et *de jure* par des monopoles en faveur des opérateurs historiques. Ainsi le système hellénique connaissait une « *pseudo-libéralisation* »[18]. S'agissant de l'électricité, DEI était dominante tant pour la production que pour la fourniture d'électricité sur le réseau continental tandis que pour les îles non interconnectées, l'entreprise jouissait d'un monopole légal en matière de production et de fourniture. Il en était de même pour le gaz naturel dont l'opérateur historique, DEPA, dominait l'importation de gaz en provenance de pays tiers et détenait l'exclusivité pour la fourniture aux consommateurs, à travers ses filiales.

254. Or, les memoranda d'accord que la Grèce a signés avec la *Troïka* à partir de 2009 ont tendu à renforcer la concurrence sur les segments hors réseaux, imposant parfois des mesures radicales aux opérateurs historiques. Dans les pages qui suivent, on analysera les mesures exigées de la Grèce s'agissant des activités qui interviennent en amont des réseaux **(Chapitre I)**, puis à l'égard de celles qui surviennent en aval **(Chapitre II)**.

---

[18] DELLIS G., « Droit de la régulation, service public et intégration régionale en Grèce », *in* MARCOU G., MODERNE F. (dir.), *Droit de la régulation, service public et intégration régionale. Expériences européennes*, tome 2, Paris, L'Harmattan, 2005, pg. 307-346, pg. 333.

CHAPITRE I.

La consolidation des marchés en amont de(s) réseau(x)

255. Les activités exercées en amont du réseau énergétique incluent la production, l'importation et les marchés de gros d'électricité et de gaz naturel[1]. Les directives de libéralisation ne donnent pas de définition de la production d'électricité ou de gaz. En termes généraux, on peut toutefois considérer que la production se réfère à une « *activité économique socialement organisée consistant en l'obtention de biens et de services destinés à la satisfaction directe ou indirecte des besoins par la transformation de biens intermédiaires en combinant du travail et du capital, et donnant lieu à un revenu en contrepartie* »[2].

256. L'énergie électrique n'est pas disponible en tant que telle dans la nature mais peut être obtenue à partir d'autres formes d'énergie qui se trouvent dans la terre, l'eau ou l'atmosphère[3]. Il existe une « *mosaïque* » de sources de production d'électricité dans les pays européens, dépendant de leurs conditions géologiques, géophysiques, climatiques, politiques et économiques[4].

Précisément, l'électricité peut être produite à partir : a) de sources conventionnelles non renouvelables qui se basent sur des combustibles minéraux tels que le pétrole, le charbon (houille et lignite), le gaz naturel ; b)

---

[1] LEMAIRE C., *Energie et concurrence. Recherches sur les mutations juridiques induites par la libéralisation des secteurs de l'électricité et du gaz naturel*, tome I (thèse sous la direction de Laurence Idot), Aix-en-Provence, Presses Universitaires d'Aix-Marseille-PUAM, 2003, pg. 147.

[2] Voir le terme de « Production », *in* SILEM A., GENTIER A., ALBERTINI J.-M. (dir.), *Lexique d'économie*, Paris, Dalloz, 14e éd., 2016, pg. 686.

[3] CHATELAIN J., *Traité d'électricité, Volume X : Machines électriques, (sous la direction de Jacques Neirynck)*, Lausanne, éd. Presses polytechniques romandes, 2e éd., 1989, pg. 3.

[4] PERCEBOIS J., « Accès régulé à l'électricité nucléaire historique : pourquoi faut-il "distordre" le marché ? », *in* LAPEYRE M. (dir.), *Les nouvelles régulations électriques. Monopole et concurrence*, tome I, Paris, éd. Hermès-Lavoisier, coll. « EGEM –Génie électrique », 2012, pg. 245-268, pg. 246.

de l'énergie nucléaire ; c) de sources d'énergies renouvelables (SER)[5]. Dans ce chapitre, la production d'énergie à partir de sources renouvelables, dont la Grèce dispose en grandes quantités, ne sera pas ici examinée. Cependant, en raison de leur importance compte tenu de la problématique actuelle de la transition énergétique et des effets importants de l'intégration de ces énergies dans la chaîne énergétique, un chapitre spécifique sera consacré à leur analyse.

257. Le gaz naturel, quant à lui, se trouve dans les sous-sols terrestres et marins, parmi d'autres combustibles minéraux, jumelé avec le pétrole et l'eau. Son extraction suit une procédure particulière requérant l'utilisation de derricks de forage ou de plateformes pétrolières sur la mer. L'Union européenne n'est pas autonome s'agissant de la production de gaz naturel ; elle doit en importer essentiellement de Russie, de Norvège et d'Algérie[6].

258. La libéralisation de la production avait pour finalité, s'agissant de l'électricité, de décentraliser la production à travers la multiplication des producteurs et des sources de production disponibles et, s'agissant du gaz, de diversifier les sources d'approvisionnement.

259. Une fois produit ou importé, l'électricité ou le gaz doivent être alloués aux fournisseurs qui souhaitent l'injecter dans le réseau dans le but d'approvisionner les consommateurs. Il s'agit de la phase de négoce durant laquelle se réalisent des échanges d'électricité ou de gaz en gros entre producteurs/importateurs qui souhaitent vendre leur produit (électricité, gaz) et les fournisseurs/négociants qui souhaitent l'acheter[7]. Les négociants achètent l'énergie pour la revendre aux fournisseurs qui, à leur tour, la mettront à disposition des consommateurs à travers le réseau. Les fournisseurs concluent ainsi trois types de contrats : un avec le producteur/importateur pour l'achat en gros d'électricité ou de gaz ; un autre avec le gestionnaire du réseau de transport afin de pouvoir accéder à ce dernier à des fins de fourniture ; un dernier avec les consommateurs ayant pour objet la fourniture de l'énergie à ceux-ci.

260. Les échanges en gros constituent une phase assez technique qui précède et organise l'accès au réseau. Elle permet de déterminer quels opérateurs achèteront en gros, selon quelle procédure et à quel prix ; des

---

5 Reprenant la définition donnée dans la directive 2009/28/CE, l'énergie produite à partir de sources renouvelables est « *une énergie produite à partir de sources non fossiles renouvelables, à savoir : énergie éolienne, solaire, aérothermique, géothermique, marine et hydroélectrique, biomasse, gaz de décharge, gaz des stations d'épuration d'eaux usées et biogaz* ». Source : art. 2 « *Définitions* » de la directive 2009/28/CE du Parlement européen et du Conseil du 23 avril 2009 relative à la promotion de l'utilisation de l'énergie produite à partir de sources renouvelables et modifiant puis abrogeant les directives 2001/77/CE et 2003/30/CE, *JOUE* L 140/16 du 05/06/2009.

6 SABLIERE P., *Droit de l'énergie*, Paris, Dalloz, 2014, pg. 1595.

7 « *Marché de gros de l'électricité* » sur le site du CRE ; disponible sur : http://www.cre.fr/marches/marche-de-gros/marche-de-l-electricite (consulté le 10/08/2022).

éléments déterminants pour accéder au réseau. Le législateur européen, à partir de 2009, a voulu homogénéiser cette phase dans tous les États membres ; un objectif réalisé en 2015 à travers la création d'un « Modèle cible européen » (*European Target Model*) pour l'électricité et un modèle pour le gaz, communs aux États membres.

261. Toutefois, en Grèce, les marchés en amont électriques et gaziers sont restés très concentrés. La libéralisation impulsée par l'Union européenne n'a pas produit les effets escomptés. Ce sont davantage les memoranda d'accord signés par la Grèce avec la *Troika* qui ont renforcé la concurrence sur ce segment. Dans les pages qui suivent, on examinera les particularités du marché de l'électricité grec en amont du réseau ainsi que les mesures qui ont été adoptées pour renforcer la concurrence **(Section I)** ; avant de s'intéresser au marché du gaz naturel en amont du réseau **(Section II)**.

Section I :
La consolidation des marchés en amont du réseau électrique

262. Le marché électrique grec a longtemps été un marché plutôt restreint. Les sources de production d'électricité étaient en principe nationales et les échanges avec les pays voisins de fait limités compte tenu du peu d'interconnexions électriques. Les memoranda d'accord signés par la Grèce ont, dans ce contexte, cherché à fluidifier le marché en introduisant des mesures visant, d'une part, à réorganiser la production d'électricité **(Sous-section I)** et, d'autre part, à européaniser le marché de gros **(Sous-section II)**.

Sous-section I :
La réorganisation de la production d'électricité

263. Sur le réseau continental, le mix énergétique de la Grèce en 2016 était le suivant : 29,07 % lignite, 24,41 % gaz naturel, 19,91 % énergies renouvelables, 17,16 % importations, 9,45 % hydroélectricité[8]. En 2019, la situation était légèrement différente : 28,95 % lignite, 27,46 % gaz naturel, 21,58 % énergies renouvelables, 12,20 % importations, 9,81 % hydroélectricité[9]. On peut relever à partir de ces données que la principale source de production de l'électricité en Grèce est traditionnellement le

---

[8] La production des îles non interconnectées n'est pas incluse. Voir le Rapport du gestionnaire de réseau de transport pour l'électricité (ADMIE) : « *Rapport d'adéquation de capacité pour la période 2017-2027* », Athènes, mai 2017, pg. 1-94, pg. 5.

[9] Voir le Rapport du gestionnaire de réseau de transport pour l'électricité (ADMIE) : « *Rapport d'adéquation de capacité pour la période 2020-2030* », Athènes, décembre 2019, pg. 1-65, pg. 10.

lignite dont la terre grecque est riche[10]. Les gisements de lignite appartiennent à l'État grec et se trouvent essentiellement au nord et au sud du pays. L'électricité est aussi produite par des centrales de gaz naturel et des barrages hydroélectriques qui sont davantage utilisés pour couvrir les besoins en cas de pics de demande[11].

La production à partir des énergies renouvelables a quant à elle augmenté ces dernières années[12] en raison, notamment, de l'objectif de transition énergétique qui avait initialement imposé aux États membres, jusqu'en 2020, la règle de 20 % de la production d'énergie assurée par des énergies renouvelables. Ce taux a été porté d'ici à 2030 à 32 % avec le *Clean Energy Package* adopté en 2019[13], à 40 % avec le *Fit for 55 Package*[14] adopté en juillet 2021 et à 45 % avec le plan *REPowerEU*[15] de la Commission européenne adopté en mai 2022.

L'interconnexion prévue des îles non interconnectées grecques, riches de ces énergies, vise notamment à se rapprocher de ce but. S'agissant des importations, de manière générale, la Grèce importe plus d'électricité qu'elle n'en exporte[16].

---

[10] Le volume de lignite extrait s'élève à 5 milliards de tonnes, dont 3,2 milliards de tonnes propres à l'exploitation énergétique. Ce qui correspond à 450 millions de tonnes de pétrole. Voir FORTSAKIS T., FARANTOURIS N., *Droit de l'énergie*, Athènes, éd. Nomiki Bibliothiki, 2016, pg. 235.

[11] ADMIE, « *Rapport d'adéquation de capacité pour la période 2017-2027* », *op.cit.*, pg. 20.

[12] La part des énergies renouvelables dans le mix énergétique était de 3,87 % en 2008, tandis qu'en 2016 elle était de 17,84 % et en 2019 de 21,58 %. Voir le rapport du gestionnaire ADMIE : « *Rapport d'adéquation de capacité pour la période 2020-2030* », *op.cit.*, pg. 10.

[13] Pt. 6 du Préambule du Règlement (UE) 2018/1999 du Parlement européen et du Conseil du 11 décembre 2018 sur la gouvernance de l'Union de l'énergie et de l'action pour le climat, modifiant les règlements (CE) n° 663/2009 et n° 715/2009 du Parlement européen et du Conseil, les directives 94/22/CE, 98/70/CE, 2009/31/CE, 2009/73/CE, 2010/31/CE, 2012/27/UE et 2013/30/UE du Parlement européen et du Conseil, les directives 2009/119/CE et (UE) 2015/652 du Conseil et abrogeant le règlement (UE) n° 525/2013 du Parlement européen et du Conseil, *JOUE* L 328/1 du 21/12/2018.

[14] Commission Européenne, COM (2021) 550, Bruxelles, le 14 juillet 2021, « *Communication de la Commission au Parlement Européen, au Conseil, au Comité Economique et Social Européen et au Comité des Régions. "Ajustement à l'objectif 55" : atteindre l'objectif climatique de l'UE à l'horizon 2050 sur la voie de neutralité climatique* »; disponible sur : https://eur-lex.europa.eu/legal-content/FR/ALL/?uri=COM%3A2021%3A550%3AFIN (consulté le 10/08/2022).

[15] Commission Européenne, COM (2022) 230 final, Bruxelles, le 18 mai 2022, « *Communication de la Commission au Parlement Européen, au Conseil Européen, au Conseil, au Comité Economique et Social Européen et au Comité des Régions – Plan REPowerEU* » ; disponible sur : https://eur-lex.europa.eu/legal-content/EN/TXT/?uri=COM%3A2022%3A230%3AFIN&qid=1653033742483 (consulté le 10/08/2022).

[16] En 2016, elle a importé 9832,99 GWh et a exporté 1037,43 GWh. Voir « *Rapport d'adéquation de capacité pour la période 2017-2027* », *op.cit.*, pg. 31.

264. Chaque source d'énergie a des coûts de production et une structure de fonctionnement différents. Une centrale de lignite est capitalistiquement intensive, c'est-à-dire que cela prend plus d'années pour amortir les coûts de construction d'une centrale que d'installer des panneaux solaires ou des éoliennes qui, une fois en place, produisent de l'électricité gratuitement. En outre, mettre en fonctionnement une centrale prend plus de temps.

Les schémas suivants figurent la production d'électricité en Grèce, géographiquement décentralisée compte tenu de la diversité des sources énergétiques.

Centrales de lignite et de gaz naturel
Centrales hydroélectriques

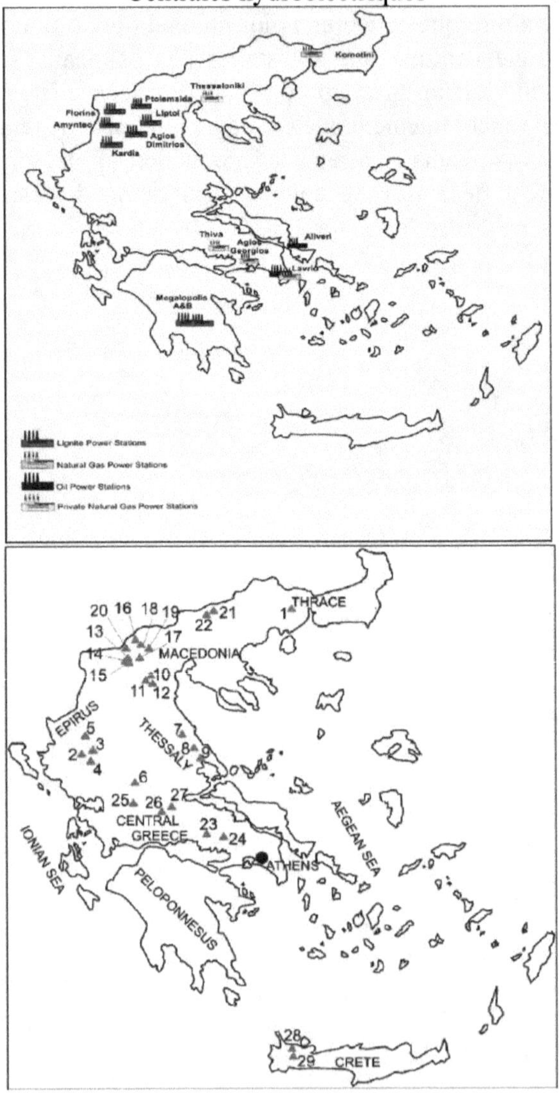

Source :https://www.researchgate.net/publication/244068424_Contribution_of_lignite_in_the _Greek_electricity_generation_Review_and_future_prospects [17]

[17] KALDELLIS J.-K., ZAFIRAKIS D., KONDILI E., « Contribution of lignite in the Greek electricity generation : Review and future prospects », *Fuel* 88, 2009, pg. 475-489, pg. 476; disponible sur: https://www.researchgate.net/publication/244068424_Contribution_of_lignite_in_the_Greek_electricity_generation_Review_and_future_prospects (consulté le 10/08/2022).

265. La quantité d'énergie produite est déterminée par la demande. Comme on l'a déjà relevé, l'électricité ne se stocke pas à l'heure actuelle ; elle est en constant mouvement. Dès lors, afin de préserver la sécurité du réseau et d'éviter les *black-out*, un équilibre permanent entre la production et la consommation est nécessaire. Autrement dit, il convient de résoudre l'équation suivante : combien d'électricité produire pour couvrir la demande de consommation existante ? En effet, on produit puis on consomme, mais c'est la consommation qui détermine le niveau de production. Or, la demande est très variable en fonction de la période (hiver, été ; matin, soir), des habitudes des consommateurs, de la situation économique du pays, etc.[18]. Ainsi, le gestionnaire de réseau de transport réalise des prévisions de demande d'électricité sur la base desquelles sera déterminée la quantité à produire.

266. Le mix énergétique en Grèce est en cours d'évolution. Utilisées depuis plus de vingt ans et requérant d'importantes améliorations afin de respecter les critères environnementaux[19], les centrales de lignite se trouvent désormais en fin de vie. La production d'énergie à partir du lignite diminue chaque année[20] tandis que la part des énergies renouvelables augmente conformément aux exigences de la transition énergétique. Toutefois, la production d'énergies renouvelables qui va enrichir de plus en plus le mix énergétique est intermittente, créant des risques de déséquilibre. Le gaz peut quant à lui toujours offrir une option sûre, grâce à la possibilité de le stocker, pour couvrir les pics de demande et ainsi éviter les *black-out*.

267. Le marché de la production d'électricité en Grèce est longtemps resté très concentré en raison de la position hyper-dominante de l'opérateur historique électrique, DEI. En 2016, selon le rapport du gestionnaire du réseau de transport d'électricité (ADMIE)[21], DEI était le producteur principal d'électricité en Grèce. Seule productrice d'énergie à partir des centrales de lignite parce qu'elle bénéficiait d'un accès privilégié quant à la production, l'exploration et l'exploitation des gisements de lignite, l'entreprise assurait aussi une grande part de la production d'électricité à partir des centrales de gaz. Elle était, en outre, la seule à produire de l'électricité à partir de de barrages hydroélectriques et une productrice importante d'énergies renouvelables. Enfin, DEI assurait la production exclusive d'électricité pour les îles non interconnectées (sauf en Crète). Pendant longtemps, les consommateurs ne connaissaient pas d'autre producteur (ou fournisseur)

---

[18] ADMIE, « *Programme décennal du développement du réseau de transport 2015-2024* », projet février 2014, pg. 1-164, pg. 47.

[19] Voir le rapport d'ADMIE : « *Rapport d'adéquation de capacité pour la période 2017-2027* », *op.cit.*, pg. 17, 20.

[20] En 2004, la production à partir du lignite était de 62,82 % et en 2016 de 29,07 %. Voir « *Rapport d'adéquation de capacité pour la période 2017-2027* », *ibidem*, pg. 6.

[21] *Ibid.*

d'électricité (!). Puis, cette position prépondérante de DEI est devenue une cible à abattre, considérée comme l'obstacle le plus important à la libéralisation du marché d'électricité en Grèce.

268. Les memoranda d'accord ont alors cherché à ouvrir à la concurrence le segment de la production d'électricité afin de permettre à plusieurs producteurs d'y participer. Cette évolution s'est réalisée à travers l'adoption de diverses mesures visant à consolider la concurrence **(I)**.

Toutefois, on peut se demander si le renforcement de la concurrence en matière de production d'électricité permettra que la demande en électricité du pays soit aussitôt effectivement couverte. Une question fondamentale pour l'électricité est l'adéquation de la production à la consommation ; une question liée à la sécurité de l'approvisionnement. En d'autres termes, on peut se demander si la production libéralisée sera suffisante pour répondre tout le temps à la demande, même en période de pics de consommation. Par ailleurs, dans le cas où la mise en concurrence de plusieurs producteurs de petite taille n'assurerait pas une production suffisante pour couvrir la demande, quelles seraient les solutions pour la garantir ? **(II)**.

I. Les moyens de renforcer la concurrence

269. Le renforcement de la concurrence en amont du réseau électrique a été envisagé à travers des mesures drastiques. Les memoranda d'accord se sont alignés avec la jurisprudence de la Cour de Justice de l'Union européenne, laquelle a sanctionné la Grèce et l'entreprise DEI pour violation des règles posées par les directives de libéralisation quant à la production d'électricité **(A)**. À la suite de cette jurisprudence, la *Troïka* a voulu une limitation du pouvoir de l'opérateur historique électrique sur le marché, ce qui a été fait avec la loi *NOME* d'inspiration française **(B)**.

A. La sanction de l'accès privilégié de l'opérateur historique aux gisements de lignite devant les juridictions européennes

270. L'opérateur historique d'électricité, DEI, est resté le producteur et fournisseur principal d'électricité sur le réseau continental grec, ce même après les mouvements de libéralisation de la production et de la fourniture. DEI avait un accès privilégié aux gisements de lignite, un privilège qui a néanmoins été mis en cause devant les institutions européennes en 2008[22]. Les décisions et arrêts rendus marquèrent le début de l'affaiblissement de l'opérateur historique électrique grec. La question principale qui s'est alors posée était celle de savoir dans quelle mesure des droits exclusifs ou

[22] Pour une analyse de l'affaire DEI devant les juridictions européennes, voir : FORTSAKIS T., FARANTOURIS N., *Droit de l'énergie*, *op.cit.*, pg. 239.

spéciaux[23] pouvaient être attribués à une entreprise publique disposant d'une position dominante dans un secteur libéralisé.

271. La Commission européenne a considéré, dans une décision en date du 5 mars 2008, que la législation grecque[24], en accordant ou maintenant des droits quasi-monopolistiques d'exploration (94 %) et d'exploitation (91 %) de lignite en faveur de l'opérateur historique, avait créé, au regard de l'article 106, par. 1 TFUE[25] (ex-article 86 TCE), une inégalité des chances entre les opérateurs économiques en ce qui concerne l'accès aux combustibles primaires les moins chers dont dispose la Grèce, notamment le lignite, à des fins de production d'électricité[26]. De telles mesures étatiques, a précisé la Commission, ont permis à DEI de maintenir ou d'étendre sa position dominante existante, au sens de l'article 102 TFUE[27] (ex-article 82 TCE), du marché de détail (fourniture) vers le marché de gros, en excluant toute nouvelle entrée sur le marché ou en y faisant obstacle[28]. Cette

---

[23] Les droits exclusifs ne coïncident pas avec les droits spéciaux. Les droits exclusifs sont « *des droits accordés par un État membre à une entreprise au moyen de tout instrument législatif, réglementaire et administratif, qui lui réservent le droit de fournir un service ou d'exercer une activité sur un territoire donné* ». Les droits spéciaux désignent « *des droits accordés par un État membre à un nombre limité d'entreprises au moyen de tout instrument législatif, réglementaire et administratif qui, sur un territoire donné : i) limite à deux ou plus le nombre de ces entreprises, autorisées à fournir un service ou à exercer une activité, selon des critères qui ne sont pas objectifs, proportionnels et non discriminatoires ; ou ii) désigne, selon de tels critères, plusieurs entreprises concurrentes, comme autorisées à fournir un service ou exercer une activité ; ou iii) confère à une ou plusieurs entreprises, selon de tels critères des avantages légaux ou réglementaires qui affectent substantiellement la capacité de toute autre entreprise de fournir le même service ou de se livrer à la même activité sur le même territoire dans des conditions substantiellement équivalentes* ». Voir l'art. 2 de la directive 2006/111/CE de la Commission du 16 novembre 2006 relative à la transparence des relations financières entre les États membres et les entreprises publiques ainsi qu'à la transparence financière dans certaines entreprises, *JOUE* L 318/17 du 17/11/2006.

[24] Décret législatif n° 4029/1959, « *A propos de l'exploitation minière inutilisée, modifiant et complétant les dispositions du Code minier et les services des mines* », *JO* A 250 du 13/11/1959 et la loi n° 134/1975 « *Fusion dans l'entreprise Public Power Corporation de la société minière et industrielle Ptolémée de lignite* », *JO* A 180 du 29/08/1975.

[25] Selon l'art. 106, par. 1 TFUE : « *Les États membres, en ce qui concerne les entreprises publiques et les entreprises auxquelles ils accordent des droits spéciaux ou exclusifs, n'édictent ni ne maintiennent aucune mesure contraire aux règles des traites, notamment à celles prévues aux articles 18 et 101 à 109 inclus* ».

[26] Pt. 88, pt. 132,2, pt. 181, 182, pt. 188, pt. 190, pt. 238 de la décision de la Commission du 5 mars 2008 concernant l'octroi ou le maintien par la République hellénique de droits en faveur de Public Power Corporation S.A. pour l'extraction de lignite, pg. 1-88 ; disponible sur : https://ec.europa.eu/competition/antitrust/cases/dec_docs/38700/38700_518_3.pdf (consulté le 10/08/2022). *Public Power Corporation* (PPC) est une autre dénomination en anglais de DEI.

[27] Selon l'art. 102, par. 1 TFUE : « *Est incompatible avec le marché intérieur et interdit, dans la mesure où le commerce entre États membres est susceptible d'en être affecté, le fait pour une ou plusieurs entreprises d'exploiter de façon abusive une position dominante sur le marché intérieur ou dans une partie substantielle de celui-ci* ».

[28] Pt. 88, pt. 132,2, pt. 181, 182, pt. 188, pt. 190, pt. 238 de la décision de la Commission du 5 mars 2008, *précit.*

extension de position dominante a pu se faire au moyen des offres que DEI pouvait présenter sur le marché journalier obligatoire (marché de gros)[29]. Les gisements publics dont les droits ont été octroyés à des entités autres que DEI, les gisements privés ou les importations ne représentaient pas des sources alternatives concurrentielles importantes, ce qui a conduit la Commission à estimer que la législation grecque constituait une violation des articles 106, par. 1 et 102, par. 1 TFUE sans même examiner s'il y avait eu un abus réel de la part de DEI[30]. Par une deuxième décision en date du 4 août de 2009, la Commission européenne a institué des mesures spécifiques afin de remédier aux effets anticoncurrentiels des infractions constatées dans la décision du 5 mars 2008, en particulier afin de garantir aux concurrents de DEI l'accès à la production de lignite[31].

272. La décision du 5 mars 2008 de la Commission a cependant été annulée par l'arrêt T-169/08 du 20 septembre 2012 du Tribunal de Première Instance de l'Union européenne[32]. Ce dernier s'est focalisé sur la question de savoir si la Commission européenne devait identifier un comportement abusif de position dominante de la part de l'entreprise jouissant de droits exclusifs (DEI), abus réel ou potentiel, ou s'il lui suffisait d'établir que les mesures étatiques en cause faussaient la concurrence créant une inégalité des chances entre les opérateurs économiques sans qu'il soit besoin d'établir un abus[33].

Le Tribunal a tranché en considérant que l'existence d'un droit exclusif ou spécial créant une inégalité des chances ne suffisait pas pour déterminer qu'il y avait eu violation des articles 102 et 106 TFUE[34], rappelant ici une

---

[29] Comme on le verra dans les pages qui suivent, le marché de gros désigne l'achat et la vente d'électricité avant injection de l'électricité dans le réseau. Ces échanges en gros se réalisaient durant la période de la décision de la Commission un jour avant l'injection dans le réseau (marché journalier obligatoire). Cependant, on verra, que le marché de gros a été réorganisé en Grèce à partir de 2016 afin de se conformer à la législation européenne.

[30] Pt. 132,3, pt. 183 de la décision de la Commission du 5 mars 2008, *précit.*

[31] Voir la décision de la Commission du 4 août 2009 instituant des mesures spécifiques pour remédier aux effets anticoncurrentiels de l'infraction recensés dans la décision de la Commission du 5 mars 2008, concernant l'octroi ou le maintien par la République hellénique de droits en faveur de Public Power Corporation S.A. pour l'extraction du lignite, pg. 1-19 ; disponible sur : https://ec.europa.eu/competition/antitrust/cases/dec_docs/38700/38700_522_3.pdf (consulté le 10/08/2022).

[32] TPI, T-169/08, *Dimosia Epicheirisi Ilektrismou AE (DEI) c/ Commission européenne,* (6ème chambre), 20/09/2012. La décision de la Commission du 4 août 2009 a également été annulée par le Tribunal de Premier Instance. Voir : TPI, T-421/09, *Dimosia Epicheirisi Ilektrismou AE (DEI) c/ Commission européenne,* (6ème chambre), 20/09/2012.

[33] Pt. 85 de l'arrêt du TPI, T-169/08, *précit.*

[34] « *Le simple fait de créer ou de renforcer une position dominante, par une mesure étatique au sens de l'article 86, paragraphe 1, CE, n'est pas en tant que tel incompatible avec l'article 82 CE, à vérifier dans chaque cas d'espèce si l'entreprise en cause pouvait être amenée, par l'exercice simple du droit exclusif ou spécial conféré par la mesure étatique, à exploiter sa position dominante de façon abusive* ». Selon le Tribunal, « *l'abus de position dominante de*

jurisprudence constante[35]. Les juges européens ont donc répondu qu'il était nécessaire d'identifier un abus, même potentiel, de la part de l'entreprise en position favorable avant de constater une violation des articles 102 et 106 du TFUE[36].

Concernant l'extension de la position dominante de DEI du marché de détail vers le marché de gros d'électricité, le Tribunal a suivi une jurisprudence bien établie[37] selon laquelle l'extension de la position dominante vers un marché voisin mais distinct réalisée au moyen d'une mesure étatique sans justification objective est prohibée par l'article 106 TFUE, en combinaison avec l'article 102 TFUE[38]. Toutefois, si l'extension de la position dominante se base sur les mérites de l'entreprise, elle est considérée comme légitime.

Le Tribunal a finalement annulé la décision du 5 mars 2008 de la Commission européenne en relevant qu'il n'avait pas identifié d'abus, réel ou potentiel, de position dominante de DEI que la mesure étatique en question lui avait octroyée ou pouvait lui octroyer[39]. La Commission a cependant exercé un recours en annulation contre la décision du Tribunal devant la Cour de justice de l'Union européenne.

273. Dans son arrêt C-553/2012 P rendu le 17 juillet 2014, la Cour de Justice de l'Union européenne a suivi les conclusions de l'Avocat General

---

l'entreprise jouissant d'un droit exclusif ou spécial peut soit résulter de la possibilité d'exercer ce droit de manière abusive, soit être une conséquence directe de ce droit. Toutefois il ne ressort pas de cette jurisprudence que le seul fait que l'entreprise en cause se trouve dans une situation avantageuse par rapport à ses concurrentes, en raison d'une mesure étatique, constitue en soi un abus de position dominante ». Pt. 95, 103 de l'arrêt du TPI, T-169/08, *précit.*

[35] Arrêts : CJCE, C-41/90, *Höfner et Elser c/ Macroton*, (question préjudicielle) (6ème chambre), 23/04/1991 ; CJCE, C-179/90, *Porto di Genova c/ Siderguca Gabrielli SpA*, 10/12/1991 ; CJCE, C-55/96, *Job Centre,* (sixième chambre), 11/12/1997 ; CJCE, C-163/96, *Raso,* (cinquième chambre), 12/02/1998 ; CJCE, C-49/07, *MOTOE c/ Elliniko Dimosio,* (grande chambre), 01/07/2008.

[36] Le Tribunal a, en outre, souligné que le fait que l'État grec n'ait pas voulu exploiter 4 500 millions de tonnes de lignite présentes sous la terre grecque, mais qu'il ait octroyé des droits d'exploration et d'exploitation pour 2 200 millions de tonnes à DEI dépendait de la décision propre de l'État grec et non de l'entreprise dominante. Pt. 87, 92, 93, 105 de l'arrêt du TPI, T-169/08, *précit.*

Voir sur cet arrêt : ROBIN C., « Abus de position dominante sur le marché de l'électricité : l'application combinée des articles 82 et 86 du traité CE oblige la Commission à rapporter la preuve d'un abus », *Revue Lamy de la concurrence : droit-économie-régulation*, n° 34, janvier-mars 2013, pg. 31.

[37] Arrêts : CJCE, C-202/88, *République française c/ Commission des Communautés européennes*, 19/03/1991 ; CJCE, C-18/88, *Régie de télégraphes et des téléphones (RTT) c/ GB-Inno-BM S.A.*, (cinquième chambre), 13/12/1991 ; CJCE, C-462/99, *Connect Austria c/ Telekom-Control-Kommission*, (cinquième chambre), 22/07/2003.

[38] Pt. 109 de la décision TPI, T-169/08, *précit.*

[39] Pt. 118 de la décision TPI, T-169/08, *précit.*

Wathelet[40] et repris la position de la Commission européenne en annulant l'arrêt T-169/08 du Tribunal[41]. Les juges ont ainsi souligné qu'il pouvait y avoir une violation des dispositions de l'article 102 TFUE, en combinaison avec l'article 106 TFUE, indépendamment de l'existence d'un abus réel de la part de l'entreprise dominante[42].

274. La Cour de Justice a renvoyé l'affaire au Tribunal qui, en décembre 2016, a repris la position de cette dernière en condamnant DEI et l'État grec pour violation des articles 102 et 106 TFUE[43]. L'État grec a donc dû prendre des mesures afin de se conformer aux décisions de la juridiction européenne.

275. À notre avis, la Cour de justice (à l'instar de la Commission européenne) n'a pas appliqué de manière correcte et cohérente sa jurisprudence antérieure relative à la question posée. La position du Tribunal a notre préférence. En effet, la question de l'interdiction de l'existence ou de l'exercice de droits exclusifs à une entreprise ayant une position dominante sur le marché a depuis longtemps été posée à la Cour de justice qui y a répondu à plusieurs reprises[44].

276. À l'occasion de l'arrêt *Sacchi* rendu en 1974, la Cour de Justice a pour la première fois considéré que l'existence de droits exclusifs au bénéfice d'une entreprise ayant une position dominante n'était pas en tant que telle incompatible avec les articles 82 et 86 TCE (aujourd'hui articles 102 et 106 TFUE), mais qu'il était nécessaire de constater un exercice abusif de ces droits de la part de l'entreprise[45].

---

[40] Conclusions de l'Avocat General M. Melchior WATHELET présentées le 5 décembre 2013, affaire C-513/12 P, *Commission européenne c/ Dimosia Epicheirisi Ilektrismou AE (DEI)*, pg. 1-18.

[41] Pt. 42, 44, 46, 57 de l'arrêt de la CJUE, C-553/12 P, *Commission européenne c/ Dimosia Epicheirisi Ilektrismou AE (DEI)*, (3e chambre), 17/07/2014.

[42] Pt. 46 de l'arrêt de la CJUE, C-553/12, *précit.* Voir aussi pt. 35, 40, 61 des conclusions de l'Avocat General M. Melchior WATHELET présentées le 5 décembre 2013, affaire C-513/12 P, *Commission européenne c/ Dimosia Epicheirisi Ilektrismou AE (DEI)*, pg. 1-18. Voir aussi : HANCHER L. « Article 106 TFUE – Special and exclusive rights » *in* HANCHER L., DE HAUTECLOCQUE A., JONES C., KJØLBYE L., LANDES V., SALERNO F., SANDBERG L., *EU Energy Law. Volume II – EU Competition Law and Energy Markets*, Deventer (Netherlands), ed. Claeys & Casteels, 5th edition, 2019, pg. 907-945, pg. 918.

[43] TPI-169/08 *RENV, DEI c/Commission européenne*, (1ère chambre), 15/12/2016 ; TPI-421/09 RENV, *DEI c/Commission européenne*, (1ère chambre), 15/12/2016.

[44] Les deux théories développées sur cette question sont la « théorie des effets » (*effects doctrine*) et la « théorie du comportement » (*behaviour doctrine*). La théorie dite des effets souligne que l'existence des effets anticoncurrentiels d'une mesure étatique, sont similaires aux effets de l'abus de position dominante d'une entreprise, sans qu'un comportement abusif soit nécessaire. Au contraire, la théorie du comportement insiste sur le comportement qu'une mesure induit pour une entreprise. Voir: MANARIDOU E., « The Greek Lignite case: a (questionable) victory of the 'effects theory' », *E.L.Rev.*, 2015, pg. 424-438, pg. 425.

[45] CJCE, C-155/73, *Sacchi*, (question préjudicielle), 30/04/1974, (pt. 14). Les questions posées devant la Cour concernaient la compatibilité des dispositions de la législation italienne réservant à une entreprise publique l'exclusivité de l'exploitation de la télévision par câble, pour autant que cette exclusivité s'étende à la publicité commerciale.

277. Puis, dans un souci de protection du marché commun à l'époque (marché intérieur aujourd'hui), la Cour est devenue plus stricte et a accepté des exceptions à sa position initiale en interdisant progressivement l'existence même de droits exclusifs, sous certaines conditions[46].

Ainsi, dans l'arrêt *Manghera* de 1976, le juge européen a considéré que l'existence même de droits exclusifs au bénéfice d'une entreprise dominante était contraire aux articles 82 et 86 TCE (articles 102 et 106 TFUE)[47]. Dans l'arrêt *Höfner* de 1991, la Cour a ensuite spécifié les deux cas dans lesquels l'existence de droits exclusifs ou spéciaux conduisait *nécessairement* à un abus de la part de l'entreprise qui en bénéficie, en violation des articles 82 et 86 TCE (articles 102 et 106 TFUE)[48]. Ces deux cas sont, d'une part, la limitation de la demande des consommateurs et, d'autre part, l'existence d'un conflit d'intérêts. Dans ces situations, la Cour a jugé qu'il y avait un abus automatique, autrement dit une présomption d'abus de la part de l'entreprise, provoquée par la mesure étatique qui lui a octroyé des droits exclusifs ou spéciaux. Dans ces affaires, la Cour a donc considéré qu'il existait un lien suffisant entre l'existence de la mesure qui octroie des droits exclusifs (ou spéciaux) à une entreprise dominante et le comportement potentiellement abusif de celle-ci[49].

278. Dans sa jurisprudence relative à la limitation de la demande (arrêts *Höfner*, *République française c/ Commission*, *Job Centre*, *Connect Austria*)[50], la Cour a considéré qu'il y a abus automatique à cause de

---

[46] KOVAR R., « La "peau de chagrin", ou comment le droit communautaire opère la réduction des monopoles publics », *Europe*, juillet 1992, pg. 1-4, pg. 2 ; BUENDIA SIERRA J.-L., *Exclusive rights and state monopolies under EC Law- Article 86 (formerly article 90) of the EC Treaty*, United Kingdom, Oxford University Press, 1999, pg. 158.

[47] Pt. 10, 12 de l'arrêt de la CJCE, C-59/75, *Manghera*, (question préjudicielle), 03/02/1976. La Cour a dans cette affaire prohibé l'existence de droits exclusifs d'importation et de commercialisation de tabacs en se basant sur l'article 37, par. 1 du traité CE (art. 28, par. 1 TFUE), qui prévoit l'aménagement de monopoles nationaux dans le but de libre circulation des marchandises.

[48] CJUE, C-41/90, *Höfner et Elser c/ Macrotron*, 23/04/1991.

[49] MANARIDOU E., « The Greek Lignite case: a (questionable) victory of the 'effects theory' », *op.cit.*, pg. 427.

[50] Dans l'arrêt *Höfner*, la CJCE a noté que l'octroi d'un droit exclusif pour la recherche des dirigeants d'entreprise à une entreprise dominante (Office fédéral de l'emploi) était contraire aux articles 86 et 90 CE (aujourd'hui art. 102 et 106 TFUE), dans la mesure où cette entreprise n'était pas en mesure de satisfaire la demande que présente le marché et que des sociétés privées concurrentes ne pouvaient pas offrir ce service en raison du monopole (Pt. 29, 30 de l'arrêt CJCE, C-41/90, *Höfner et Elser c/ Macrotron*, 23/04/1991).

Dans l'arrêt *République française c/ Commission*, la Cour a considéré que l'existence de droits exclusifs d'importation et de commercialisation dans le secteur des terminaux, caractérisé par une diversité et une complexité, privait les concurrents de la possibilité d'offrir leurs services et, par ailleurs, que l'entreprise bénéficiaire n'était pas en mesure de satisfaire toute la gamme des modèles sur le marché correspondant aux besoins des consommateurs (Pt. 35, 36 de l'arrêt CJCE, C-202/88, *République française c/ Commission*, 19/03/1991).

l'existence de droits exclusifs lorsqu'une mesure étatique confère des droits exclusifs à une entreprise dominante laquelle n'est pas en mesure de satisfaire toute la gamme de demandes des consommateurs[51].

279. S'agissant de sa jurisprudence en matière de conflit d'intérêts (arrêts *ERT*, *Inno*, *RASO*)[52], on peut relever que la Cour a souligné que la mesure étatique octroyant un droit exclusif à une entreprise dominante consistait à lui conférer des pouvoirs sur d'autres entreprises concurrentes ayant des conséquences négatives sur la possibilité que ces dernières entrent sur le marché, tout en pouvant leur faire concurrence dans le même temps.

Dans ces deux cas (limitation de la demande, conflits d'intérêts), le juge européen a donc présumé que le monopole octroyé conduisait

---

Dans l'arrêt *Job Centre*, la Cour a considéré que le marché de médiation et d'interposition entre demandes et offres d'emploi était assez diversifié et que l'octroi de droits exclusifs à des bureaux publics qui n'étaient pas en mesure de satisfaire une partie significative de toutes les demandes était contraire à l'article 90 CE (art. 106 TFUE), en combinaison avec son article 86 (art. 102 TFUE) (Pt. 27, 32 de l'arrêt CJCE, C-55/96, *Job Centre coop. Arl*, (question préjudicielle), 11/12/1997).

Enfin dans l'arrêt *Connect Austria*, la Cour a considéré que la loi avantageant une entreprise publique en l'exemptant de payer des frais pour entrer sur le marché des services de télécommunications mobiles, tandis que les concurrents devaient payer de tels frais, constituait une violation des articles 86 et 82 CE (aujourd'hui art. 102 et 106 TFUE). La limitation de la demande, dans ce cas, consistait en ce que seule l'entreprise publique pouvait offrir des services de télécommunications mobiles, même à des tarifs réduits, et mener des campagnes de publicité intensives en comparaison avec les concurrents, mais n'était pas en position de couvrir toute la gamme de la demande (Pt. 67 de l'arrêt CJCE, C-462/99, *Connect Austria Gesellschaft fur Telekommunikation GmbH v. Telekom-Control-Kommission*, (question préjudicielle), 22/05/2003).

[51] Parmi les pratiques abusives qui sont énumérées de manière indicative à l'art. 102 TFUE, figure la limitation de la production, des débouchés, du développement technique au préjudice des consommateurs.

[52] Dans l'arrêt *ERT* la Cour de Justice a considéré que l'art. 90 CE (art. 106 TFUE) s'opposait à l'octroi à une entreprise publique d'un droit exclusif de retransmission d'émissions de télévision et d'un droit exclusif de diffusion d'émissions, dans la mesure où ces droits étaient susceptibles de créer une situation dans laquelle cette entreprise pouvait adopter une politique d'émission discriminatoire en faveur de ses propres programmes (Pt. 22 de l'arrêt CJCE, C-260/89, *ERT (Elliniki Radiophonia Tileorasi)*, (question préjudicielle), 18/06/1991).

Dans l'arrêt *Inno*, la Cour a considéré que l'octroi à une entreprise exploitant le réseau de télécommunications du pouvoir d'édicter les normes que les appareils téléphoniques devaient remplir pour pouvoir être raccordés au réseau et de vérifier le respect de telles normes par ses concurrents, et en même temps les concurrencer, était contraire à l'art. 90, en combinaison avec l'art. 86 CE (aujourd'hui 106 et 102 TFUE) (Pt. 23, 24 de l'arrêt CJCE, C-18/88, *RTT et GM-Inno-BM SA*, (question préjudicielle), 13/12/1991).

Dans l'arrêt *RASO*, la Cour a considéré que l'octroi à l'ancienne compagnie portuaire du droit exclusif de fournir de la main-d'œuvre temporaire aux concessionnaires de terminaux et autres entreprises autorisées à opérer dans le port, mais en même temps permettre à l'ancienne compagnie portuaire de les concurrencer, représentait un conflit d'intérêts. L'ancienne compagnie a été amenée à abuser du monopole en imposant à ses concurrents, sur le marché des opérations portuaires, des prix excessifs pour la fourniture de main-d'œuvre (Pt. 28, 29, 30 de l'arrêt CJCE, C-163/96, *RASO*, (question préjudicielle), 12/02/1998).

nécessairement l'entreprise à abuser de sa position dominante au sens de l'article 102 TFUE, en combinaison avec l'article 106 TFUE[53]. La seule existence de droits exclusifs suffit pour considérer la violation des articles précités.

280. Dans l'affaire de la *DEI*, la Cour de Justice (à l'instar de la Commission) a considéré que l'on se trouvait dans le champ d'application des exceptions prévues à la jurisprudence *Höfner* et que, par conséquent, le seule existence de droits quasi-monopolistiques d'exploration et d'exploitation de lignite conférés à DEI l'avait *nécessairement* conduit à commettre un abus lui permettant de renforcer sa position dominante en créant une situation d'inégalité des chances entre les opérateurs économiques. L'existence seule, et non l'exercice de tels droits, devrait donc, selon la Cour, être considéré comme contraire aux articles 102 et 106, par. 1 TFUE.

281. On considère cependant que cette position de la Cour ne peut être admise. L'arrêt du Tribunal, qui reprend la règle posée dans l'arrêt *Sacchi* selon laquelle l'existence de droits exclusifs ne suffit pas à constater la violation des articles 102 TFUE et 106, par. 1 TFUE, a davantage notre faveur. Aucune des deux exceptions de l'arrêt *Höfner* ne se trouve applicable dans ce cas pour pouvoir interdire l'existence seule de droits exclusifs ou spéciaux. Premièrement, il n'y avait pas de limitation de la demande (1re exception) sachant que la DEI était en mesure de couvrir toute la demande du marché grec d'électricité. En outre, les concurrents de DEI ne disposaient pas des capacités financières et techniques suffisantes pour la concurrencer efficacement. Deuxièmement, il n'y avait pas, non plus, de situation de conflits d'intérêts (2nd exception), la législation grecque n'ayant conféré à DEI aucun pouvoir sur ses concurrents comme, par exemple, celui de décider en toute discrétion des autorisations de production ou de fourniture d'électricité.

282. Le simple constat que la mesure étatique a créé une inégalité des chances ne devrait pas dispenser la Commission de caractériser le type d'abus, réel ou potentiel, commis par l'entreprise[54]. Or, le fait d'utiliser la

---

[53] BLAISE J.B., IDOT L., « Concurrence », *RTDE*, n° 31, oct.-déc. 1995, pg. 859-907, pg. 869 ; IDOT L., « Abus de position dominante et octroi des droits exclusifs », *Europe*, novembre 2012, pg. 35-36, pg. 35.

[54] Voir notamment : MIKROULEA A., « Concurrence entreprenante entre entreprises publiques et privées (Quand l'État empêche la concurrence) » (« Επιχειρηματικός ανταγωνισμός μεταξύ δημοσίων και ιδιωτικών επιχειρήσεων (Όταν το κράτος βλάπτει τον ανταγωνισμό) »), *E&D*, n° 22, 2015, pg. 28-55, pg. 44 ; DECOCQ G., BOSCO D., « Abus de position dominante », *Contrats-Concurrence-Consommateur*, nov. 2012, pg. 22-23, pg. 23. Pour une position opposée (en faveur de la décision de la Cour) : KARAYANNIS V., « L'inégalité des chances à la concurrence comme un cas d'"abus automatique" (Réflexions à l'occasion de l'arrêt CJUE, C-553/12 P, Commission contre DEI) » (« Η ανισότητα ευκαιριών στον ανταγωνισμό ως περίπτωση « αυτοματοποιημένης κατάχρησης » (σκέψεις με αφορμή την ΔΕΕ, C-553/12 P, επιτροπή κατά ΔΕΗ) »), *E&D*, n° 24, 2016, pg. 50-55, pg. 55.

notion vague d'inégalité des chances à l'égard de structures de marché, sans la spécifier, peut créer une insécurité juridique[55]. Le Tribunal a voulu poser des limites à la Commission en exigeant que dans les cas où l'existence d'un droit exclusif conduit *nécessairement* à considérer un abus, la démonstration d'un comportement abusif de la part de l'entreprise soit requise[56].

283. De plus, la démonstration d'un abus de la part de l'entreprise est une condition de l'application de l'article 102 TFUE qui prévoit effectivement que la position dominante et le pouvoir sur le marché ne sont pas interdits « *per se* »[57] ; seul l'est un comportement abusif et autonome de la part de l'entreprise en question. La position dominante est déterminée en considérant plusieurs critères : les parts de marché d'une entreprise, les parts de marché des concurrents, les obstacles (réels ou légaux) pour entrer sur le marché[58]. Dans l'arrêt de principe *Hoffman La Roche* rendu en 1974, la Cour de Justice de l'Union européenne avait dit pour droit que c'est l'abus qui est interdit, non la position dominante[59].

284. Le fait que la Cour, dans l'arrêt précité relatif à la DEI, ait accepté une présomption d'abus, comme dans l'arrêt *Höfner*, dès lors qu'il existe des droits exclusifs inverse les règles de preuve en ce qu'elle présume l'exception de l'article 102 TFUE (l'abus n'est pas la règle). Celui qui invoque l'exception doit en principe la prouver, dans ce cas la Commission.

De plus, cette position considérant un abus « automatique » pourrait être contraire à la Convention européenne des droits de l'homme et à la Charte des droits fondamentaux, notamment aux principes de propriété et de proportionnalité[60] protégés en tant que principes généraux du droit européen.

285. De manière générale, l'exercice abusif d'une entreprise de sa position dominante peut se manifester par des prix excessifs ou discriminatoires, des pratiques de vente liée (*tying*), une exclusivité d'approvisionnement, ou encore un refus de communiquer des informations

---

[55] GRAHAM C., « Abuse of dominant position in the context of exclusive rights granted by authorities », *Journal of European Competition Law & Practice*, 2013, vol. 4, n° 2 pg. 144-145, pg. 145; KOMNINOS A., « Ménage à trois (part III ; Makis Komninos) : T-169/08 DEI v Commission », Chillin'Competition (20/11/2012) ; disponible sur : http://chillingcompetition.com/2012/11/26/menage-a-trois-part-iii-makis-komninos-case-t-16908-ppc-v-commission/?relatedposts_exclude=5519 (consulté le 10/08/2022).

[56] ANESTIS P., VALLINDAS D., « The Greek lignite case », *Competition Law Insight,* 2012, vol. 11, issue 11, pg. 11-12, pg. 12.

[57] CRAIG P., DE BURCA G., *EU Law. Text, Cases, and materials*, United Kingdom, Oxford University Press, 6e éd., 2015, pg. 1055 ; MIKROULEA A., « Concurrence entreprenante entre entreprises publiques et privées (Quand l'État empêche la concurrence) », *op.cit.*, pg. 44.

[58] CRAIG P., DE BURCA G., *ibidem*, pg. 1062.

[59] CJCE, aff. 85/76, *Hoffmann-La Roche &Co c/ Commission européenne*, 13/02/1979.

[60] Art. 1 « *Protection de la propriété* » du Protocole additionnel à la Convention de sauvegarde des droits de l'homme et des libertés fondamentales ; art. 17 « *Droit de propriété* », art. 52 « *Portée et interprétation des droits et des principes* » de la Charte des Droits Fondamentaux de l'Union européenne.

couvertes par un droit d'auteur, etc.[61]. Cependant, la DEI n'a adopté aucune de ces pratiques[62]. Or, pour déterminer l'existence d'un abus et engager la responsabilité d'une entreprise selon l'article 102 TFUE, il est nécessaire de constater un comportement propre et autonome de celle-ci qui ne lui a donc pas été imposé par des mesures étatiques[63].

286. En tout état de cause, la responsabilité étatique éventuelle ne présuppose pas la responsabilité de l'entreprise dominante. Le manquement d'un État membre aux obligations du Traité peut engager la responsabilité étatique sur la base des articles 258 et 259 TFUE[64].

En principe, l'octroi de droits exclusifs ne doit pas avoir lieu sur un marché libéralisé, sauf s'il peut être justifié[65]. Dans ce cas, il y a violation de l'article 106 TFUE ainsi que du principe de coopération loyale prévu à l'article 4 TFUE[66]. Dès lors, dans ce cas d'espèce, selon nous, c'est plutôt la responsabilité de l'État grec qui devrait être engagée étant donné qu'il maintient des droits monopolistiques dans un marché libéralisé et non celle de l'entreprise DEI.

287. La position de la Cour de Justice de l'Union européenne dans cette affaire peut constituer une menace pour l'opérateur historique DEI, son activité sur le marché de gros comme sur le marché de détail étant considérée comme un comportement abusif. La Cour a ainsi posé les premières pierres pour des mesures drastiques à l'encontre de l'opérateur historique visant la diminution de son pouvoir sur le marché. Cette ligne

---

[61] Pt. 19 de la Communication de la Commission européenne, « Orientation sur les priorités retenues par la Commission pour l'application de l'article 82 du traité CE aux pratiques d'éviction abusives des entreprises dominantes », *JOUE* C 45/7 du 24/02/2009. Aussi : DE HAUTECLOCQUE A., « Article 102 TFUE – Abuse of a dominante position », *in* HANCHER L., DE HAUTECLOCQUE A., JONES C., KJØLBYE L., LANDES V., SALERNO F., SANDBERG L., *EU Energy Law. Volume II – EU Competition Law and Energy Markets*, *op.cit.*, pg. 329.

[62] Comme le on verra ensuite, en Grèce les tarifs pour les consommateurs étaient fixés par les pouvoirs publics jusqu'au 30 juin 2013 et non par l'opérateur historique.

[63] BUENDIA SIERRA J.-L., *Exclusive rights and state monopolies under EC law- Article 86 (formerly article 90) of the EC Treaty*, *op.cit.*, pg. 151.

[64] La procédure engageant la responsabilité étatique à cause d'un manquement aux obligations imposées par un traité de l'UE peut être engagée soit à l'initiative de la Commission européenne suivant l'article 258 TFUE, soit à l'initiative d'un autre État membre selon l'article 259 TFUE. Voir : CRAIG P., DE BURCA G., *EU Law. Text, Cases, and materials*, *op.cit.*, pg. 454.

[65] Par exemple, tel est le cas pour la production et la fourniture exclusive d'électricité par l'opérateur historique aux îles non interconnectées pour une période déterminée. Voir notamment DELLIS selon qui l'existence de droits exclusifs dans un marché libéralisé est contraire au principe de la libre concurrence. DELLIS G., *Utilité publique et marché. Droit des services d'utilité publique libéralisés (Communications électroniques, énergie, poste, transports, radiotélévision)*, tome B, Athènes, Komotini, ed. Sakkoulas, 2008, pg. 225.

[66] Art. 4, par. 3 TFUE : « ... *Les États membres facilitent l'accomplissement par l'Union de sa mission et s'abstiennent de toute mesure susceptible de mettre en péril la réalisation des objectifs de l'Union* ». Voir: FOX E., GERADIN D., *EU Competition Law. Cases, Texts and Context*, Cheltenham, Northampton, ed. Edward Elgar, 2017, pg. 274.

jurisprudentielle a été reprise par les memoranda d'accord qui ont voulu élaborer une nouvelle organisation du marché de l'électricité en imposant une loi sous l'acronyme *NOME*, inspirée du droit français **(B)**.

B. L'adoption d'une loi *NOME à la française*

288. Les memoranda d'accord, à la suite des décisions de la Cour de Justice de l'Union européenne précitées, ont imposé à la Grèce l'adoption d'une loi visant à diminuer progressivement les parts de marché de l'opérateur historique DEI sur le marché de gros comme sur le marché de détail d'électricité[67]. Cette loi, appelée *NOME* (« Nouvelle Organisation du Marché de l'Électricité »), a été votée par le législateur grec en 2016[68].

La loi *NOME* disposait notamment que l'autorité de régulation (RAE) définissait les parts de marché de la DEI qui étaient vendues à des concurrents chaque année dans le cadre d'enchères avec un prix minimum réglementé décidé par le ministre des Finances, de l'Environnement et de l'Énergie, après avis de l'autorité de régulation (RAE)[69]. Le responsable de l'organisation des enchères d'électricité était l'opérateur du marché de gros LAGIE[70]. Le but de ce dispositif était la réattribution des parts de marché de la DEI à des fournisseurs alternatifs sur le marché de détail afin qu'en 2019, aucune entreprise ne puisse détenir plus de 50 % des parts du marché de détail d'électricité du réseau continental[71].

289. La loi *NOME* grecque s'est inspirée de la loi *NOME* française qui, votée en 2010[72], avait le même but : le renforcement de la concurrence sur les segments du marché de gros et de la fourniture d'électricité[73]. En France, cette loi a été adoptée après une enquête de la Commission européenne qui

---

[67] C'est le troisième mémorandum d'accord de 2015 qui impose l'introduction de ce mécanisme (*NOME*) en Grèce. Voir : Pt. 4.3. « *Entreprises des réseaux régulés (énergie, transport, eau)* » de la loi n° 4336/2015, « *Accord de soutien de MES/Pensions/Affligés/Fiscal/Transpositions/Gaz naturel* », *JO* A 94 du 14/08/2015, qui transfère dans l'ordre juridique grecque le troisième mémorandum.

[68] Loi n° 4389/2016, « *Dispositions urgentes pour l'application de l'accord relatif à des objectifs budgétaires et des réformes structurelles et d'autres dispositions* », *JO* A 94 du 27/05/2016.

[69] La loi prévoyait une diminution de 8 % de parts de marché pour l'année 2016, de 12 % pour l'année 2017, de 13 % pour l'année 2018 et de 13 % pour l'année 2019. Voir : décision du Ministre de l'Economie et du Ministre de l'Environnement et de l'Energie « *Désignation de la méthodologie de fixation du prix minimum d'offre des produits d'enchères à terme d'électricité et le prix pour la première application du mécanisme* », *JO* B 2848 du 07/09/2016. Art. 139 « *Méthodologie de détermination du prix minimum d'offre des produits d'enchères d'électricité* » de la loi n° 4389/2016, *précit.*

[70] Art. 140 « *Organisation et conduit des enchères* » de la loi n° 4389/2016, *précit.*

[71] Art. 135 « *Enchères de vente des produits à terme d'électricité avec livraison physique* », par. 1 de la loi n° 4389/2016, *précit.*

[72] Loi n° 2010-1488 du 7 décembre 2010 portant nouvelle organisation du marché de l'électricité, *JORF* n° 0284 du 08/12/2010, pg. 21 467, texte n° 3.

[73] NICINSKI S., « La loi du 7 décembre 2010 portant nouvelle organisation du marché de l'électricité », *RJEP*, mars 2011, pg. 3-8, pg. 8.

s'est interrogée pour savoir dans quelle mesure les tarifs réglementés d'électricité finaux en France constituaient des aides d'État illégales en faveur des grandes et moyennes entreprises étant donné que les tarifs étaient artificiellement bas et financés par l'État[74]. La Commission européenne avait conclu que les tarifs réglementés d'électricité représentaient une aide illégale qui n'était compatible avec le marché intérieur qu'à la condition que la France prévoie un accès régulé à l'électricité nucléaire historique (ARENH), obligeant l'opérateur historique EDF à vendre, jusqu'en 2025, une partie de sa production à un prix régulé fixé par la Commission de régulation de l'énergie (CRE)[75]. Avec la loi *NOME* qui a suivi la position de la Commission européenne, les fournisseurs alternatifs ont eu accès à la production nucléaire de l'opérateur historique EDF[76].

290. Toutefois, l'application de la loi *NOME* française n'a pas toujours été effective ; d'une part, parce que le prix de vente était inférieur aux coûts de production de l'opérateur historique et, d'autre part, il n'était pas en accord avec les tarifs payés par les consommateurs finaux. Comme le précise un rapport de la Cour des Comptes à l'Assemblée nationale de 2011, l'opérateur historique EDF a été obligé de vendre l'électricité à ses concurrents à un prix fixé par l'autorité de régulation, notamment à 42 € par MWh[77], inférieur à ses coûts de production qui étaient de plus de 50 € par MWh ; une pratique qui constituait une aide illégale en faveur des

[74] L'enquête ne concernait pas les tarifs réglementés pour les clients résidentiels. Commission européenne, Communiqué de presse IP/07/815, Bruxelles, le 13 juin 2007, « *Aides d'État : la Commission ouvre une enquête sur les tarifs réglementés de l'électricité en France* » ; disponible sur : https://ec.europa.eu/commission/presscorner/detail/fr/IP_07_815 (consulté le 10/08/2022).

[75] Décision de la Commission du 12 juin 2012 concernant l'aide d'État SA.21918 (C 17/07) (ex NN 17/07) mise en exécution par la France - Tarifs réglementés de l'électricité en France, C (2012) 2559, *JOUE* C 398/10 du 22/12/2012 ; disponible sur : http://eur-lex.europa.eu/legal-content/FR/TXT/?uri=CELEX:32012D1222(01) (consulté le30/06/2021). Voir : CACCIALI M., « Le maintien des tarifs réglementés d'électricité et de gaz », *RFDA*, n° 2, 2017 publication du Dossier de l'énergie, pg. 268-281, pg. 273.

[76] LE BIHAN GRAF C., BEATRIX O., « La nouvelle organisation du marché de l'électricité - Loi n° 2010-1488 du 7 décembre 2010 portant nouvelle organisation du marché de l'électricité, JO 8 décembre 2010, pg. 21467 », *AJDA*, n° 8, 2011, pg. 432-437, pg. 432 ; RAMBAUD R., *L'institution juridique de régulation. Recherche sur les rapports entre droit administratif et théorie économique*, (thèse sous la direction de Gérard Marcou), Paris, Université Panthéon Sorbonne, L'Harmattan, 2012, pg. 434 ; LAMOUREUX M., *Droit de l'énergie*, Paris, LGDJ, 2e édition, 2022, pg. 303-310.

[77] MWh : Mégawattheure. Le watt (W) est l'unité internationale de puissance. Le watt électrique correspond à la puissance produite sous forme électrique pendant un temps défini. Les multiples sont le mégawatt électrique et le gigawatt électrique. Le mégawatt électrique par heure signifie la quantité d'énergie produite par une installation électrique pendant une heure. Voir : « *Quelle est la différence entre MW et MWh ?* » ; disponible sur
http://www.espace-sciences.org/sciences-ouest/328/dossier/quelle-est-la-difference-entre-mw-et-mwh (consulté le 10/08/2022).

concurrents d'EDF[78]. De plus, le prix de vente d'électricité à ses concurrents était fixé pour deux ans tandis que les tarifs pour les consommateurs finaux l'étaient annuellement. Autrement dit, le prix de vente ne tenait pas compte de l'évolution des coûts de l'opérateur historique et des tarifs payés par les consommateurs finaux[79].

L'ARENH et la loi *NOME* ont ainsi créé une dette importante pour l'opérateur historique EDF. Afin de sauver l'entreprise, l'État français a envisagé depuis 2019 la restructuration de celle-ci en adoptant un projet de loi, connu sous le nom de « projet Hercule ». Cette réforme prévoyait le découpage d'EDF en « EDF bleu », « EDF azur » et « EDF vert » avec la possibilité de privatiser « EDF vert ». Ce projet n'a cependant pas abouti.

291. La loi homonyme grecque est allée plus loin que la loi *NOME* française en prévoyant des parts de marché maximales pour tous les fournisseurs sur les marchés de gros et de détail, pour un temps indéfini. Une telle mesure est critiquable. Si l'octroi de parts de marché de l'opérateur historique à ses concurrents semble légitime afin d'encourager la concurrence sur les marchés de gros et de détail, la prévision de parts de marché maximales (*caps*) dans le cadre d'un marché ouvert à la concurrence a un caractère contradictoire étant donné qu'il s'agit d'une mesure de nature anticoncurrentielle. Plus précisément, la loi grecque, qui a transposé les memoranda d'accord, ne permettait pas que soient détenus plus de 50 % de parts de marché par un opérateur à partir de 2019 et ce pour une période indéterminée[80]. Autrement dit, cette loi interdisait à une entreprise d'occuper une position forte sur le marché. À l'inverse, en droit de l'Union européenne, une position dominante sur un marché, même à 90 % de parts, n'est pas interdite ; ce qui est sanctionné est l'abus de position dominante[81]. Une position dominante peut être justifiée par les mérites et l'efficacité d'une entreprise et devrait davantage être encouragée que sanctionnée. Par ailleurs, l'absence dans la loi *NOME* grecque d'un délai de plafonnement des parts de

---

[78] Cour de Comptes, Communication à la Commission d'enquête de l'Assemblée Nationale (Article L. 132-4 du code des juridictions financières) : « *Le coût de production de l'électricité nucléaire. Actualisation 2014* », mai 2014, pg. 1-227, pg. 55, 68 ; disponible sur : https://www.ccomptes.fr/sites/default/files/EzPublish/20140527_rapport_cout_production_electricite_nucleaire.pdf (consulté le 10/08/2022).

[79] Les coûts de production ont beaucoup augmenté en France après 2011, avec l'accident majeur de Fukushima Daiichi où des centrales nucléaires ont explosé à la suite de tsunamis. Cet accident a rendu nécessaires des investissements pour la maintenance du parc de production nucléaire en France. Voir sur ce point le rapport de la Cour de Comptes, Communication à la Commission d'enquête de l'Assemblée Nationale (Article L. 132-4 du code des juridictions financières), *ibidem*, pg. 55, 68.

[80] Art. 135 « *Ventes aux enchères des produits d'électricité à terme avec livraison physique* », par. 1 de la loi n° 4389/2016, *précit.*

[81] Art. 102 TFUE.

marché constituait une limitation des libertés européennes, telle la liberté d'entreprendre, de manière disproportionnée[82].

292. D'autre part, en ce qui concerne l'opérateur historique, la loi *NOME* grecque l'a placé dans une position défavorable. En effet, le prix de vente prévu était inférieur aux coûts de l'opérateur historique, lequel réalisait des subventions croisées pour couvrir la perte. De plus, la diminution de ses parts de marché dans la production n'était pas alignée sur ses parts dans le marché de détail et afin de pouvoir approvisionner ses clients, il importait de l'énergie en l'achetant cher. Ainsi, pour résumer, il vendait l'électricité qu'il ne produisait pas cher afin d'acheter l'énergie importée chère. En outre, un nombre croissant de consommateurs n'étaient pas en position de payer leurs factures en raison de la crise économique. Une telle situation a eu comme résultat que l'entreprise n'arrivait pas couvrir ses coûts. Il en est résulté d'importants déficits.

293. En effet, celle-ci, en combinaison avec d'autres mesures comme la dissociation patrimoniale du réseau de transport électrique que l'on a précédemment décrite, a eu comme conséquence le découpage de l'opérateur historique qui ne pouvait pas produire ou fournir plus de 50 % de l'électricité, ni ne pouvait participer à la gestion du réseau de transport. Si l'on envisage la privatisation de l'opérateur historique DEI, souhaitée par la *Troïka* comme on le verra au chapitre suivant, on peut alors se demander quel investisseur serait réellement intéressé pour l'acheter et à quel prix.

294. De plus, la cession obligatoire de la production d'électricité à des concurrents semble problématique pour une autre raison : les centrales de lignite ne constituent pas des facilités essentielles comme c'est le cas du réseau qui est le passage obligé de tous les opérateurs intéressés[83]. De fait le propriétaire - l'opérateur historique - est privé de son bien, la production d'électricité, qui n'est pas une activité monopolistique comme pour les réseaux, et ce sans être compensé. Cette privation engendre donc des inquiétudes quant à la compatibilité de la mesure avec le droit de la propriété de l'opérateur historique.

295. Finalement, en raison de la position non viable que la loi *NOME* grecque a déterminé pour DEI, cette loi a été supprimée en septembre 2019 à

---

[82] L'art. 36 TFUE prévoit que l'exercice des libertés fondamentales prévues dans le traité européen peut être limité pour des raisons de moralité publique, d'ordre public, de sécurité publique, de protection de la santé et de la vie des personnes et des animaux ou de préservation des végétaux, de protection des trésors nationaux ayant une valeur artistique, historique ou archéologique ou de protection de la propriété industrielle et commerciale. Toutefois, les restrictions aux libertés doivent être nécessaires et proportionnées.

[83] PERCEBOIS J., « Accès régulé à l'électricité nucléaire historique : pourquoi faut-il "distordre" le marché ? », *in* LAPEYRE M. (dir.), *Les nouvelles régulations électriques. Monopole et concurrence*, tome I, *op.cit.*, pg. 245-268, pg. 259.

travers un acte de contenu législatif[84] ensuite ratifié[85] par une loi en novembre 2019[86]. Le but de cette suppression était de permettre à DEI de rééquilibrer sa situation financière afin de devenir une entreprise compétitive et attirer des investisseurs privés.

296. Après avoir examiné les moyens d'un renforcement de la concurrence sur le marché de la production d'électricité en Grèce, une question qui se pose est celle de savoir si cette concurrence garantit, en elle-même, l'adéquation de la production à la demande ; une question centrale liée à la sécurité de l'approvisionnement en électricité **(II)**.

II. Les moyens de l'adéquation des capacités de production sur le réseau continental

297. Dès 2005, le législateur européen, soucieux de la question de la sécurité de l'approvisionnement en électricité, a adopté la directive 2005/89/CE prévoyant des mesures pour la garantir[87]. Il s'agit d'assurer la suffisance de la production pour couvrir la demande ; en d'autres termes, de permettre l'adéquation de la production à la consommation. Cette directive a été abrogée par le règlement 2019/941 qui prend en compte les enjeux de la transformation du secteur électrique en vue de la transition énergétique et vise à contribuer, au-delà de la sécurité énergétique, à la solidarité, la confiance et une politique climatique ambitieuse[88]. Ce règlement est d'application plus large que la directive 2005/89 et vise à

---

[84] Art. 1 « *Suppression des enchères NOME* » de l'acte de contenu législatif « *Dispositions très urgentes de compétence du Ministre de l'environnement et de l'énergie ; des affaires intérieures ; des finances et ; de la santé* », *JO* A 145 du 30/09/2019.

[85] Selon l'article 44, par. 1 de la Constitution grecque : « *Dans des cas exceptionnels d'une nécessité extrêmement urgente et imprévue, le président de la République peut, sur proposition du Conseil des Ministres, édicter des actes de contenu législatif. Ces actes sont soumis à la Chambre des députés pour ratification, selon les dispositions de l'article 72, paragraphe 1, dans les quarante jours à compter de leur édiction ou dans les quarante jours à compter de la convocation de la Chambre en session. S'ils ne sont pas soumis à la Chambre dans les délais ci-dessus ou s'ils ne sont pas ratifiés par elle dans les trois mois à partir de leur dépôt, ils deviennent caducs pour l'avenir* ».

[86] Cet acte de contenu législatif a été ratifié à travers la loi n° 4638/2019 « *Ratification de : a) l'acte de contenu législatif du 25/09/2019 "Urgente disposition pour l'exemption de l'obligation de paiement d'impôt d'habitation (A 142), b) l'acte de contenu législatif du 30/09/2019 'Dispositions très urgentes de compétence du Ministre de l'environnement et de l'énergie ; des affaires intérieures ; des finances et ; de la santé' (A 145), c) l'acte de contenu législatif du 04/10/2019 'Dispositions très urgentes de la compétence du ministère de la santé et autres dispositions' (A 150)"*, *JO* A 181 du 18/11/2019.

[87] Directive 2005/89/CE du Parlement européen et du Conseil du 18 janvier 2006 concernant des mesures visant à garantir la sécurité de l'approvisionnement en électricité et les investissements dans les infrastructures, *JOUE* L 33/22 du 04/02/2006.

[88] Règlement (UE) 2019/941 du Parlement européen et du Conseil du 5 juin 2019 sur la préparation aux risques dans le secteur de l'électricité et abrogeant la directive 2005/89/CE, *JOUE* L 158/1 du 14/06/2019.

instaurer un cadre commun européen pour la prévention et la gestion des crises électriques, qui peuvent avoir des conséquences au-delà des frontières nationales[89].

298. Lorsqu'une autorisation de production est octroyée à des producteurs d'électricité, à chacun d'eux correspond une capacité ; plus précisément une capacité maximale qui peut être atteinte par un site de production en tenant compte de ses disponibilités techniques et économiques[90]. La capacité ne se réfère pas à l'énergie elle-même mais à la disponibilité de l'énergie que le producteur s'engage à produire dans un temps donné[91]. La capacité de production totale, celle de tous les producteurs réunis, ne peut être supérieure à la capacité du réseau[92]. Il ne suffit pas de disposer de capacités suffisantes pour répondre à la demande, il convient également de pouvoir effectivement transporter l'électricité à travers le réseau vers les consommateurs finaux[93].

La quantité que chaque producteur produit à chaque moment dépend de la demande des consommateurs, qui est très variable compte tenu de la saisonnalité (temps, heure), du prix de l'énergie, des habitudes des consommateurs, du niveau économique ou encore des politiques énergétiques d'un pays. On rappellera ici la règle fondamentale régissant la production d'électricité : l'offre doit toujours être alignée sur la demande afin de garantir l'équilibre du réseau et l'unité fonctionnelle du système électrique.

299. En Grèce, durant la crise économique, la demande en électricité a diminué[94] alors que la capacité maximale de production restait identique. En d'autres termes, on a assisté à une surcapacité de production, celle-ci ne

---

[89] On entend par « crise électrique » une situation dans laquelle « *un risque potentiel de pénurie significative d'électricité ou d'impossibilité de fournir de l'électricité aux consommateurs est actuel ou imminente* ». La crise électrique est liée aux risques pour le système électrique issus de conditions météorologiques extrêmes, catastrophes naturelles, pénurie de combustible, actes de malveillance ou encore pénurie de gaz. Préambule pt. 11, 14 du règlement (UE) 2019/941, *précité*.

[90] Entrée de « *Capacity* », *in* MOUREAU M., BRACE G., SEVADJAN G., *Dictionnaire du pétrole et autres sources d'énergie*, Paris, éd. Technip, 2008, pg. 74. En termes similaires, la capacité de production signifie « *la quantité maximale de produits que peut fournir une unité économique dans une unité de temps choisie* » ; « *Production (Capacité de)* », *in* SILEM A., GENTIER A., ALBERTINI J.-M. (dir.), *Lexique d'économie*, Paris, Dalloz, 14e éd., 2016, pg. 686.

[91] SADOWSKA M., « *Capacity mechanisms and the internal energy market: Legal issues* », *Webinar recording of Florence School of Regulation*, 18 décembre 2014; disponible sur: https://www.youtube.com/watch?v=7xfUZ6MA66w (consulté le 10/08/2022).

[92] DARMOIS G., « Le prix de l'électricité », *in* LAPEYRE M. (dir.), *Les nouvelles régulations électriques. Monopole et concurrence*, tome I, *op.cit.*, pg. 165-202, pg. 166.

[93] *Ibidem*, pg. 167.

[94] En 2016, il y a eu une réduction de 9 % de la consommation en comparaison avec 2008. Voir « *Rapport d'adéquation de capacité pour la période 2017-2027* », *op.cit.*, pg. 7.

pouvant être exploitée dans sa totalité à cause d'une demande faible et des interconnexions limitées.

Néanmoins, cette situation pourrait être renversée ces prochaines années, c'est-à-dire la demande pourrait excéder l'offre. En effet, le gestionnaire du réseau de transport ADMIE, dans un rapport sur l'adéquation de la production pour les années 2017-2027, a pu estimer que la demande, dans le cadre du système continental, augmentera entre 2017 et 2027[95] mais que l'offre, malgré un renforcement de la production avec une plus forte concurrence, ne sera pas en mesure de couvrir une telle demande. Selon ce document, plusieurs facteurs expliqueraient l'accroissement de la demande (nouveaux besoins, nouvelles technologies, interconnexion des îles non interconnectées) et la limitation de l'offre (retrait des centrales de lignite en raison de leur vétusté et de leur non-conformité aux exigences environnementales, sources alternatives insuffisantes)[96].

300. La concurrence elle-même ne semble pas pouvoir permettre l'augmentation de la capacité de production en Grèce nécessaire pour couvrir la demande croissante. Face à une demande qui deviendra de plus en plus élevée et flexible et une production d'énergie qui sera plus intermittente avec le développement des énergies renouvelables, des mesures sont nécessaires pour assurer l'adéquation de la production à la demande et ainsi garantir l'équilibre du système énergétique ainsi que la sécurité de l'approvisionnement.

En vue d'assurer cet équilibre entre l'offre et la demande, deux mécanismes ont été introduits en Grèce : le mécanisme d'interruptibilité **(A)** et le mécanisme de flexibilité **(B)**.

A. L'adoption du mécanisme d'interruptibilité

301. En 2013 a été adopté, par le législateur grec, le mécanisme d'interruptibilité. Ce dispositif repose sur des accords entre le gestionnaire du réseau de transport électrique, l'entreprise ADMIE, et certaines entreprises intensives en termes de consommation d'énergie (cas des clients industriels) qui s'engagent à réduire, voire interrompre, leur consommation d'électricité en cas de pics de consommation pour une durée limitée. Dans le cadre de ces accords le gestionnaire de réseau a aussi le droit d'arrêter de manière unilatérale la consommation des entreprises qui ont accepté de participer au mécanisme d'interruptibilité en versant, en contrepartie, une

[95] Il est estimé qu'en 2017, la consommation qui est de 52 770 GWh augmentera en 2027 à 64 430 GWh. Voir « *Rapport d'adéquation de capacité pour la période 2017-2027* », *ibidem*, pg. 11.

[96] *Ibid.*, pg. 13. Voir aussi sur ce point le rapport de l'autorité de régulation de l'énergie (RAE), « *National Report 2018. Regulation and performance of the electricity market and the natural gas market in Greece in 2017* », Athènes, decembre 2018, pg. 1-146, pg. 82.

compensation financière à ces derniers[97]. Les entreprises ne sont toutefois pas obligées de participer à ce mécanisme.

302. Le but de cette mesure était non seulement d'assurer l'équilibre du réseau mais aussi de préserver la compétitivité des entreprises qui, par nature, consomment beaucoup d'énergie sachant qu'une interruption d'électricité peut réduire leurs coûts énergétiques[98]. La réduction du coût énergétique pour les entreprises consommant beaucoup d'énergie constitue une exigence légitime afin que certains secteurs deviennent plus compétitifs dans le commerce international[99].

Les entreprises qui acceptent de réduire leur consommation, et donc leurs activités, participent au rétablissement de l'équilibre du système énergétique et pour cela sont financées par un compte spécial géré par le gestionnaire du réseau de transport[100]. Ces subventions doivent cependant respecter les règles européennes relatives aux aides d'État, conformément à l'article 107 TFUE[101].

303. La Commission européenne, après avoir été notifiée de l'adoption de ce mécanisme[102], a examiné les mesures d'interruptibilité accompagnées de subventions étatiques. Elle a considéré que les conditions de l'interdiction des aides d'État de l'article 107 TFUE n'étaient pas remplies[103]. La

---

[97] Art. 143 À « *Mécanisme d'interruptibilité* » de la loi n° 4001/2011.

[98] Voir sur ce mécanisme : KITSAKIS S., *Droit des contrats et marché organisé. Obligations contractuelles multilatérales dans le marché de gros d'électricité*, Athènes, ed. Nomiki Bibliothiki, 2018, pg. 26.

[99] Tel est le cas pour les entreprises de métaux non ferreux, minéraux, fer et acier, ou encore les raffineries de pétrole. V. TRIANTAFULLIDIS V., « Énergie moins chère pour les entreprises intensives en énergie ? La problématique au prisme du droit des aides d'État » (« Φθηνότερη ενέργεια για τις ενεργοβόρες επιχειρήσεις ; Η προβληματική από τη σκοπιά του Δικαίου κρατικών ενισχύσεων »), *PerDik*, n° 4, 2015, pg. 630-640, pg. 631.

[100] Art. 143 C « *Compte spécial de réserve de sécurité en approvisionnement* » de la loi n° 4001/2011.

[101] L'art. 107, par.1 TFUE prévoit : « *Saut dérogations prévues par les traités, sont incompatibles avec le marché intérieur, dans la mesure où elles affectent les échanges entre États membres, les aides accordées par les États ou au moyen de ressources d'État sous quelque forme que ce soit qui faussent ou qui menacent de fausser la concurrence en favorisant certaines entreprises ou certaines productions* ». Le § 2 de cet article prévoit les cas qui sont considérés par le Traité comme compatibles avec le marché intérieur ; dans le §3 sont inclus les cas dans lesquels la Commission européenne statue sur la (in)compatibilité des aides avec le marché intérieur.

[102] L'art. 108 TFUE prévoit deux obligations que l'État membre doit respecter afin que la mesure étatique envisagée soit conforme à la procédure d'octroi d'aides ; l'obligation de notification préalable à la Commission, avant l'octroi d'aide et l'obligation de *standstill* qui signifie que l'État doit atteindre la décision de la Commission sur la (in)compatibilité de la mesure avant d'octroyer l'aide.

[103] European Commission, Brussels, 15/10/2014, C (2014) 7374 final, SA. 38711 (2014/N), « *Greece-Interruptibility service for the electric system in Greece dated 5 April 2014* », (pt. 105); disponible sur:
https://ec.europa.eu/competition/state_aid/cases/252671/252671_1597844_91_2.pdf (consulté le 10/08/2022).

Commission a considéré que le gestionnaire du réseau (GRT), agissant sur instruction de l'État et dans le cadre d'obligations de service public, a procuré sur le marché des services interruptibles qui étaient nécessaires pour assurer la sécurité d'approvisionnement en électricité sur le réseau continental grec. Ces services ne pouvaient par ailleurs être remplacés par d'autres moyens moins chers. La rémunération offerte par le GRT était considérée comme un prix de marché pour des services rendus, ne conférant ainsi pas un avantage économique pour les fournisseurs. Elle ne constituait donc pas un aide d'État au sens de l'article 107 TFUE[104]. Le financement des services d'interruptibilité a été mis en œuvre de 2014 à 2017, puis a été renouvelé pour la période 2017-fin 2019[105].

Outre le mécanisme d'interruptibilité, un autre instrument a été mis en place pour assurer l'adéquation de la production à la demande : le mécanisme de flexibilité **(B)**.

B. L'adoption du mécanisme de flexibilité

304. En 2016 le législateur grec a adopté le mécanisme de flexibilité[106]. Par flexibilité est entendue la capacité d'adaptation (augmentation ou limitation) rapide et flexible de la capacité d'injection ou de soutirage d'un opérateur (producteur ou fournisseur) pour répondre au besoin d'équilibrage du réseau de transport[107]. La loi précise la notion de flexibilité en mentionnant trois éléments : les opérateurs doivent avoir la capacité d'une adaptation dans les trois heures après la commande d'allocation du gestionnaire de réseau de transport ; ils doivent disposer d'un cycle de fonctionnement de 8 MW/min ; ils doivent pouvoir fonctionner pour au moins trois heures de manière continue[108]. Le gestionnaire organise des enchères en vue de choisir les opérateurs enregistrés pour offrir une flexibilité au système. Ces derniers reçoivent une compensation[109].

---

[104] Pt. 87 de la décision de la Commission C (2014) 7374 final, *précitée*.

[105] Lettre de la Commission européenne n° B .2/CS/RV/2017/118968/12.12.2017.

[106] Ce mécanisme a été introduit avec la loi n° 4389/2016, amendée par la loi n° 4559/2018. Voir l'art. 143 D « *Mécanisme temporaire de compensation de flexibilité* » de la loi n° 4001/2011 tel qu'il a été ajouté avec l'art. 150 « *Dispositions législatives pour la création d'un mécanisme temporaire de compensation de flexibilité* », par. 1 de la loi n° 4389/2016, « *Dispositions urgentes pour l'application de l'accord relatif à des objectifs budgétaires et des réformes structurelles et d'autres dispositions* », *JO* A 94 du 27/05/2016.

[107] Art. 143 D « *Mécanisme temporaire de compensation de flexibilité* » de la loi n° 4001/2011 ; art. 295 « *Mécanisme provisoire de la compensation de flexibilité* », par. 2 de la décision de l'autorité de régulation (RAE) n° 780/2018 « *Amendement des dispositions du code de gestion du système de réseau de transport d'électricité (JO B 103 du 31/01/2012) concernant le mécanisme provisoire de la compensation de la flexibilité* », 30/08/2018 (non publié au Journal Officiel).

[108] Art. 143 D « *Mécanisme temporaire de compensation de flexibilité* » de la loi n° 4001/2011.

[109] *Ibidem*

305. Cette exigence de flexibilité du système électrique est notamment due à l'augmentation des énergies renouvelables, par nature intermittentes et imprévisibles. Avec l'insertion de telles énergies, le système électrique change : d'un système stable avec une production centralisée et prévisible, il devient un système caractérisé par une multitude de sources de production instables.

306. La compensation que les opérateurs reçoivent pour la flexibilité ainsi offerte est évaluée sur la base des règles relatives aux aides d'État (articles 107 TFUE) ainsi que les lignes directrices de la Commission européenne sur les aides à l'environnement et à l'énergie[110].

La compensation des opérateurs offrant une flexibilité a été considérée par la Commission européenne comme constituant une aide d'État compatible avec le marché intérieur[111]. Cette mesure a été justifiée à la lumière de la nécessaire adéquation de la production à la demande et l'impératif d'équilibre du système électrique[112]. Ce mécanisme de flexibilité a expiré en décembre 2019 et il est désormais envisagé d'adopter un autre mécanisme sous la dénomination « Mécanisme de compensation d'adéquation de puissance »[113] pour une durée de 5 ans.

307. Après avoir analysé comment a été réorganisée, pendant la période de crise économique, la production d'électricité sur le réseau continental grec à travers des mesures qui visaient le renforcement de la concurrence et l'adéquation de la production, on s'intéressera à présent à la manière dont cette production est allouée aux opérateurs qui souhaitent l'injecter dans le

---

[110] Commission européenne, Communication de la Commission « *Lignes directrices concernant les aides d'État à la protection de l'environnement et à l'énergie pour la période 2014-2020* », *JOUE* C 200/1 du 28/06/2014. Pour une analyse sur le sujet de la compatibilité des mécanismes de capacités avec le droit des aides d'État, voir : METAXAS A., « *Greece » in* HANCHER L., DE HAUTECLOCQUE A., SADOWSKA M. (dir.), *Capacity mechanisms in the EU Energy market: Law, Politics and Economics,* United Kingdom, ed. Oxford, 1st édition, 2015, pg. 288-301, pg. 297.

[111] Decision of European Commission, Brussels, 31/03/2016, C (2016) 1791 final, « *State aid n° SA.38968 (2015/N) – Greece: Transitory Electricity flexibility remuneration mechanism (FRM)* »; disponible sur : http://ec.europa.eu/competition/state_aid/cases/256426/256426_1751668_182_2.pdf (consulté le 10/08/2022). Aussi: European Commission, Brussels, 30/07/2018, C (2018) 4947 final, « *State aid n° SA. 50152 (2018/N) – Greece: New Transitory electricity Flexibility Remuneration Mechanisme (TFRM)* », *JOUE* C 406 du 09/11/2018; disponible sur: https://ec.europa.eu/competition/state_aid/cases/275343/275343_2009943_90_2.pdf (consulté le 10/08/2022). L'opérateur historique électrique (DEI) a introduit un recours en novembre 2018 devant le Tribunal de l'Union européenne (T-694/18, *DEI c/ Commission européenne*) sur la base de l'article 263 TFUE, considérant que le mécanisme de flexibilité n'était pas compatible avec les *Lignes Directrices* de 2014 et qu'il avait créé des distorsions disproportionnées à la concurrence. Le recours n'a pas encore été jugé par le Tribunal.

[112] European Commission, Brussels, 31/03/2016, C (2016) 1791 final, *ibidem*, pt. 71, 105.

[113] Voir le rapport de l'autorité de régulation (RAE) : « *National report 2018 : Regulation and performance of the electricity market and the natural gas market in Greece, in 2017* », *op.cit.*, pg. 8.

réseau. Sur ce point, l'intervention du législateur européen a été considérable afin d'homogénéiser les marchés dans tous les États membres. Les memoranda d'accord de la Grèce ont repris cette ligne en encourageant l'européanisation du marché de gros d'électricité **(Sous-section II)**.

Sous-section II : Vers une européanisation du marché de gros de l'électricité : l'adoption de l'« *Electricity Target Model* »

308. L'électricité, une fois produite ou importée, doit être allouée aux opérateurs du marché qui souhaitent l'injecter dans le réseau à des fins de fourniture aux consommateurs finaux. Il s'agit d'une phase qualifiée de « négoce » et caractérisée par des échanges entre les producteurs qui vendent leur production en gros et les fournisseurs qui achètent cette production dans le but de l'injecter dans le réseau[114]. Dans la législation européenne, cette procédure prend le nom d'« allocation de capacités ». Cette allocation à différents fournisseurs se réalise en considération de leurs parts de marché réelles, c'est-à-dire le nombre de leurs clients, et en tenant compte des parts de marché envisagées. C'est à ce moment que sont déterminées les entreprises qui pourront entrer dans le réseau et pour quelle capacité. En d'autres termes, l'allocation implique une prévision qui permet une division de la production d'électricité avant l'accès au réseau.

309. Le marché de gros présuppose théoriquement que les fournisseurs peuvent entrer sur le réseau afin de fournir l'électricité aux consommateurs. Inversement, cela signifie aussi que les consommateurs peuvent choisir librement un fournisseur. Le fonctionnement du marché de gros est lié au segment de la fourniture qui a été ouvert à la concurrence lors de la deuxième phase de libéralisation impulsée par la directive 2003/54/CE[115]. C'est à partir du 1er juillet 2007 que la fourniture a été ouverte à la concurrence pour tous les États membres et les clients ont pu choisir librement leur fournisseur ; c'est donc à partir de ce moment que le marché de gros actuel a effectivement pu fonctionner.

310. Toutefois, même après cette date de libéralisation l'organisation des marchés de gros était différente selon les États membres au regard de deux paramètres : le temps et le lieu des échanges.

---

[114] « *Marché de gros de l'électricité* » ; disponible sur le site du CRE : http://www.cre.fr/marches/marche-de-gros/marche-de-l-electricite (consulté le 10/08/2022).

[115] La 1re directive 1996/92/CE a seulement libéralisé le segment de la production. Jusqu'à la 2e directive 2003/54/CE, qui libéralisa le segment de la fourniture, il y avait le modèle de l'acheteur unique ; c'est-à-dire que les producteurs pouvaient produire en concurrence, mais ils devaient vendre leur production au seul fournisseur, le fournisseur historique qui jouissait d'un monopole de fourniture. Et donc c'était seulement lui qui pouvait entrer dans le réseau.

S'agissant, tout d'abord, du temps du négoce pour l'achat et la vente en gros d'électricité, celui-ci pouvait se réaliser sur une période longue (« marchés à terme ») ou plus courte (« marchés spot ») avant le jour de l'injection d'électricité sur le réseau et la consommation[116]. Les négociations entre producteurs et fournisseurs pouvaient se réaliser un an avant l'injection dans le réseau, trois mois avant, un mois avant, une semaine avant, un jour avant, une heure avant l'injection dans le réseau[117]. Le jour de la consommation, le gestionnaire de réseau de transport donnait l'ordre d'injection de l'électricité demandée sur le réseau ; en d'autres termes, il réalisait le *dispatching*.

311. Quant au lieu, la confrontation entre l'offre et la demande pouvait se faire soit de manière décentralisée, notamment par le biais d'accords bilatéraux entre un producteur et un fournisseur[118] ; soit de manière centralisée et anonyme, tous les producteurs vendant alors leur production au même « endroit » et les fournisseurs pouvaient l'acheter à cet « endroit »[119]. Ces achats et ventes centralisés peuvent se réaliser dans le cadre d'une bourse ou d'un *pool* d'électricité[120].

312. En Grèce, le marché de gros a été créé en 2005, lorsque le segment de la fourniture a été ouvert à la concurrence avec la deuxième directive de libéralisation de 2003[121]. Initialement, les échanges s'y réalisaient de manière centralisée, à travers un *pool obligatoire* (*mandatory pool*) et selon une programmation journalière (marché spot/jour avant)[122]. Dans le cadre de ce modèle, il n'y avait pas de marché infra-journalier et des marchés à (long) terme ne pouvaient pas être mis en place. Les participants au marché ne pouvaient réaliser leurs échanges qu'à travers le *pool,* le jour précédant l'injection dans le réseau. Ainsi, chaque jour, tous les vendeurs (producteurs, importateurs, auto-producteurs) proposaient une offre de prix pour leur production correspondant à la consommation de chaque heure du jour

---

116 LE BRAS B., CHABBERT C., VIDAL L., *La tarification différenciée de l'électricité,* Paris, L'Harmattan, 2015, pg. 83.

117 On parle, respectivement, d'allocations des capacités annuelles, trimestrielles, mensuelles, hebdomadaires, journaliers, horaires.

118 De gré à gré ou over the counter (OTC).

119 HANSEN J.-P., PERCEBOIS J., JANSSENS A. (Prix Nobel d'économie 2014), *Energie : Economie et Politiques,* Louvain-la-Neuve, ed. De Boeck, 3e édition, 2019, pg. 344.

120 Par exemple la France a adopté le système de bourse, tandis que la Grèce a adopté initialement celui de pool. LEMAIRE C., *Energie et concurrence. Recherches sur les mutations juridiques induites par la libéralisation des secteurs de l'électricité et du gaz naturel, op.cit.*, pg. 502 ; GRAND E., VEYRENC T., CHEVALIER J.-M., *L'Europe de l'électricité et du gaz : acteurs, marchés, régulations*, Paris, Economica, 2011, pg. 254.

121 La création du marché de gros a été réalisée avec la loi n° 3426/2005 qui a transposé la directive 2003/54/CE.

122 Arrêt du Conseil d'État grec, 2323/2013 (section D'), 10/06/2013, (pt. 10). Voir aussi TARNARIDOU C, *Marchés énergétiques contemporains : cadre institutionnel et perspective grecque*, Athènes, éd. Nomiki Bibliothiki, 2016, pg. 352.

suivant. Considérant ces offres, les intéressés déposaient leurs demandes d'électricité qui était produite et délivrée le jour suivant[123]. L'autorité de régulation déterminait un prix maximal (*cap*) imposé à toutes les offres. Après comparaison des offres et des demandes sur le marché pour le jour suivant, le prix de vente applicable à tous les vendeurs était le prix marginal du système (*System Marginal Price*), c'est-à-dire le prix de vente de la dernière offre de la part d'un producteur en position de couvrir la demande. C'est le prix auquel les fournisseurs achetaient l'électricité afin d'approvisionner leurs clients et que recevaient les producteurs. La quantité d'électricité qui était calculée pour être produite et payée était ainsi consommée le jour suivant.

313. Dans le cadre du système précédent de *pool*, il a été créé un organe, l'opérateur de marché, dénommé l'*Hellenic Electricity Market Operator* (LAGIE, « *Λειτουργός Αγοράς Ηλεκτρικής Ενέργειας/ΛΑΓΗΕ* »), responsable de l'organisation du marché de gros en coopération avec le gestionnaire du réseau de transport d'électricité. Le rôle de l'opérateur de marché (*market operator*) est de faciliter le fonctionnement du marché de gros de l'énergie (par exemple fournir des informations utiles aux participants du marché), une activité qui, à la différence de la gestion des réseaux, n'est pas monopolistique *per se*[124]. LAGIE jusqu'à 2018 était ainsi le responsable de la programmation journalière d'électricité. Selon le Conseil d'État grec, LAGIE était une société anonyme qui exerçait un service public : elle fonctionnait pour servir un intérêt général ; elle était soumise au contrôle de l'État et disposait de prérogatives de puissance publique[125]. Dans des développements ultérieurs, on relèvera que les fonctions de LAGIE sur le marché de gros sont assurées depuis 2018 par une nouvelle institution, le *Hellenic Energy Exchange*. LAGIE est appelé à jouer un rôle important depuis 2018 quant à l'augmentation des énergies renouvelables dans le mix énergétique et est ainsi désormais qualifié de « gestionnaire des énergies renouvelables et garanties d'origine ». On examinera en détail ce nouveau rôle attribué à LAGIE en matière d'énergies renouvelables dans le dernier chapitre de notre travail.

314. Le marché de gros grec considéré initialement était celui du réseau continental, à l'exclusion des îles non interconnectées, pour la période durant laquelle le monopole de production et de fourniture de l'opérateur historique était applicable. La fourniture a été ouverte à la concurrence à partir du 2018

---

[123] LIAPIS D., *Électricité et droit des contrats : du monopole vers le « Unbundling » et la Bourse de l'énergie*, ed. Sakkoulas, Athènes, 2018, pg. 88, 101.

[124] L'activité d'opérateur de marché peut être ouverte à la concurrence. Quand tel est le cas, on parle de « *merchant market operators* ». Voir: MEEUS L., BHAGWAT P., « Classical grey areas since the start of the internal market », *in* MEEUS L., GLACHANT J.-M., *Electricity network regulation in the EU – The challenges ahead for transmission and distribution*, Cheltenham (UK), Northampton (USA), Edward Elgar, 2018, pg. 105-129, pg. 114, 126.

[125] Voir l'arrêt du Conseil d'État grec n° 2406/2014 (section B), 30/06/2014.

pour l'ensemble des îles ; ce n'est donc qu'à partir de ce moment qu'a pu être mis en place un marché de gros pour les îles[126].

315. Le législateur européen a voulu, à partir de 2009, une harmonisation progressive des marchés de gros d'électricité des États membres à travers des règles communes[127]. Ainsi avec le règlement 1227/2011 ont été adoptées, pour les marchés de gros énergétiques, des règles communes relatives à la transparence de ces marchés et à l'interdiction des abus de position dominante, à l'instar de celles qui s'appliquent aux marchés de capitaux[128].

316. Cependant, c'est surtout à partir de 2016 que le législateur européen a approfondi l'harmonisation des marchés de gros en envisageant la création d'un « Modèle cible d'électricité » (*Electricity Target Model*) applicable à tous les États membres.

Ce modèle européanisé, désormais transposé dans l'ordre juridique grec, prévoit que les échanges d'électricité en gros se multiplient et se réalisent en plusieurs temps avant l'injection dans le réseau, tant à long qu'à court terme **(I)**. De plus, les échanges se réaliseront désormais dans le cadre de bourses. Une nouvelle institution a, à cet égard, été créée en Grèce : le « *Hellenic Energy Exchange* » **(II)**.

---

[126] Jusqu'en 2018 les 29 îles non interconnectées n'avaient pas de marché de gros d'électricité. Ces îles étaient des systèmes autonomes où l'opérateur historique DEI avait des droits exclusifs de production utilisant de l'huile et du pétrole et des droits exclusifs de fourniture. Sur ces îles, il n'y avait pas d'offres, comme dans le marché de gros du réseau continental, mais une estimation du prix mensuel basée sur les coûts des unités de puissance conventionnelles de chaque île. À partir de 2016, le monopole de fourniture de l'opérateur historique a pris fin pour la Crète et en 2018 pour la totalité des îles. Voir: RAE, « *National Report 2018. Regulation and performance of the electricity market and the natural gas market in Greece in 2017* », *op.cit.*, pg. 40.

[127] Règlement (CE) 714/2009 du Parlement européen et du Conseil du 13 juillet 2009 sur les conditions d'accès au réseau pour les échanges transfrontaliers d'électricité et abrogeant le règlement (CE) 1228/2003, *JOUE* L 211/15 du 14/08/2009.

[128] Règlement (UE) 1227/2011 du Parlement européen et du Conseil du 25 octobre 2011 concernant l'intégrité et la transparence du marché de gros de l'énergie, *JOUE* L 326/1 du 08/12/2011. Ce règlement est connu comme règlement REMIT (« **R**égulation on Wholesale **E**nergy **M**arket **I**ntegrity and **T**ransparency »). Le législateur européen, pour la libéralisation des marchés de gros des États membres, a été inspiré par la crise californienne de 2001. La Californie a été le premier État américain à déréguler son système électrique en 1996, commençant par les marchés de gros et puis la concurrence a été introduite aux marchés de détail. En Californie, à l'hiver de 2001, des ruptures d'électricité continues (black-out) créées par la compagnie Enron, ont provoqué une augmentation importante des prix de gros d'électricité. Cette augmentation des prix de gros n'a pas été suivie avec une augmentation des prix de détail des consommateurs finals, pour lesquels existaient un maximum de tarif réglementé (price cap). Cette perte quant à la production a conduit des entreprises énergétiques à la faillite et cette crise énergétique est devenue une crise financière. La crise en Californie nous a appris que la transparence et la tarification des marchés de gros ont des répercussions importantes sur la tarification appliquée aux consommateurs finaux et que le marché seul ne peut pas s'autocorriger mais qu'un contrôle étatique intense est nécessaire pour garantir le fonctionnement correct de ce segment. Voir : LE BRAS B., CHABBERT C., VIDAL L., *La tarification différenciée de l'électricité, op.cit.*, pg. 75.

I. La multiplication des échanges d'électricité

317. La Grèce a dû adapter le fonctionnement de son marché de gros d'électricité avec l'*Electricity Target Model*[129]. La loi n° 4425/2016[130], telle que modifiée par la loi n° 4512/2018[131], a procédé à une adaptation progressive du marché de gros grec avec les règlements européens d'harmonisation n° 714/2009[132], n° 2015/1222 (*Market Coupling Regulation*)[133] et n° 2016/1719[134].

318. Le *Electricity Target Model* vise la multiplication des échanges entre les participants au marché selon plusieurs temps avant le jour de l'injection dans le réseau. Ce modèle inclut tant des marchés à long terme, que des marchés à court terme, autrement dit les marchés spot[135]. Précisément, quatre marchés de gros sont créés : le marché à (long) terme, le marché journalier « en avant », le marché infra-journalier et le marché d'ajustement[136]. Ces quatre marchés prennent la place du marché spot journalier qui fonctionnait précédemment en Grèce[137].

---

[129] Règlement (UE) 2015/1222 de la Commission du 24 juillet 2015 établissant une ligne directrice relative à l'allocation de la capacité et à gestion de la congestion, *JOUE* L 197/24 du 25/07/2015 ; Règlement (UE) 2016/1719 de la Commission du 26 septembre 2016 établissant une ligne directrice relative à l'allocation de capacité à terme, *JOUE* L 259/42 du 27/09/2016.

[130] Loi n° 4425/2016, *« Dispositions d'urgence des Ministères des Finances, de l'Environnement et de l'Energie, de Transport et des Réseaux, du Travail, de la Sécurité sociale et Solidarité sociale pour la mise en œuvre des accords relatifs aux objectifs budgétaires et des réformes structurelles et d'autres dispositions »*, *JO* A 185 du 30/09/2016.

[131] Art. 73- 95 de la loi n° 4512/2018, « *Dispositions de la mise en œuvre des réformes structurelles du Programme d'ajustement économique et autres dispositions* », *JO* A 5 du 17/01/2018 et *JO* A 8 du 23/01/2018.

[132] Règlement (CE) 714/2009 du Parlement européen et du Conseil du 13 juillet 2009 sur les conditions d'accès au réseau pour les échanges transfrontaliers d'électricité et abrogeant le règlement (CE) 1228/2003, *précit.*

[133] Règlement (UE) 2015/1222 de la Commission du 24 juillet 2015 établissant une ligne directrice relative à l'allocation de la capacité et à gestion de la congestion, *précit.*

[134] Règlement (UE) 2016/1719 de la Commission du 26 septembre 2016 établissant une ligne directrice relative à l'allocation de capacité à terme, *précit.*

[135] Au niveau national, l'application de telles dispositions est précisée dans des Codes relatifs aux enchères à terme et au spot d'électricité. Ce sont des règles très détaillées et techniques, concernant toute la procédure de participation aux enchères et le rôle de l'opérateur du marché (LAGIE et son successeur HEnEX). Leur développement échappe cependant à l'objet de notre étude. Voir : Décision de la RAE, n° 329/2016, « *Approbation du Code des échanges des produits à terme d'électricité dans le cadre des enchères* », *JO* B 3164 du 30/09/2016.

[136] En anglais, les termes courants utilisés sont respectivement : *Forward market, Day ahead market, Intraday market, Balancing market.*

[137] Pour des développements sur la nouvelle configuration des marchés de gros d'électricité en Grèce, voir : LIAPIS D., *Électricité et droit des contrats : du monopole vers le « Unbundling » et la Bourse de l'énergie, op.cit.*, pg. 112 ; PSAROUDAKIS G., « L'achat d'électricité entre monopole, régulation et bourse : réflexions sur la loi n° 4425/2016 » (« Η αγορά ηλεκτρικής ενέργειας μεταξύ μονοπωλίου, ρύθμισης και χρηματιστηρίου : σκέψεις για το Ν. 4425/2016 »), *DEE*, n° 3, 2017, pg. 337-343, pg. 338 et s. ; VLACHOU A., « Marché de gros d'électricité grec ?

319. Le marché de gros à (long) terme implique un contrat d'achat et de vente bilatéral d'électricité entre producteurs et fournisseurs portant une obligation de livraison future. Les contrats peuvent être conclus un an ou plusieurs mois avant le jour de la consommation. Y figure une prévision de la quantité d'électricité qui sera nécessaire pour répondre aux besoins de consommation et, par conséquent, qui devra être produite[138]. Les contrats à long terme créent une sécurité tant pour les producteurs qui veulent être rassurés de vendre l'électricité que pour les fournisseurs qui veulent être certains qu'ils seront approvisionnés pour une certaine période.

320. Les marchés de gros spot comprennent le marché journalier (ou jour avant) et le marché infra-journalier[139]. Le marché journalier comprend les transactions réalisées un jour avant l'injection d'électricité dans le réseau. Celles-ci tiennent compte des transactions conclues sur le marché à long terme et leur réalisation requiert une coopération entre l'opérateur du marché et le gestionnaire du réseau de transport, ADMIE.

321. Le marché de gros infra-journalier porte sur les transactions réalisées le jour de la consommation, au maximum une heure avant l'injection dans le réseau, en prenant en compte des transactions réalisées sur le marché à long terme et le marché journalier. Ces transactions sont également réalisées au moyen d'une coopération entre le gestionnaire du réseau de transport (ADMIE) et l'opérateur du marché. À ce stade, un équilibre absolu est nécessaire entre la production et la demande.

322. Les mécanismes à court terme (marchés spot) répondent quant à eux à deux besoins : le développement de la production à partir des énergies renouvelables qui sont variables et moins prévisibles, ce qui nécessite une programmation de la production en temps réel, et les nouvelles habitudes des consommateurs qui requièrent une flexibilité de la production[140].

323. Enfin, le marché (de gros) d'ajustement permet de réduire les écarts après que l'injection d'électrons dans le réseau a été réalisée. Ces écarts traduisent une différence entre les injections programmées et celles qui ont été

Transition vers le nouveau modèle cible européen (Target Model) » (« Ελληνική χονδρεμπορική αγορά ηλεκτρικής ενέργειας – Μετάβαση στο νέο ευρωπαϊκό μοντέλο στόχος (Target Model) »), *E&D*, n° 27, 2018, pg. 25-45, pg. 28.

[138] Pendant cette période, certaines différences avec l'accord initial peuvent être considérées comme acceptables. La logique est que, plus le jour de consommation est lointain et le réseau n'est pas impliqué, moins il y a des risques de déséquilibre pour celui-ci. Dès que le jour de la consommation s'approche, la plus grande exactitude aux calculs doit exister.

[139] DARMOIS G., FAVENNEC J.-P., MANDIL C., *Les marchés de l'énergie. L'énergie, à quel prix ?*, Paris, éd. TECHNIP, 2e édition, 2013, pg. 132.

[140] Commission européenne, COM (2016) 752 final, Bruxelles, le 30 novembre 2016, « *Rapport de la Commission. Rapport final de l'enquête sectorielle sur les mécanismes de capacité* », pg. 1-22, pg. 8 ; disponible sur : https://ec.europa.eu/competition/sectors/energy/capacity_mechanisms_final_report_fr.pdf (consulté le 10/08/2022).

réalisées. L'ajustement est réalisé par le gestionnaire de réseau de transport (ADMIE) et constitue un moyen d'équilibrer le réseau.

324. Relevons à cet égard que le règlement 2015/1222 prévoit la coopération, au niveau européen, d'opérateurs de marché de gros réunis sous l'acronyme NEMO (*Nominated Electricity Market Operators*) afin d'assurer un couplage, autrement dit, l'unification des marchés de gros journaliers et infra-journaliers des États membres. Les autorités de régulation nationales sont chargées de surveiller ces NEMO[141].

325. La multiplication des échanges prévue dans l'*European Target Model* facilite la prévisibilité des flux électriques et permet d'envisager la stabilité du réseau électrique. En outre, une telle programmation assure la place des opérateurs sur le marché tandis que les prix sur le marché spot d'électricité, très volatiles, créent des incertitudes pour les opérateurs dans la mesure où à chaque heure du jour la demande est différente[142].

326. Le fait que l'électricité ne se stocke pas actuellement à des niveaux suffisants et se trouve en constant mouvement exige une balance exacte entre la production et la demande, laquelle est plutôt assurée si ces échanges se réalisent non pas seulement un jour avant l'injection dans le réseau mais quelques temps auparavant. La multiplication des échanges à court et à long terme assure un équilibre d'électricité instantané et à long terme.

327. Le modèle du *pool* initialement appliqué en Grèce prévoyait que les échanges d'électricité se réalisaient seulement un jour avant l'injection, ce qui ne favorisait pas l'équilibre du réseau. Toutefois, cet inconvénient était contrebalancé par le fait que l'opérateur historique, entreprise verticale, gérait toutes les activités de la chaîne énergétique - la production, le réseau, la fourniture à travers ses filiales - et, par conséquent, pouvait mieux coordonner tous les segments de la chaîne énergétique.

328. La séparation patrimoniale du réseau de transport électrique (ADMIE) imposée en Grèce avec les memoranda d'accord qui, on l'a vu, impliquent une entreprise différente pour le réseau des entreprises de production et de fourniture, exige des moyens pour une meilleure coordination entre ces entreprises. La programmation détaillée des échanges sur plusieurs temps avant l'injection dans le réseau renforce leur collaboration, nécessaire pour mieux garantir l'équilibre, la sécurité et la stabilité du réseau et une certaine prévisibilité pour les opérateurs.

De plus, l'insertion croissante d'énergies renouvelables dans le réseau, favorisée par la transition énergétique, étant susceptible de déstabiliser l'équilibre du réseau, celles-ci étant intermittentes, elle exige aussi une

141 Les NEMO coopèrent avec les gestionnaires de réseau de transport et sont contrôlés par les autorités de régulation des États membres. Voir : Art. 4 « *Désignation des NEMO et révocation de la désignation* », par. 5 du règlement (UE) 2015/1222, *précit.*

142 LEMAIRE C., *Energie et concurrence. Recherches sur les mutations juridiques induites par la libéralisation des secteurs de l'électricité et du gaz naturel*, *op.cit.*, pg. 502.

planification plus détaillée, sur plusieurs temps, avant injection dans le réseau. D'autre part, l'interconnexion des îles non interconnectées avec le réseau continental, qui pourrait engendrer des problèmes d'équilibre du réseau en période de pics, exige également une meilleure planification des échanges avant injection dans le réseau.

329. La nouvelle architecture des marchés de gros d'électricité présentée ci-dessus a été intégrée dans l'ordre juridique grec de manière progressive à partir de 2018. Sur décision du régulateur grec (RAE), le marché à (long) terme a commencé à fonctionner en mars 2020 et les marchés spot journalier et infra-journalier à partir du 1er novembre 2020[143]. Cette dernière date est considérée comme le point de départ de l'application du *Target Model* au marché de gros d'électricité en Grèce. Dans ce cadre, en décembre 2020, a été réalisé le couplage des marchés journaliers grec et italien[144] et, en mai 2021, le couplage des marchés journaliers grec et bulgare[145].

329A. Toutefois, à la suite de la décision n° 2022/258 de la Commission européenne, la Crète a obtenu une dérogation quant à l'application de l'*European Target Model*[146]. Jusqu'à l'achèvement de l'interconnexion physique de cette île avec le réseau continental, une opération dont la réalisation est estimée d'ici à 2024, le marché crétois ne participera pas aux quatre marchés de gros grecs (à terme, journalier, infra-journalier et d'équilibrage). Pendant cette période transitoire, un modèle hybride fonctionnera sur le marché de gros de l'énergie en Crète afin de permettre son insertion progressive sur le marché de l'énergie continental. On peut supposer que la Grèce demandera également une dérogation à la Commission pour le reste des îles non interconnectées quant à la participation aux marchés de gros, jusqu'à leur interconnexion.

329B. La mise en œuvre du *Target Model* a modifié la physionomie des échanges : il n'y a plus de *pool* d'électricité, où les échanges se réalisent le jour précédent la consommation mais des bourses d'électricité, où les échanges se

---

[143] Décision de l'autorité de régulation RAE n° 1298/2020, « *Concernant le jour du début du fonctionnement non couplé du marché journalier et infra-journalier conformément aux dispositions des articles 6 et 9 de la loi n° 4425/2016 (JO A 185), en vigueur, et aux dispositions du chapitre 7 de règlement du fonctionnement du marché du jour suivant et infra-journalier, tel qu'en vigueur* », *JO* B 4415 du 07/10/2020.

[144] Regulatory Authority for Energy (RAE), « *Rapport d'activité 2020* », Athènes, Mars 2021, pg. 1-418, pg. 53.

[145] Voir sur le site du ministère de l'environnement et de l'énergie, « *Début du couplage du marché d'électricité grec avec celui de Bulgarie* », 10 mai 2021 ; disponible sur : https://ypen.gov.gr/xekinise-simera-i-syzefxi-tis-ellinikis-agoras-ilektrikis-energeias-me-ti-voulgaria/ (consulté le 10/08/2022).

[146] Décision de la Commission du 21 février 2022, n° 2022/258, accordant à la République hellénique une dérogation à certaines dispositions du règlement (UE) 2019/943 du Parlement européen et du Conseil et de la directive (UE) 2019/944 du Parlement européen et du Conseil en ce qui concerne la Crète, *JOUE* L 42/92 du 23/02/2022 ; disponible sur : https://eur-lex.europa.eu/eli/dec/2022/258/oj (consulté le 10/08/2022).

font sur plusieurs temps. De plus, une nouvelle institution a été créée en Grèce en 2018 : le « *Hellenic Energy Exchange S.A.* » **(II)**.

II. L'institutionnalisation des bourses d'électricité : la création de l'« *Hellenic Energy Exchange S.A.* »

330. Le *Hellenic Energy Exchange* (HEnEx S.A. ou EnEx) ou *Hellenic Power Exchange S.A.* a été créé avec la loi n° 4512/2018[147]. Cette nouvelle institution est le successeur de l'opérateur de marché LAGIE *(Hellenic Electricity Market Operator*) qui était responsable du marché de gros dans le système précédent de *pool*. Elle fonctionne en coopération avec les « *Athens Exchange Group (AthexGroup)* »[148] en reprenant le modèle *EPEX Spot* appliqué dans les pays de l'Europe centrale-ouest[149].

331. Dans le cadre des bourses d'électricité se réalisent des échanges d'électricité à court terme/spot (marché journalier et infra-journalier, marché *day-ahead* et *intra-day*)[150]. Avec le règlement d'harmonisation 2015/1222, les bourses sont devenues le mécanisme officiel pour la désignation des prix sur les marchés de gros d'électricité dans les pays européens[151]. Il est ainsi prévu « *la mise en place d'un processus de couplage unique journalier et infra-journalier qui requiert la coopération de bourses d'électricité potentiellement en concurrence, afin d'établir des fonctions communes de couplage du marché* »[152].

332. Le couplage des marchés vise au couplage des prix. Par sa nature, la bourse est un lieu où se réalisent des échanges entre opérateurs dans les mêmes conditions. C'est un moyen de permettre une multitude d'offres[153] et donc une concurrence appréciable en termes d'efficacité et de prix[154].

---

[147] Loi n° 4512/2018, « *Dispositions de la mise en œuvre des réformes structurelles du Programme d'ajustement économique et autres dispositions* », *op.cit.*.

[148] Bourses d'échanges d'Athènes.

[149] Les bourses d'électricité *EPEX Spot* fonctionnent en tant que marchés d'achat et de vente de gros de l'énergie liant les pays suivants : Allemagne, France, Autriche, Suisse. Voir sur le site d'EPEX : https://www.epexspot.com/en/basicspowermarket (consulté le 10/08/2022).

[150] Les marchés spot correspondent à la notion d'enchères prévue dans le Code civil grec. Selon l'article 199 du Code civil : « *En cas de vente aux enchères, le contrat, sauf un accord contraire, est conclu avec l'attribution. Sauf indication contraire, l'adjudicataire est lié par l'offre ou le prix le plus élevé* ». V. KITSAKIS S., *Droit des contrats et marché organisé. Obligations contractuelles multilatérales dans le marché de gros d'électricité*, *op.cit.*, pg. 161.

[151] TARNARIDOU C., *Marchés énergétiques contemporains : cadre institutionnel et perspective grecque*, *op.cit.*, pg. 160.

[152] Pt. 20 du préambule du Règlement (UE) 2015/1222, *précit.*

[153] Les bourses nécessitent un nombre suffisant des participants. PSAROUDAKIS G., « L'achat d'électricité parmi monopole, régulation et bourse : pensées sur la loi n° 4425/2016 », *op.cit.*, pg. 341.

[154] LE BRAS B., CHABBERT C., VIDAL L., *La tarification différenciée de l'électricité*, *op.cit.*, pg. 77 ; LIAPIS D., *Electricité et droit des contrats : du monopole vers le « Unbundling » et la Bourse de l'énergie*, *op.cit.*, pg. 90.

333. En outre, l'*Electricity Target Model* européen envisage non seulement un marché pan-européen mais aussi la création d'un marché périphérique au sud-est de l'Europe[155] qui visera l'unification des marchés de gros suivant le modèle des pays d'Europe de l'Ouest et du Nord[156]. La création de bourses d'électricité basées en Grèce, auxquelles les opérateurs des pays voisins pourront participer, pourra faire du pays un nœud énergétique important en Europe du Sud[157]. L'harmonisation du cadre régulateur des marchés de gros rend leur fonctionnement plus prévisible et donc attirant pour les opérateurs souhaitant entrer sur le marché de l'énergie.

Par ailleurs, la centralisation des échanges de l'énergie dans le cadre des bourses, en combinaison avec le développement des interconnexions électriques, peut permettre un plus grand équilibre du système étant donné que la demande peut être satisfaite par une offre provenant d'un autre pays. De plus, elle garantirait une meilleure pénétration des énergies renouvelables dans le réseau dans la mesure où l'énergie produite à partir de sources renouvelables peut être absorbée par un réseau interconnecté et ainsi ne pas être perdue.

334. La réforme du marché de gros d'électricité grec dans le cadre de l'*Electricity Target Model*, caractérisée par une multiplication des échanges et la création de bourses pour réaliser ces échanges, a signifié un passage déterminant de monopoles régulés vers des marchés concurrentiels[158]. Toutefois, il s'agira de rester attentifs à la manière dont le modèle européen sera réellement appliqué, car un prix de gros très élevé risque d'être répercuté sur les factures payées par les consommateurs. Sans doute, sa mise en œuvre nécessitera un contrôle renforcé de la part des autorités de régulation.

334A. Après avoir étudié les mesures introduites en Grèce pour les marchés en amont s'agissant de l'électricité, il convient désormais d'examiner les marchés en amont du gaz naturel qui ont une nature différente **(Section II)**.

---

[155] Grèce, Bulgarie, Roumanie, Hongrie, Slovénie, Croatie, Italie ; avec la participation des pays voisins Albanie, ex Yougoslavie, Serbie, Bosnie, Moldavie, Ukraine.

[156] MILONAS N., « Création des bourses d'énergie au sud-est de l'Europe et la contribution au développement économique » (« Δημιουργία Χρηματιστηρίου Ενέργειας Ν.Α. Ευρώπης και η συμβολή στην οικονομική ανάπτυξη »), pg. 1-20, pg. 10 ; disponible sur : https://www.hba.gr/5Ekdosis/UplPDFs/sylltomos14/663-682%20Mylwnas%202014.pdf (consulté le 10/08/2022).

[157] Rapport annuel de l'Institut de l'énergie du Sud-est de l'Europe (IENE) : « *Le secteur énergétique grec* », 2019, pg. 1-184, pg. 75 ; disponible sur : https://www.iene.gr/articlefiles/file/meletes/iene-meleti-2019.pdf (consulté le 10/08/2022).

[158] PSAROUDAKIS G., « L'achat d'électricité parmi monopole, régulation et bourse : pensées sur la loi n° 4425/2016 », *op.cit.*, pg. 341.

Section II :
La consolidation des marchés en amont du réseau gazier

335. Comme on l'a vu précédemment, le réseau gazier comprend le réseau de transport, le réseau de distribution, les installations de GNL et les installations de stockage de gaz. Les activités en amont du réseau gazier incluent la production/importation de gaz, le réseau des gazoducs en amont[159] et le marché de gros du gaz[160].

La concurrence sur ce segment en amont du réseau gazier implique pour les pays qui produisent du gaz la possibilité de créer des champs gaziers ou de se raccorder à des gazoducs existants et, pour les pays qui importent du gaz, la concurrence permet une diversification des sources d'approvisionnement et la multiplication des importateurs[161].

336. Le gaz naturel est un mélange d'hydrocarbures et un type d'énergie comparable au pétrole. Il est extrait à partir de puits marins ou terrestres[162] suivant une procédure spéciale qui comprend plusieurs étapes : l'exploration, l'extraction et le traitement. Les pays européens ne sont pas autonomes quant à la production de gaz[163] ; ils doivent l'importer depuis trois routes d'approvisionnement : la mer du Nord, la Sibérie et l'Afrique du nord[164].

337. La Grèce importe du gaz de Russie, de Turquie et d'Algérie pour le GNL. Le marché gazier grec était très concentré ; l'opérateur historique, DEPA, était traditionnellement le seul importateur de gaz naturel en Grèce ayant conclu des accords d'approvisionnement à long terme avec les

---

159 Le « *réseau de gazoducs en amont* » n'est pas inclus dans le réseau gazier selon la directive 2009/73/CE, en dépit de sa nomination. Il comprend « *tout gazoduc ou réseau de gazoducs exploité et/ou construit dans le cadre d'un projet de production de pétrole ou de gaz, ou utilisé pour transporter du gaz naturel d'un ou plusieurs sites de production de ce type vers une usine ou un terminal de traitement ou un terminal d'atterrage final* ». V. art. 2 « *Définitions* » pt. 2 de la directive 2009/73/CE.

160 LEMAIRE C., *Energie et concurrence. Recherches sur les mutations juridiques induites par la libéralisation des secteurs de l'électricité et du gaz naturel*, *op.cit.*, pg. 147.

161 MATTERA P., « Energie et ressources naturelles : le paquet "Union de l'énergie" - La nouvelle stratégie UE en matière énergétique », *RDUE*, 1/2015, pg. 123-132, pg. 124 ; LEMAIRE C., *ibidem*, pg. 162.

162 « *Le gaz : comment ça marche ?* », Modules pédagogiques et vidéo sur le site de la CRE ; disponible sur : http://modules-pedagogiques.cre.fr/m2/index.html (consulté le 10/08/2022).

163 Les pays producteurs de gaz naturel en Europe en 2014, selon les statistiques de la BP Statistical Review of World Energy, étaient : le Danemark (4,6 milliards de m^3), l'Allemagne (7,7 milliards de m^3), l'Italie (6,6 milliards de m^3), les Pays Bas (55,8 milliards de m^3). Les pays producteurs les plus importants dans le monde sont la Russie, l'Iran, le Quatar qui disposent à eux trois de plus de 50 % des gisements de gaz naturel. Source: BP Statistical Review of World Energy, June 2015, pg. 1-46, pg. 22.

164 BOURGUIGNON D., « Quel rapport entre libéralisation du marché gazier et sécurité énergétique ? Comment Bruxelles tente d'assurer son approvisionnement en gaz naturel sur fond de tensions avec Moscou », *RMCUE*, n° 516, 2008, pg. 178-182, pg. 178.

entreprises productrices[165]. La Grèce dispose aussi de gisements d'hydrocarbures au nord (Kavala), au sud (Crète), ainsi que dans la mer Ionienne mais restent inexploitables[166]. Ce n'est que depuis quelques années que les recherches d'hydrocarbures dans la mer grecque ont débuté.

338. Une fois que le gaz est importé (ou produit) dans le pays, il doit être alloué aux opérateurs. Le marché de gros du gaz ressemble à celui de l'électricité : il est caractérisé par des échanges entre les importateurs et les fournisseurs avant injection de l'énergie dans le réseau. Le marché de gros gazier n'était pas développé en Grèce jusqu'au troisième mémorandum d'accord signé en 2015.

339. La concurrence voulue par les memoranda d'accord vise, d'une part, à diversifier les sources d'approvisionnement en gaz **(Sous-section I)** et, d'autre part, à créer un marché de gros de gaz naturel européanisé **(Sous-section II)**.

Sous-section I : La diversification des sources d'approvisionnement en gaz

340. Il est intéressant de noter qu'avant d'entrer dans le réseau de transport national, le gaz importé réalise un parcours international **(I)**. Outre ces importations, ces dernières années une évolution importante se produit : l'État grec envisage d'utiliser ses propres hydrocarbures et ainsi devenir un producteur et, potentiellement, un exportateur de gaz naturel **(II)**.

I. Le développement des moyens de transit international

341. Le gaz naturel, du lieu de sa production jusqu'aux frontières du pays de consommation, suit un long parcours[167]. Le gaz arrive sur le territoire grec par deux moyens et trois points d'entrée sur le réseau national [168]: le gaz russe est acheminé par des gazoducs terrestres sous forme comprimée, en passant par la frontière gréco-bulgare (Sidirokastro) ; le gaz turc arrive aussi par canalisations terrestres en traversant la frontière gréco-turque (Evros) ; le

---

[165] En 2014, DEPA était la seule entreprise qui avait signé des contrats d'importation de gaz à long terme : pour l'importation du gaz russe, DEPA a signé un accord avec Gazprom pour la période 2014-2026 qui représente 67 % du gaz importé dans le pays ; pour le gaz turc, DEPA a signé un accord avec BOTAS pour la période 2014-2021 qui représente 17 % du gaz importé ; pour le GNL algérien, DEPA a signé un accord avec SONATRACH pour la période 2014-2021 qui représente 16 % du gaz importé. Voir sur le site de DEPA : « *Natural Gas Commerce* » ; disponible sur : https://www.depa.gr/natural-gas-commerce/?lang=en (consulté le 10/08/2022).

[166] FORTSAKIS T., FARANTOURIS N., *Droit de l'énergie*, *op.cit.*, pg. 60.

[167] FAY F.-M., « Le transit international de gaz », *CJEG*, n. 311, avril 1977, pg. 41-50.

[168] Art. 2 « *Points d'entrée et de sortie du gaz naturel* » de la décision de la RAE n° 239/2017 « *Modification du code de gestion du système national de gaz naturel* », *JO* B 1549 du 05/05/2017.

gaz naturel algérien est transporté par des bateaux méthaniers sous forme liquéfiée (GNL) à l'île Revithoussa où se trouve le terminal méthanier pour la regazéification du GNL et son injection, ensuite, dans le réseau gazier grec[169]. Le schéma ci-dessous représente les trois points d'entrée du gaz naturel en Grèce.

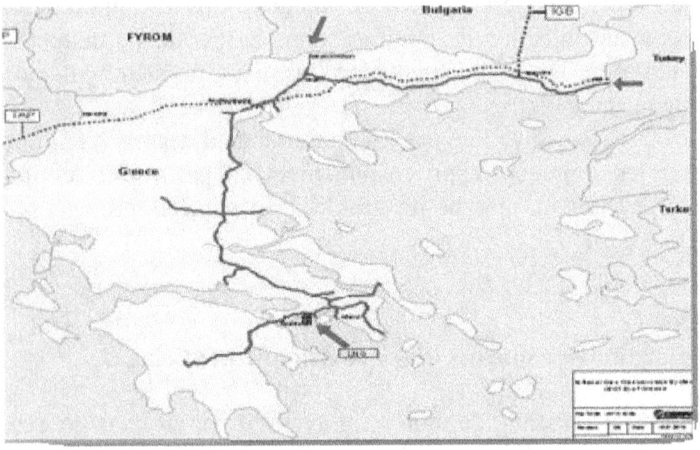

Source : DESFA, « *National Natural Gas System Draft Development Plan* », pg. 1-55, pg. 3 ; disponible sur : https://docplayer.gr/163259810-National-natural-gas-system-draft-development-plan.html

342. En 2017, l'approvisionnement en gaz naturel en Grèce était réparti de la manière suivante : 60,52 % de la Russie ; 13,02 % de la Turquie ; 26,47 % de Algérie ; 3,45 % du Qatar ; 1,11 % de la Norvège[170].

343. Les contrats gaziers sont caractérisés par une longue durée, ce qui crée en même temps des risques et de la sécurité. De la sécurité parce que la longue durée permet d'offrir aux contractants une certaine prévisibilité. Les contrats d'approvisionnement du gaz ont, en effet, une durée de 20-25 ans. Cette longueur se justifie pour les deux contractants : tant pour le producteur/exportateur, si l'on tient compte de l'ampleur des investissements réalisés pour la construction des gazoducs nécessaires à l'approvisionnement du gaz ; que pour l'acheteur/importateur, auquel est garanti un approvisionnement pour plusieurs années. Cette longue durée est

---

[169] Le GNL devient propriété de l'acheteur à la réception du navire méthanier par celui-ci. Il s'agit d'un élément important qui détermine le partage des risques liés au produit et la responsabilité des parties. Voir : MARLE F., « Les aspects juridiques spécifiques du transport maritime de gaz naturel liquéfié (incidences sur les responsabilités éventuellement encourues) », *CJEG*, n° 347, juillet 1980, pg. 53-63, pg. 54.

[170] RAE, « *National Report 2018. Regulation and performance of the electricity market and the natural gas market in Greece in 2017* », *op.cit.*, pg. 143.

accompagnée de la clause « *Take or Pay* » selon laquelle l'acheteur/importateur est obligé de payer presque la totalité de la quantité conclue (taux de 90 %) pour toute la durée du contrat même s'il n'est pas en position de la recevoir[171].

344. La longue durée peut cependant engendrer un verrouillage du marché en ce qu'elle constitue une entrave à la concurrence en empêchant l'entrée de nouveaux concurrents sur le marché[172]. La longue durée et la clause « *Take or Pay* » représentent un engagement durable et un risque important. Cela présuppose que seules des entreprises bien établies sur le marché sont en position de prendre ce type de risque. Or, dans la majorité des cas, il s'agit des opérateurs historiques, entreprises souvent publiques et subventionnées afin d'assurer les activités gazières[173]. Tel était le cas en Grèce où, pour longtemps, seul l'opérateur historique était en position d'assumer les risques de tels contrats.

345. La Commission européenne examine régulièrement des contrats d'approvisionnement de gaz naturel à la lumière des règles de la concurrence en se référant à l'article 101 TFUE relatif aux ententes anticoncurrentielles et à l'article 102 TFUE portant sur l'abus de position dominante[174]. Ce faisant, la Commission européenne cherche à réduire la durée de ces contrats afin que les marchés gaziers deviennent plus fluides.

346. Cependant, ces dernières années, des voies alternatives se sont développées pour l'acheminement du gaz naturel en Grèce provenant d'autres pays : le gazoduc *TAP*, important du gaz naturel de l'Azerbaïdjan, est entré en fonction commerciale en novembre 2020 et le transport de gaz à

---

[171] Par exemple, même s'il n'y a pas de demande ou, le prix de vente ne couvre pas le prix d'achat du gaz, l'acheteur/importateur est obligé payer le producteur/exportateur. L'inverse de la clause « *Take Or Pay* » (TOP) est la clause « *Deliver or Pay* » (DOP), qui signifie que le vendeur doit délivrer la quantité conclue et s'il n'est pas en position de le faire, il doit indemniser l'acheteur. Voir : PITSOS N., « Contrats de fourniture exclusive à long terme dans le droit de l'énergie et de la concurrence. En particulier le cas des contrats "take or pay" pour l'achat de gaz naturel » (« Μακροχρόνιες συμβάσεις αποκλειστικής προμήθειας στο δίκαιο της ενέργειας και ανταγωνισμός. Ειδικά η περίπτωση των συμβάσεων « take or pay » στην αγορά φυσικού αερίου »), *E&D*, 16/2011, pg. 28-39, pg. 29 ; HANSEN J.-P., PERCEBOIS J., JANSSENS A. (Prix Nobel d'économie 2014), *Energie : Economie et Politiques, op.cit.*, pg. 257.

[172] LEMAIRE C., *Énergie et concurrence. Recherches sur les mutations juridiques induites par la libéralisation des secteurs de l'électricité et du gaz naturel, op.cit.*, pg. 473 ; TALUS K., « Long-term gas agreements and security of supply-between law and politics », *E.L.Rev.* 2007, 32 (4), 535-548, pg. 537.

[173] SABLIERE P., *Droit de l'énergie, op.cit.*, pg. 1595.

[174] PITSOS N., « Contrats de fourniture exclusive à long terme dans le droit de l'énergie et de la concurrence. En particulier le cas des contrats "take or pay" pour l'achat de gaz naturel », *op.cit.*, pg. 31.

travers ce gazoduc a commencé fin décembre 2020[175] ; le gazoduc *IGB*, reliant la Grèce et la Bulgarie, en permettant des échanges mutuels, constituera une voie alternative au gaz russe et azerbaidjanais sachant que sa construction a commencé en 2019 et il est entré en fonction commerciale en 2021[176] ; le gazoduc *Eastmed*, reliant la Grèce, Chypre et Israël en permettant l'exploitation d'hydrocarbures dans la mer Méditerranée, a fait l'objet d'un accord signé en 2020. Il est estimé que sa construction sera achevée en 2025[177].

347. La diversification des sources d'approvisionnement de la Grèce permettra une augmentation des importateurs du gaz et ainsi permettra notamment de réduire sa dépendance vis-à-vis du gaz russe ; une issue bienvenue sachant que le géant russe *Gazprom* a utilisé de manière abusive sa position dominante sur le marché européen en appliquant des conditions d'approvisionnement différentes selon les pays européens, une situation qui a conduit la Commission européenne à lui adresser plusieurs griefs[178].

Ce sujet a connu une nouvelle actualité en 2022 avec la guerre russo-ukrainienne qui a mis en exergue l'(in)sécurité de l'approvisionnement énergétique en Europe et l'urgence de diversifier les importations gazières

---

175 Voir sur le site du *Trans Adriatic Pipeline* (TAP) : « *History* » ; disponible sur : https://www.tap-ag.com/infrastructure-operation/history-timeline#period-12977 (consulté le 10/08/2022).

176 Voir sur le site de ICGB Interconnector : « *Milestones* »; disponible sur : https://www.icgb.eu/about/milestones (consulté le 10/08/2022).

177 Pour une analyse des interconnexions internationales de la Grèce qui sont en construction, voir le Rapport annuel de l'Institut de l'Énergie du Sud-est de l'Europe (IENE) : « *Le secteur énergétique grec* », 2019, *op.cit.*, pg. 62; MATHIOUDAKIS M., BELLOU F., « Energy-related security dilemmas in the Eastern Mediterranean : changing dynamics in the regional balance of power », *in* HANCHER L., METAXAS A., *Transformation of EU and Eastern Mediterranean energy networks : legal, regulatory and political challenges*, Netherlands, Claeys & Casteels, 2018, pg. 59-83, pg. 74.

178 En 2015, la Commission européenne a adressé des griefs à Gazprom, selon lesquels ce dernier aurait abusé de sa position dominante dans huit pays d'Europe centrale et de l'est sur la base de l'art. 102 TFUE. Cet abus prenait la forme d'entraves des ventes transfrontalières de gaz parmi les États membres ; d'une politique tarifaire déloyale et ; d'investissement insuffisant dans les infrastructures de transport de gaz russe. Gazprom, afin d'éviter les sanctions, a proposé des engagements sur la base du règlement 1/2003 qui ont été considérés comme satisfaisants par la Commission. Voir : Commission européenne, Fiche d'information, Bruxelles, le 22 avril 2015, « *Abus de position dominante : La Commission adresse une communication des griefs à Gazprom* » ; disponible sur : http://europa.eu/rapid/press-release_MEMO-15-4829_fr.htm (consulté le 10/08/2022). Voir aussi : Commission européenne, Communique de presse, Bruxelles, le 13 mars 2017, « *Abus de position dominante : la Commission invite les parties intéressées à faire part de leurs observations sur les engagements de Gazprom concernant les marchés gaziers d'Europe centrale et orientale* »; disponible sur : http://europa.eu/rapid/press-release_IP-17-555_fr.htm (consulté le 10/08/2022); SANDBERG L., « Competition policy as a tool to complete the EU's internal gas market: antitrust », *in* JONES C. (dir.), *EU Energy Law. Volume XI – The role of Gas in the EU's Energy Union*, Deventer (Netherlands), Leuven (Belgium), éd. Claeys & Casteels, 2017, pg. 317-339, pg. 335.

par des fournisseurs alternatifs et surtout de promouvoir les sources propres des pays européens.

348. Plus les interconnexions se développeront, plus la sécurité de l'approvisionnement se trouvera renforcée et donc moins il sera nécessaire de conclure des contrats à long terme qui verrouillent le marché. La diversification des sources permettra aussi de réduire le coût d'importation du gaz, un élément important étant donné que cette énergie pourrait devenir une alternative importante pour la production d'électricité.

349. Par ailleurs, dans le cadre de la transition énergétique qui impose l'augmentation de l'utilisation des énergies renouvelables, la production d'électricité ne peut uniquement reposer sur des sources qui assurent une production intermittente et flexible. Il est nécessaire qu'une source stable puisse toujours couvrir la demande. Le gaz en est une, puisqu'il est stockable. Sa part dans le mix énergétique sera amenée à s'accroître dans les années à venir. Déjà, en avril 2020, on peut relever que la capacité de production à partir du gaz naturel était de 30 % ; à partir des énergies renouvelables de 22 % ; à partir des interconnexions de 18 % ; à partir du lignite de 10 % ; à partir de l'hydroélectricité de 6 %[179].

350. La Grèce, grâce à sa position géographique et à l'augmentation des interconnexions gazières, pourra jouer un rôle clé dans le renforcement de la sécurité de l'approvisionnement en gaz des pays européens.

351. Outre la diversification des sources d'approvisionnement en gaz, une autre évolution se produit en Grèce, pouvant conduire à une réduction des importations de gaz de pays tiers : la recherche et l'exploitation d'hydrocarbures qui se trouvent sur le territoire grec **(II)**.

II. Le développement de la recherche et de l'exploitation des hydrocarbures sur le territoire grec

352. La recherche d'hydrocarbures qui se trouvent dans le sol grec n'a pu être réellement développée qu'à partir des années 2010, pour plusieurs raisons : manque de volonté politique, risques et coûts des investissements, donnés technologiques insuffisantes[180].

---

[179] Voir sur le site du gestionnaire de réseau de transport électrique (ADMIE) : « *Bulletin mensuel de l'énergie* », avril 2020, pg. 1-36, pg. 2; disponible sur : https://www.admie.gr/en/market/reports/monthly-energy-balance (consulté le 10/08/2022).

[180] C'est en 1903 qu'une entreprise anglaise a exprimé pour la première fois un intérêt pour l'exploitation des hydrocarbures à l'ouest de la Grèce. Les recherches et les pratiques adoptés jusqu'en 1960, considérant l'instabilité politique de l'époque, n'ont cependant pas donné des résultats. À partir de 1960, les recherches se sont multipliées dans plusieurs régions du pays et des autorisations de recherche ont été octroyées à des entreprises étrangères. Les résultats ont toutefois été peu encourageants. Ce n'est qu'à partir de 2010 que l'exploitation des hydrocarbures est devenue une priorité de l'agenda politique des gouvernements grecs. Voir : TSITLAKIDOU E., *Réglementation législative et conventionnelle de l'exploitation des hydrocarbures en Grèce*

353. Avec la loi n° 4001/2011, qui a transposé les directives de libéralisation de 2009, a été créée l'entreprise hellénique de gestion des hydrocarbures (« *Hellenic Hydrocarbon Resources Management S.A. /HHRM S.A.* », « *Ελληνική Διαχειριστική Εταιρεία Υδρογονανθράκων/ΕΔΕΥ* »)[181]. Le but de cette entreprise est de gérer les droits exclusifs au nom de l'État grec quant à la recherche et l'exploitation des hydrocarbures dans des régions terrestres et maritimes où l'État grec dispose des droits souverains ; gérer et surveiller les contrats pour l'exploitation des hydrocarbures ; planifier l'exploitation des hydrocarbures ; fournir des avis au ministre de l'Environnement, de l'Énergie et du Changement climatique sur les régions auxquelles des droits d'exploitation pourraient être concédés ; réaliser des enchères pour l'attribution de contrats de recherche et d'exploitation des hydrocarbures ; adopter des règles de sécurité quant à l'exploitation des hydrocarbures ; promouvoir le pays à travers des investissements dans le domaine des hydrocarbures[182].

354. L'entreprise HHRM appartient exclusivement à l'État grec, sous forme de société anonyme, et a une durée de 99 ans[183]. Sur le territoire grec, plusieurs études indiquent que des hydrocarbures se trouvent dans la mer ionienne et au sud de la Crète. La prospection et l'exploration se réalisent tant dans des régions terrestres (*onshore blocks*) que des régions maritimes (*offshore blocks*)[184]. On dénombre neuf autorisations octroyées en vue de la prospection et de l'exploration des hydrocarbures[185]. Par ailleurs, comme on l'a déjà noté, un projet important, qui a débuté en 2020, est le gazoduc *EastMed* qui permettra l'exploitation des hydrocarbures qui se trouvent dans la Méditerranée, notamment les ressources au sud de la Crète, Chypre et Israël[186].

(mémoire sous la direction de GLAVINIS P., AGGELIDIS D.), Université de Thessalonique, 2017, pg. 1-88, pg. 4, 8.

[181] Art. 145 « *Création de l'entreprise "Hellenic Hydrocarbon Resources Management S.A."* » de la loi n° 4001/2011.

[182] Art. 146 « *But de l'entreprise* », par. 1 de la loi n° 4001/2011.

[183] Art. 145 « *Création de l'entreprise "Hellenic Hydrocarbon Resources Management S.A."* » de la loi n° 4001/2011.

[184] Les régions terrestres où se réalisent des recherches des hydrocarbures sont : Aitoloakarnania, Ioannina, Arta-Préveza, Nord de Péloponnèse ; et les régions maritimes sont : Katakolo, Golf de Patras, Mer Thracien, et Sud de la Crète. Voir sur le site de « *Hellenic Hydrocarbon Resources Management S.A.* » (HHRM) les entreprises qui gèrent les hydrocarbures « *Entreprise hellénique de la gestion des hydrocarbures (HHRM)* »; disponible sur : https://www.greekhydrocarbons.gr/en/ExplorationDevelopmentProduction_en.html (consulté le 10/08/2022).

[185] Voir sur le site de « *Hellenic Hydrocarbon Resources Management S.A.* » (HHRM) : https://www.greekhydrocarbons.gr/gr/ExplorationDevelopmentProduction_gr.html (consulté le 10/08/2022).

[186] C'est une question d'une haute importance géopolitique étant donné que la Turquie revendique tant les hydrocarbures au sud de la Crète, à la suite d'un accord bilatéral entre la Turquie et la Libye, que les hydrocarbures au sud de Chypre. En effet, en violation des règles du droit

Les schémas ci-dessous exposent les hydrocarbures présents sur le territoire grec, ainsi que le gazoduc *Eastmed.*

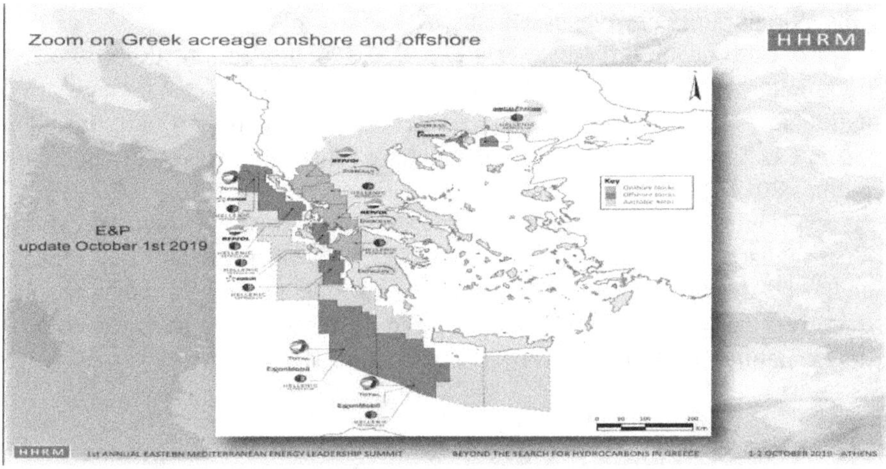

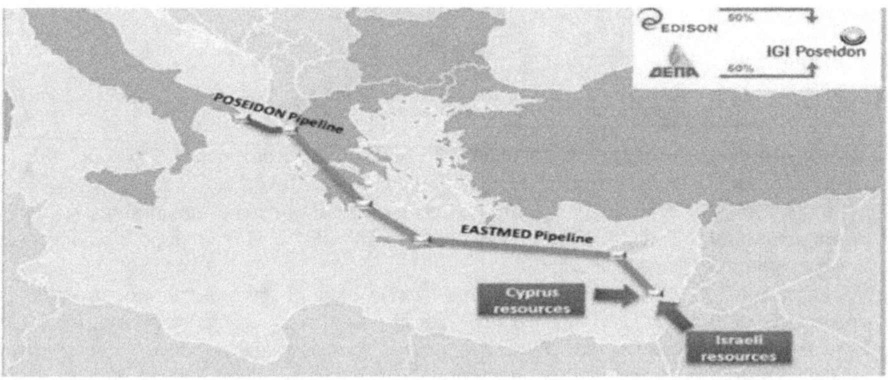

Source :https://www.greekhydrocarbons.gr/en/ExplorationDevelopmentProduction_en.html

https://www.energia.gr/article/96069/treis-prosfores-katatethhkan-ston-diagonismo-gia-toys-ydrogonanthrakes-sta-20-thalassia-oikopeda-se-dytikh-ellada-kai-krhth

355. La recherche et le développement des hydrocarbures au sud de l'Europe aura une importance cruciale pour le marché gazier européen et national. Ils permettront notamment de limiter les importations en gaz ; renforcer la sécurité de l'approvisionnement ; promouvoir la compétitivité des entreprises ; diminuer le montant des factures des clients ; contribuer à la transition énergétique en offrant une source d'énergie sécure et stable. De

international public, la Turquie ne reconnaît pas les eaux territoriales des îles grecques dans la mer Égée, tel que celles de la Crète, refusant ainsi la souveraineté de l'État grec sur les hydrocarbures ; la Turquie ne reconnaît pas non plus Chypre en tant qu'État souverain. Ainsi, l'exploitation des hydrocarbures nécessite la détermination préalable des zones maritimes entre ces pays voisins.

plus, une telle exploitation fera de la Grèce non seulement un producteur de gaz naturel mais aussi un « exportateur » vers les pays européens. Une telle perspective peut avoir un impact positif sur l'économie du pays et le rendre plus attirant pour des investissements[187].

356. La procédure d'octroi et d'exercice des autorisations de prospecter, d'exploiter et d'extraire les hydrocarbures est prévue dans la législation nationale[188] et européenne, notamment la directive d'harmonisation 94/22/CE[189] et de manière complémentaire dans la directive des marchés publics 2014/25/UE[190].

357. Outre la diversification des sources d'approvisionnement en gaz qui s'est réalisée ces dernières années en Grèce, il est nécessaire de créer un cadre et des instruments d'échange entre opérateurs. En ce sens, les directives de libéralisation visent une européanisation des marchés de gros de gaz naturel des États membres **(Sous-section II)**.

---

[187] Décision n° 78 du Conseil de politique économique du gouvernement « *Approbation de la feuille de route du marché de gaz naturel* », *JO* B 59 du 18/01/2018.

[188] Loi n° 2289/1995, « *Recherche, exploration et exploitation des hydrocarbures et autres dispositions* », *JO* A 27 du 08/02/1995. Voir aussi la loi n° 4001/2011 qui transpose les directives de libéralisation de l'énergie de 2009.

[189] La directive 94/22/CE vise à « *assurer l'accès non discriminatoire aux activités de prospection, d'exploration et d'extraction des hydrocarbures, et leur exercice, dans des conditions qui favorisent une plus grande concurrence dans ce secteur et, par-là, de favoriser les meilleures méthodes possibles pour prospecter, exploiter et extraire les ressources des États membres et de renforcer l'intégration du marché intérieur de l'énergie* ». Préambule de la directive 94/22/CE du Parlement européen et du Conseil du 30 mai 1994 sur les conditions d'octroi et d'exercice des autorisations de prospecter, d'exploiter et d'extraire des hydrocarbures, *JOCE* N° L 164/3 du 30/06/1994.

[190] Selon l'art. 25 du préambule de la directive 2014/25/UE : « *Il convient d'exclure la passation de marchés aux fins de l'exploration pétrolière et gazière, étant donné qu'il a été systématiquement constaté que ce secteur est soumis à une telle pression concurrentielle que la discipline de passation de marchés apportée par les règles de passation des marchés de l'Union n'est plus nécessaire. Etant donné que l'extraction de pétrole et de gaz continue de relever du champ d'application de la présente directive, il est peut-être nécessaire de faire la distinction entre exploration et extraction. Ainsi, il convient d'entendre par "exploration" les activités qui sont entreprises afin de déterminer si l'on trouve dans une zone donnée du pétrole et du gaz et, si tel est le cas, s'ils sont commercialement exploitables, tandis que par "extraction", il convient d'entendre la "production" de pétrole et de gaz* ». Pt. 25 du préambule et art. 14 « *Extraction de pétrole et de gaz et exploration et extraction de charbon et d'autres combustibles solides* » de la directive 2014/25/UE du Parlement européen et du Conseil du 26 février 2014 relative à la passation de marchés par des entités opérant dans les secteurs de l'eau, de l'énergie, des transports et des services postaux et abrogeant la directive 2004/17/CE, *JOUE* L 94 du 28/03/2014.

Sous-section II :
Vers une européanisation du marché de gros de gaz naturel : l'adoption du « *Gas Target Model* »

358. Une fois que le gaz est importé (ou produit), il reste à le partager entre les opérateurs qui souhaitent l'injecter dans le réseau afin d'approvisionner les consommateurs finaux. La phase de négoce du gaz organise l'accès au réseau gazier selon une logique identique à celle qui sous-tend les marchés de gros de l'électricité. Toutefois, les marchés de gros gaziers sont beaucoup moins développés dans les pays européens que les marchés de gros électriques. Une même question se pose également : qui pourra entrer dans le réseau de transport gazier et pour quelle capacité ?

359. Il s'agit ici de s'intéresser à la vente en gros du gaz importé et à son achat par les fournisseurs qui souhaitent l'injecter dans le réseau. Le marché de gros est lié au marché de fourniture : afin que les fournisseurs puissent participer au marché de gros, ils doivent pouvoir entrer dans le réseau et offrir leurs services aux consommateurs. S'il existe un monopole pour la fourniture, le gaz importé sera injecté dans le réseau et fourni aux consommateurs par le fournisseur exclusif. En d'autres termes, le marché de gros présuppose que le segment de la fourniture soit ouvert à la concurrence.

360. En effet, les marchés de gros gaziers n'étaient pas suffisamment développés dans tous les pays européens. C'étaient surtout dans les pays de l'Europe de nord et centrale où ont initialement fonctionné de tels marchés qui ont été des exemples pour le législateur européen.

C'est à partir de 2009, avec le troisième paquet de libéralisation, qu'un « Modèle cible de gaz naturel » (*Gas Target Model*) a été envisagé en vue de la création d'un cadre harmonisé de marchés de gros dans les pays européens[191]. Les contrats gaziers, comme on a pu le mentionner, ont traditionnellement une longue durée afin de répercuter les coûts de la construction de gazoducs et d'apporter une certaine sécurité aux contractants. Le modèle cible mentionné vise toutefois à multiplier les modalités d'échanges entre les opérateurs, en permettant le développement, à côté des contrats à long terme, de contrats à court terme[192].

361. Quant au lieu, les échanges de gaz naturel se réaliseront à travers des nœuds de gaz naturel (*hubs of natural gas*) qui sont soit des points physiques soit des points virtuels, non physiques, regroupant les échanges de gaz entre les pays voisins, avant son injection dans le réseau.

---

[191] Règlement (CE) 715/2009 du Parlement européen et du Conseil du 13 juillet 2009 concernant les conditions d'accès aux réseaux de transport de gaz naturel et abrogeant le règlement (CE) 1775/2005, *JOUE* L 211/36 du 14/08/2009.

[192] LEMAIRE C., *Energie et concurrence. Recherches sur les mutations juridiques induites par la libéralisation des secteurs de l'électricité et du gaz naturel*, *op.cit.*, pg. 506.

362. Le marché de gros gazier en Grèce n'était pas vraiment développé jusqu'en 2018. On l'a vu, la grande partie des régions approvisionnées en gaz étaient considérées comme des « marchés émergents » caractérisée par un monopole de l'opérateur historique (DEPA) pour la fourniture, jusqu'en 2018. Pour le reste des régions, peu nombreuses, les marchés de gros fonctionnaient sur la base d'accords bilatéraux conclus entre les importateurs et les fournisseurs[193].

363. Cependant, les memoranda d'accord ont voulu le développement d'un marché de gros de gaz naturel en Grèce, conformément au *Gas Target Model*, afin que la Grèce devienne un centre important d'échanges de gaz au sud-est de l'Europe[194].

Dans les pages qui suivent, on présentera le contenu du *Gas Target Model* qui a encouragé en Grèce une multiplication des échanges de gaz entre les opérateurs avant l'injection du gaz dans le réseau **(I)**, ainsi que la création d'un point virtuel pour réaliser ces échanges : le « *virtual trading point* » **(II)**.

I. La multiplication des échanges de gaz

364. Le *Gas Target Model* a été conçu dans le troisième paquet de libéralisation, notamment le règlement n° 715/2009, dans le but de renforcer le fonctionnement du marché intérieur de gaz naturel[195]. Puis, le règlement 2013/984 a initialement prévu des règles communes aux États membres pour l'allocation de capacités aux opérateurs avant injection du gaz dans le réseau[196]. Ce texte a ainsi renforcé l'harmonisation européenne en la matière et prévu que l'allocation de capacités se fera suivant une procédure

---

[193] RAE, « *National Report 2018. Regulation and performance of the electricity market and the natural gas market in Greece, in 2017* », *op.cit.*, pg. 132.

[194] Décision n° 78 du Conseil de politique économique du gouvernement « *Approbation de la feuille de route du marché de gaz naturel* », *op.cit.*

[195] Le règlement n° 715/2009 sur les interconnexions gazières vise à « *faciliter l'émergence d'un marché de gros qui soit transparent, qui fonctionne bien et qui présente un niveau élevé de sécurité d'approvisionnement en gaz et mettre à disposition des mécanismes pour harmoniser les règles d'accès au réseau en matière d'échanges transfrontaliers de gaz* ». Art. 1 « *Objet et champ d'application* » règlement (CE) 715/2009 du Parlement européen et du Conseil du 13 juillet 2009 concernant les conditions d'accès aux réseaux de transport de gaz naturel et abrogeant le règlement (CE) 1775/2005, *op.cit.* Voir aussi: Agency for the Cooperation of Energy Regulators (ACER), '*European Gas Target Model Review and Update*', Ljubljana, January 2015, pg. 1-45, pg. 8; disponible sur :
http://www.acer.europa.eu/events/presentation-of-acer-gas-target-model-/documents/european%20gas%20target%20model%20review%20and%20update.pdf (consulté le 10/08/2022).

[196] Règlement (UE) 984/2013 de la Commission du 14 octobre 2013 relatif à l'établissement d'un code de réseau sur les mécanismes d'attribution des capacités dans les systèmes de transport de gaz et complétant le règlement (CE) 715/2009 du Parlement européen et du Conseil, *JOUE* L 273/5 du 15/10/2013.

aux enchères sur la base des capacités techniques et économiques des opérateurs[197].

365. L'attribution de capacités, selon les règlements d'harmonisation, se fait désormais en plusieurs temps ; tant sur le long terme que sur le court terme (spot). Les enchères portent sur des capacités annuelles, trimestrielles, mensuelles, journalières, voire infra-journalières. À cet égard, l'analyse du marché de gros d'électricité s'applique *mutatis mutandis* à celui du gaz. Ainsi quatre marchés de gros gaziers sont créés : le marché à (long) terme, le marché journalier « en avant », le marché infra-journalier et le marché d'ajustement. Le but de cette multiplication des capacités est de créer des marchés plus flexibles donnant la possibilité de conclure des contrats qui ne seront pas seulement de long terme, cloisonnant le marché, mais aussi de court terme.

Pour l'électricité, la logique est inverse : la règle est que les échanges se fassent sur le court terme parce que l'électricité ne se stocke pas suffisamment à l'heure actuelle ; une situation qui crée une volatilité sur le marché à laquelle le législateur européen a voulu remédier. Afin de garantir une plus grande stabilité de la chaîne électrique, ce dernier a promu des marchés à long terme à côté des marchés spot. Pour le gaz, la règle est l'existence de contrats à long terme afin, notamment, de financer les infrastructures, cependant, en raison d'un risque de cloisonnement des marchés avec des contrats à long terme, le législateur a souhaité encourager la conclusion de contrats à court terme. Pour autant, le résultat pour les deux types d'énergie est le même : une augmentation des échanges avec le *European Target Model.*

366. Une multiplication des échanges, sur plusieurs durées (court et long terme), avant l'injection du gaz dans le réseau peut renforcer le développement de la concurrence sur le marché de gros gazier, ce qui permettrait une meilleure sécurité de l'approvisionnement en gaz[198]. Plus pluraliste est le marché en amont, moins il y aura de dépendance à une source particulière d'approvisionnement qui peut être assujettie à des conflits politiques ou à des congestions techniques[199]. Un renforcement de la concurrence sur le marché de gros de gaz contribue à la promotion du

---

[197] Règlement (UE) 2017/459 de la Commission du 16 mars 2017 établissant un code de réseau sur les mécanismes d'attribution des capacités dans les systèmes de transport de gaz et abrogeant le règlement (UE) 984/2013, *JOUE* L 72/1 du 17/03/2017.

[198] Dans son rapport portant sur le *Gas Target Model*, l'agence de coopération des régulateurs de l'énergie au niveau européen (Agency for the Cooperation of Energy Regulators/ACER) souligne que des marchés concurrentiels peuvent assurer la sécurité de l'approvisionnement du gaz naturel, une exigence importante pour l'Europe qui en la matière n'est pas autonome. Agency for the Cooperation of Energy Regulators (ACER), '*European Gas Target Model Review and Update*', *op.cit.*, pg. 15.

[199] *Ibidem*, pg. 5.

marché de détail et, finalement, à l'approfondissement du marché intérieur de gaz naturel.

367. Pour la Grèce, l'application du *Gas Target Model* peut être conçu après 2018, date à laquelle le marché gazier grec a donc perdu son statut de « marché émergent » et s'est entièrement ouvert à la concurrence. Ce modèle est en cours de mise en œuvre dans l'ordre juridique grec. Les échanges sur le marché de gros se réaliseront en Grèce dans un « point » qui sera virtuel : un « *Virtual Trading Point* » a été créé **(II)**.

II. De la création d'un « *Virtual Trading Point* » au développement de bourses d'échange de gaz

368. Quant au lieu des échanges de gaz, le *Gas Target Model* a envisagé la création de points (ou nœuds, en anglais *hubs*), comparables aux bourses pour l'électricité ; une innovation encouragée par les régulateurs européens. Les nœuds de gaz naturel (*hubs of natural gas*) sont soit des points physiques soit des points virtuels, non physiques, regroupant les échanges (« trading ») de gaz entre les pays voisins, avant son injection dans le réseau. De tels dispositifs fonctionnent déjà dans quelques pays européens[200].

Selon le rapport de l'ACRE sur le *Gas Target Model* : « *In their approach, regulators see a competitive European gas market as a combination of entry-exit zones with virtual hubs. Their vision suggests that the development of competition should be based on the development of liquid hubs across Europe at which gas can be traded (these may be national or cross-border). Market integration should be served by efficient use of infrastructures, allowing market players to freely ship gas between market areas and respond to price signals to help gas flowing to where it is valued most. The target model has to allow for sufficient and efficient levels of infrastructure investment, in particular where physical congestions hinder market integration* »[201].

---

[200] En Europe, il existe des marchés de gros gaziers en Grande Bretagne (NBP), qui sont premièrement apparus en 1996, puis en 2000 en Belgique (Zeebrugge/ZEE), en 2003 aux Pays Bas (TTF), en 2009 en Allemagne (il y a deux nœuds de gaz : le NCG et le GPL), en 2011 en France (il y a deux nœuds de gaz : le PEG Nord et le TRS pour le sud). Voir : SABLIERE P., *Droit de l'énergie*, *op.cit.*, pg. 1407 ; HEATHER P., « The evolution of European traded gas hubs », *The Oxford Institute for Energy Studies*, OIES PAPER/ NG 104, December 2015, pg. 1-124, pg. 27; disponible sur: https://www.oxfordenergy.org/wpcms/wp-content/uploads/2016/02/NG-104.pdf (consulté le 10/08/2022).

[201] ACRE (ACER en anglais): « *European Gas Target Model Review and Update* », *op.cit.*, pg. 9.

369. C'est à partir de 2018 qu'un « *Virtual Trading Point* » pour les échanges sur le marché gazier a été créé en Grèce[202]. En droit civil des obligations grec, le gaz est considéré comme un objet, un bien[203], donc les échanges de gaz naturel ont la nature de vente d'une chose. Tout d'abord, un contrat de vente de gaz est conclu, créant l'obligation pour le vendeur de donner la chose vendue et l'obligation pour l'acheteur de payer pour la chose vendue[204] ; puis, l'obligation de transférer la propriété de la chose vendue par le vendeur à l'acheteur ; enfin, le paiement par l'acheteur[205].

370. La création d'un « *Virtual Trading Point* » est une évolution importante compte tenu notamment des interconnexions et des infrastructures gazières qui se développent en Grèce. En effet, à travers les interconnexions internationales - *via* les gazoducs *TAP*, *IGB*, *IGI Poseidon, Eastmed* -, la construction d'installations de stockage de gaz ou encore la création de plusieurs terminaux d'installations de GNL, l'accès au réseau gazier en Grèce pourra être encouragé.

371. De plus, la loi n° 4425/2016 avait prévu la possibilité de l'inclusion des échanges gaziers dans l'EnEx, après décision du régulateur national[206]. Ainsi, en mars 2022, le régulateur RAE a approuvé la réalisation des échanges de gros à court terme (journaliers, infra-journaliers) en gaz naturel dans le cadre de bourses de l'énergie, comme c'est le cas pour l'électricité[207]. Les échanges des produits gaziers dans le cadre de bourses ainsi que le développement d'interconnexions gazières

---

[202] Voir le rapport annuel de l'Institut de l'énergie du Sud-est de l'Europe (IENE), « *Le secteur énergétique grec* », 2019, *op.cit.*, pg. 71 ; Décision n° 78 du Conseil de politique économique du gouvernement « *Approbation de la feuille de route du marché de gaz naturel* », *op.cit.*

[203] Art. 947 du Code civil grec « *Biens* » : « *Les choses au sens de la loi, ne sont que des objets tangibles. En tant que choses sont considérées les forces naturelles ou des énergies, notamment l'électricité et la chaleur dans la mesure où elles sont sous possession et sont limitées dans une certaine zone* ». L'électricité est assimilée à un bien.

[204] Art. 513 du Code Civil grec : « *Par le contrat de vente, le vendeur est obligé de transférer la propriété de la chose ou du droit, qui fait l'objet de la vente, et de livrer la chose et l'acheteur est obligé de payer le prix convenu* ».

[205] Art. 1034 du Code Civil grec : « *Le transfert de propriété d'un meuble nécessite le transfert de son titre du propriétaire à l'acquéreur, et tous deux conviennent que la propriété soit transférée* ». OIKONOMOPOULOS I., « Echanges de gaz naturel au point de notification virtuel : la dimension juridique » (« Συναλλαγές φυσικού αερίου στο εικονικό σημείο δηλώσεων : η νομική διάσταση »), University of Pireus, *Energy papers*, January 2016, pg. 1-17, pg. 10 ; disponible sur : https://energypress.gr/sites/default/files/media/energy_papers_january_2016.pdf (consulté le 10/08/2022).

[206] Loi n° 4425/2016, « *Dispositions d'urgence des Ministères des Finances, de l'Environnement et de l'Energie, de Transport et des Réseaux, du Travail, de la Sécurité sociale et Solidarité sociale pour la mise en œuvre des accords relatifs aux objectifs budgétaires et des réformes structurelles et d'autres dispositions* », *op.cit.*

[207] Décision de la RAE n° 60/2022, « *Approbation du fonctionnement des achats de gaz naturel par la société anonyme EnEx conformément aux dispositions de l'article 19 de la loi n° 4425/2016* », *JO* B 454 du 07/02/2022. Voir aussi : Le rapport de la RAE, « *Rapport d'activité 2020* », *op.cit.*, pg. 1-418, pg. 184.

sont des éléments qui peuvent convertir la Grèce en un hub énergétique important au sud-est de l'Europe en permettant un couplage avec des marchés périphériques, notamment de la Slovénie, de la Croatie, de la Roumanie et de la Bulgarie[208].

372. Les mesures analysées relatives au marché de gros du gaz en Grèce, adoptées à la suite du *Gas Target Model*, encouragent ainsi la création d'un marché gazier organisé, libéralisé, fluide, flexible et interconnecté.

208 KLAUSER B., SHAVLAK S., « The Internal gas market: achievements, challenges and the next steps », *in* JONES C. (dir.), *EU Energy Law. Volume XI – The role of Gas in the EU's Energy Union*, *op.cit.*, pg. 173-202, pg. 199. Aussi voir : Décision n° 78 du Conseil de politique économique du gouvernement « *Approbation de la feuille de route du marché de gaz naturel* », *op.cit.* ; HEATHER P., « The evolution of European traded gas hubs », *op.cit.*, pg. 57.

Conclusion du chapitre I

373. Les marchés en amont des réseaux énergétiques ont été profondément modifiés durant la crise économique qu'a connu la Grèce. Les opérateurs historiques ont longtemps été dominants mais des mesures ont été adoptées, après la signature des memoranda d'accord, afin de consolider la concurrence sur le segment de la production mais aussi à l'égard des importations et sur les marchés de gros.

374. Concernant l'électricité, la réorganisation du marché a été envisagée avec une limitation du pouvoir de l'opérateur historique. Les sanctions de la Cour de Justice de l'Union européenne relatives à l'accès privilégié de celui-ci aux gisements de lignite ont conduit à l'adoption de la loi *NOME* en 2016 qui obligea l'opérateur historique à céder une partie de sa production à ses concurrents. Outre, des mesures visant à ouvrir la production à la concurrence, des mécanismes ont été instaurés afin d'assurer que la production sera toujours suffisante pour couvrir la demande. Ainsi, le mécanisme d'interruptibilité et le mécanisme de flexibilité ont été mis en place dans le but d'assurer l'équilibre du système électrique.

375. Les marchés de gros électriques se sont européanisés à partir de 2015, conformément à l'*Electricity Target Model*. Désormais, les échanges avant l'entrée de l'électricité dans le réseau se multiplient et se réalisent en plusieurs temps, à long et à court terme. Le *Hellenic Energy Exchange* a été créé en 2018 ; s'y effectuent des échanges à court terme (*spot*).

376. Pour le gaz naturel, sur le segment en amont du réseau, durant la crise économique, une diversification des sources d'approvisionnement en gaz s'est produite ainsi que le développement de l'exploitation de sources d'hydrocarbures propres au pays. Un marché gazier ouvert et interconnecté a plusieurs avantages : il renforce la sécurité de l'approvisionnement en gaz naturel ; encourage la concurrence ; limite le coût et la dépendance en approvisionnement en gaz ; promeut la compétitivité des entreprises. L'exploitation de ressources propres en Grèce peut transformer le pays en producteur mais aussi en exportateur de gaz naturel vers les autres pays européens, avec des bénéfices à long terme pour l'économie du pays.

377. Concernant le marché de gros gazier grec, sous-développé jusqu'en 2018, le *Gas Target Model* a procédé à une européanisation de ce type de marché à partir de 2015, ce qui a engendré une multiplication des échanges entre États membres à court comme à long terme. Pour la réalisation des échanges gaziers à court terme a été créé en 2018 le « *Virtual Trading Point* » et en 2022 a été approuvée la réalisation de tels échanges dans le cadre du *Hellenic Energy Exchange*.

378. Les mesures adoptées durant la crise économique en Grèce, à la suite des memoranda d'accord, ainsi que la législation européenne ont rendu les marchés en amont des réseaux énergétiques concurrentiels, offrant ainsi un cadre stable, prévisible et harmonisé pour les opérateurs. La Grèce, avec l'européanisation des marchés de gros, envisage de devenir un nœud énergétique important pour les échanges gaziers et électriques au sud-est de l'Europe (« *regional hub* »)[1]. La consolidation de la concurrence sur les marchés en amont des réseaux permettra le développement de la concurrence de détail et contribuera *in fine* à l'approfondissement du marché intérieur européen de l'énergie.

379. Après avoir examiné les mesures visant le renforcement de la concurrence sur le segment en amont des réseaux d'électricité et de gaz naturel, il s'agit d'analyser les mesures introduites pendant la crise économique qui ont visé à renforcer la concurrence s'agissant des activités qui interviennent en aval du réseau énergétique **(Chapitre II)**.

---

[1] Commission européenne « *Enhanced surveillance report* », Greece, November 2019, Institutional Paper 116, pg. 1-154, pg. 102; disponible sur: https://ec.europa.eu/info/sites/info/files/economy-finance/ip116_en.pdf (consulté le 10/08/2022) ; Rapport annuel de l'Institut de l'énergie du Sud-est de l'Europe, « *Le secteur énergétique grec* », *op.cit.*, pg. 144.

CHAPITRE II.

La consolidation des marchés en aval de(s) réseau(x)

380. Les activités en aval correspondent à la vente par des fournisseurs, y compris la revente, d'électricité et de gaz, ainsi que du GNL, à des clients finaux[1]. Les directives de libéralisation ont opéré une distinction des clients, classés en catégories : clients grossistes, clients finaux, clients résidentiels (« domestiques » ou « particuliers »), clients non résidentiels (industriels), clients éligibles et clients non éligibles[2].

381. La concurrence sur le segment de la fourniture d'électricité et de gaz a été introduite de manière progressive, par le biais de trois phases successives de libéralisation, en considérant la notion de « client éligible » selon laquelle le client peut choisir librement son fournisseur[3] « quel que soit l'État membre dans lequel est établi ce fournisseur »[4]. Cependant, afin que chaque fournisseur puisse être choisi librement par les consommateurs et offrir des services qui répondent à leurs besoins, il doit d'abord pouvoir accéder au réseau[5]. Le réseau, comme on l'a relevé, est un passage

---

[1] Art. 2 « *Définitions* » de la directive 2009/72/CE ; art. 2 « *Définitions* » de la directive 2009/73/CE.

[2] Art. 2 « *Définitions* » de la loi n° 4001/2011 qui transpose les directives 2009/72/CE pour l'électricité et 2009/73/CE pour le gaz. Le client grossiste est « *une personne physique ou morale qui achète l'électricité pour la revendre à l'intérieur ou à l'extérieur du réseau où elle est installée* ». Le client final est « *un client achetant de l'électricité pour sa consommation propre* ». Le client résidentiel est « *un client achetant de l'électricité pour sa propre consommation domestique, ce qui exclut les activités commerciales ou professionnelles* ». Le client non résidentiel est « *une personne physique ou morale achetant de l'électricité non destinée à son usage domestique, y compris les producteurs et les clients grossistes* ». Les clients éligibles sont « *les clients qui peuvent choisir leur fournisseur de gaz naturel ou d'électricité* ».

[3] Art. 2 « *Définitions* », pt. 12 de la directive 2009/72/CE ; art. 2 « *Définitions* », pt. 28 de la directive 2009/73/CE.

[4] BREVILLE A., VIDAL L., « Approche générale. Aspects juridiques », *in Annales de la régulation*, volume 1 (2006), tome 9, Institut André Tunc, Paris, LGDJ, 2006, pg. 243-293, pg. 251.

[5] *Ibidem*, pg. 281.

nécessaire, une « facilité essentielle » (*essential facility*) pour reprendre la notion américaine, un « pont » entre les consommateurs et les fournisseurs. La possibilité de pouvoir choisir un fournisseur pour le consommateur et la liberté d'approvisionner de l'énergie pour le fournisseur sont les deux faces d'une même pièce.

382. Les premières directives de libéralisation prévoyaient que les États membres fixent des seuils d'ouverture à la concurrence du marché de détail au regard de la consommation[6]. Les clients qui avaient une consommation supérieure à ce seuil étaient considérés comme « éligibles » et pouvaient choisir librement leur fournisseur tandis qu'en-dessous de celui-ci, les clients étaient considérés comme « non éligibles » et obligés de conclure des contrats de fourniture avec le fournisseur exclusif, qui était l'opérateur historique.

C'est avec les deuxièmes directives de libéralisation, notamment à partir du 1er juillet 2007, que le segment de la fourniture a totalement été ouvert à la concurrence et que toutes les catégories des consommateurs ont été considérées comme éligibles, dans tous les États membres[7]. À partir de cette date, tous les clients ont donc eu la possibilité de choisir leur fournisseur et tous les fournisseurs ont pu offrir librement leurs services et, par conséquent, ont aussi eu le droit de conclure des accords d'accès au réseau en tenant compte de la capacité de ce dernier.

383. Pour un consommateur éligible, deux éléments sont importants : la souplesse de choisir de fournisseur ; le niveau de prix[8]. Dans un contexte libéralisé, on s'attendrait à ce que le prix soit le résultat du jeu du marché et qu'il y ait plusieurs opérateurs en concurrence. La fixation du prix est un élément clé sur un marché concurrentiel comme le sont les marchés de fourniture d'électricité et de gaz. Le prix implique des dépenses pour les consommateurs et des recettes pour les fournisseurs[9]. Il constitue un signal important pour les acteurs du marché en ce qu'il donne des informations quant à la rareté d'un bien, le coût de celui-ci et le niveau de la demande[10].

---

[6] Art. 19 de la directive 96/92/CE pour l'électricité ; art. 18 de la directive 98/30/CE pour le gaz.

[7] Selon l'art. 21 « *Ouverture du marché et réciprocité* », par. 1 de la directive 2003/54/CE (électricité) : « *Les États membres veillent à ce que les clients éligibles soient : a) jusqu'à le 1er juillet 2004, les clients visés à l'art. 19, paragraphes 1, 2 et 3, de la directive 96/92/CE. Les États membres publient, au plus tard le 31 janvier de chaque année, les critères de définition de ces clients éligibles ; b) à partir du 1er juillet 2004 au plus tard, tous les clients non résidentiels ; c) à partir du 1er juillet 2007, tous les clients* ». Il en est de même s'agissant du gaz avec l'art. 23 « *Ouverture des marchés et réciprocité* » de la directive 2003/55/CE (gaz).

[8] COLSON J.-P., IDOUX P., *Droit public économique*, Paris, LGDJ, 9e édition, 2018, pg. 229.

[9] MARCOU G., STAROPOLI C., « Tarifs réglementés ou concurrence ? Aspects juridiques et comportementaux », *in* MARCOU G., EILLER A.-C., POUPEAU F.-M., STAROPOLI C. (dir.), *Gouvernance et innovations dans le système énergétique. De nouveaux défis pour les collectivités territoriales,* Paris, L'Harmattan, coll. « GRALE », 2015, pg. 221-246, pg. 221.

[10] LANNEAU R., « Régulation tarifaire », *in* BAZEX M., ECKERT G., LANNEAU R., LE BERRE C., DU MARAIS B., SEE A. (dir.), *Dictionnaire des régulations*, Paris, LexisNexis,

Plus un bien est rare, plus il y a de demande et plus son prix s'élève[11]. Plus augmente l'offre, plus le prix baisse. Dans un marché équilibré, le prix doit être le résultat d'une rencontre adéquate entre l'offre et la demande[12].

384. Le niveau du prix détermine la possibilité effective d'accéder à un bien[13]. Or, l'électricité n'est pas un bien comme les autres : elle n'est pas substituable et elle est une condition d'une vie digne pour les personnes, de la compétitivité des entreprises et du développement des sociétés. C'est un « *bien de première nécessité* », pour reprendre le terme utilisé dans le Code de l'énergie français[14]. Un prix très élevé priverait de la jouissance de ce bien ; un prix très bas risquerait de ne pas permettre de couvrir les coûts des opérateurs. Sur les marchés de détail d'électricité et de gaz naturel, il peut y avoir deux types d'offres : les tarifs réglementés de vente fixés par les pouvoirs publics ; les tarifs de marché fixés librement par les fournisseurs[15].

385. Considérant l'importance du bien de l'énergie, les autorités publiques, dans un nombre important de pays européens, interviennent pour fixer les prix. Selon le rapport de l'Agence de Coopération des Régulateurs de l'Énergie (ACRE, *Agency for the Cooperation of Energy Regulators/ACER*), en 2015, plusieurs pays européens maintenaient des tarifs réglementés d'électricité soit pour tous les consommateurs, soit seulement pour les consommateurs résidentiels, tandis que d'autres appliquaient des tarifs libres d'électricité[16]. Il en est de même pour le gaz

---

2016, pg. 576-583, pg. 577 ; « Prix », *in* SILEM A., GENTIER A., ALBERTINI J.-M. (dir.), *Lexique d'économie*, Paris, Dalloz, 14e édition, 2016, pg. 678.

[11] LANNEAU R., *ibidem*, pg. 577. Cours du « *Droit de l'énergie* », donné par M. VIDAL Laurent à l'Université Paris 1 Panthéon-Sorbonne pendant l'année universitaire 2015-2016.

[12] « Prix », *in* SILEM A., GENTIER A., ALBERTINI J.-M. (dir.), *Lexique d'économie*, *op.cit.*, pg. 678.

[13] LONG M., « La tarification de l'énergie : la libéralisation au prisme de l'usager », *in* GRALE, *Droit et gestion des collectivités territoriales. Collectivités territoriales et énergie : ambitions et contradictions,* Paris, Le Moniteur, 2013, pg. 217-228, pg. 218.

[14] Art. L. 121-1 du Code de l'énergie.

[15] LONG M., « La tarification de l'énergie : la libéralisation au prisme de l'usager, *op.cit.*, pg. 220.

[16] En 2015 les États qui appliquent des tarifs réglementés d'électricité pour les consommateurs domestiques sont : la Pologne, la Roumanie, l'Espagne. Les pays qui appliquent des tarifs réglementés pour tous les consommateurs sont : la Danemark, la Lituanie, la France, la Slovaquie, la Hongrie, la Bulgarie, le Portugal. Les pays qui appliquent des prix libres sont : la Finlande, la Suède, la Norvège, l'Estonie, la Lettonie, le Royaume-Uni, l'Irlande, les Pays Bas, la Belgique, le Luxembourg, l'Allemagne, la République Tchèque, l'Autriche, la Slovénie, la Croatie, l'Italie, la Grèce. Voir: Agency for the Cooperation of Energy Regulators (ACER), '*The 5th Annual Report on Monitoring the Electricity and Natural Gas Markets*', Brussels, 09/11/2016, pg. 1-56, pg. 32 ; disponible sur http://www.acer.europa.eu/events/acer-workshop-on-market-monitoring-wholesale-electricity-and-gas/documents/acer%20market%20monitoring%20report%202015%20-%20key%20insights%20and%20recommendations%20-%20presentation.pdf (consulté le 10/08/2022).

naturel[17] qui n'est pas un bien de première nécessité mais joue un rôle déterminant dans le bien être des personnes[18] ce qui justifie aussi que des tarifs réglementés subsistent.

386. Le marché énergétique grec, malgré les différentes étapes de libéralisation, était resté très concentré, avec une position d'hyper domination des opérateurs historiques et une intervention étatique tarifaire. De plus, s'agissant de l'électricité, selon une exception accordée par la Commission européenne, le fournisseur historique (DEI) disposait de droits exclusifs en matière de fourniture d'électricité aux îles non interconnectées. Or la fixation des tarifs de vente par l'État ou encore la détermination de « *caps* » quant à l'obtention des parts de marché constituaient des obstacles à l'entrée de concurrents sur le marché.

En ce qui concerne le marché de détail gazier, la Grèce jouissait d'une exception à l'application de la directive de libéralisation 2009/73/CE en tant que marché émergent. Selon cette exception, l'opérateur historique DEPA jouissait de droits exclusifs de fourniture de gaz dans certaines régions sur la base de tarifs réglementés.

387. Ce sont ces particularités que les memoranda d'accord ont voulu changer dans le but de renforcer la concurrence sur le segment de fourniture d'électricité et de gaz. Précisément, le 2e memorandum d'accord de 2012 a prévu : « *further measures are adopted to ensure that the energy component of regulated tariffs for households and small enterprises reflects, at the latest by June 2013, wholesale market prices, except for vulnerable consumers. The Government removes regulated tariffs for all but vulnerable consumers* »[19]. Ainsi une mesure radicale a été imposée en Grèce : à partir de juin 2013 les tarifs réglementés de vente (TRV) pour l'électricité ont été

---

[17] Selon le même rapport d'ACRE/ACER en 2015 les pays européens qui maintiennent des tarifs réglementés de gaz pour les consommateurs domestiques sont : la Lituanie, la Croatie, la Roumanie, l'Espagne, le Portugal. Les pays qui appliquent des tarifs réglementés pour tous les consommateurs sont : la Danemark, la Lettonie, la Pologne, la Slovaquie, la Hongrie, la France, la Bulgarie, la Grèce. Les pays qui appliquent des tarifs libres sont : la Finlande, la Suède, la Norvège, l'Estonie, le Royaume Uni, l'Irlande, les Pays Bas, la Belgique, le Luxembourg, l'Allemagne, la République Tchèque, l'Autriche, la Slovénie, l'Italie. Voir : ACER, « *The 5th Annual Report on Monitoring the Electricity and Natural Gas Markets* », *ibidem*, pg. 32.

[18] Conseil d'État, 19 juillet 2017, n° 370321, *Association nationale des opérateurs détaillants en énergie (ANODE)*, (pt. 13).

[19] European Commission, Directorate-General for Economic and Financial Affairs, '*European Economy – The Second Economic Adjustment Programme for Greece* », *Occasional Papers 94*, mars 2012, pg. 1-195, pg. 157. La 1er Mémorandum d'accord de 2010 a fait une référence laconique à la nécessité de « *rationalisation* » des tarifs de l'énergie, tandis que le 3e Mémorandum de 2015 a repris les dispositions du 2e Mémorandum. Voir respectivement: European Commission, Directorate-General for Economic and Financial Affairs, '*European Economy – The Economic Adjustment Programme for Greece*', *Occasional Papers 61*, mai 2010, pg. 1-93, pg. 22; « *Memorandum of Understanding between the European Commission acting on behalf of the European Stability Mechanism and the Hellenic Republic and the Bank of Greece* », août 2015, pg. 1-32, pg. 26.

supprimés pour toutes les catégories de consommateurs (domestiques, non domestiques). Les tarifs réglementés ont pu être maintenus pour les clients vulnérables et les clients des îles non interconnectées, jusqu'à l'interconnexion des îles ou jusqu'à la fin de leur statut dérogatoire.

388. On examinera, dans un premier temps, cette mesure radicale imposée en Grèce : la suppression des tarifs réglementés de vente **(Section I)**. Puis, dans un second temps, on analysera d'autres mesures qui ont été adoptées en vue d'une ouverture totale à la concurrence des marchés de détail **(Section II)**.

Section I : La suppression des tarifs réglementés de vente

389. Le tarif de vente d'électricité ou de gaz pour le consommateur final est déterminé au regard de la somme des coûts (*cost plus*) engendrés pour chacune des activités de la chaîne énergétique - production, réseaux de transport et de distribution, fourniture - à laquelle s'ajoute une marge bénéficiaire pour chacun des intervenants sur la chaîne[20]. Les tarifs doivent non seulement couvrir les coûts du système électrique, mais aussi refléter les conditions économiques du marché interconnecté[21].

390. Les tarifs de vente d'électricité ou du gaz payés par les consommateurs finaux comprend deux éléments : une partie réglementée et une partie concurrentielle[22]. La partie du prix qui est réglementée est fixée par les pouvoirs publics[23] et inclut les coûts suivants[24] : a) les coûts d'accès au réseau (de transport, de distribution, des installations de GNL, des installations de stockage) que payent tous ses utilisateurs au gestionnaire du réseau afin de pouvoir y entrer[25] ; b) le tarif de la vente de la partie de la production d'électricité par l'opérateur historique électrique à ses concurrents, ce qui a fait

---

[20] BELOT M., « Tarification de l'énergie sur le marché réglementé et constitution du prix sur le marché dérégulé », *Concurrences*, 4-2009, pg. 15-17, pg. 16.

[21] DEYVRE E., « Tarification, signal prix et concurrence, ou comment concilier les inconciliables », *Concurrences* 4-2009, pg. 18-21, pg. 21.

[22] DARMOIS G., FAVENNEC J.-P., MANDIL C., *Les marchés de l'énergie. L'énergie, à quel prix ?*, Paris, éd. TECHNIP, 2e édition, 2013, pg. 130 ; ROKAS I., ROUSSOS A., STAMATI M., « La rationalisation des tarifs de vente d'électricité et leur harmonisation avec les règles impératives européennes et nationales » (« Ο εξορθολογισμός των τιμολογίων λιανικής πώλησης ηλεκτρικής ενέργειας και η εναρμόνισή τους με τους επιτακτικούς ευρωπαϊκούς και εθνικούς κανόνες »), *E&D*, 13 et 14/2010, pg. 30-44, pg. 32.

[23] Soit elle est fixée par le Ministre compétent, après avis de l'Autorité de régulation de l'énergie, ou par le régulateur lui-même.

[24] Art. 140 « *Factures générales et dispositions de facturation* » de la loi n° 4001/2011.

[25] En droit français, le tarif d'accès au réseau électrique est connu sous l'acronyme TURPE : Tarif d'utilisation des réseaux publics d'électricité. Il inclut les coûts liés au fonctionnement du réseau, sa gestion, son maintien, son développement, son équilibre.

l'objet de la loi *NOME* ; c) les coûts liés à l'exécution des obligations de service public qui pèsent sur les opérateurs sur le marché[26] ; d) les coûts du soutien de la production à partir des énergies renouvelables[27] ; e) des taxes diverses. Ces coûts sont les mêmes pour tous les fournisseurs et pèsent *in fine* sur les consommateurs.

391. Les coûts qui sont différents selon les opérateurs sont ceux liés aux segments ouverts à la concurrence, c'est-à-dire la production, les marchés de gros et la fourniture. Si l'électricité est produite de manière décentralisée à partir de sources diverses, chaque source de production est caractérisée par des coûts différents. Un producteur qui produit de l'électricité à partir d'un panneau solaire ou d'une éolienne, une fois l'installation mise en place, produit gratuitement de l'électricité, ce qui n'est pas le cas pour un producteur à partir d'une centrale de lignite. La production fait l'objet d'échanges de gros entre les producteurs et les fournisseurs dans le cadre de marchés spot (bourses) et de marchés à (long) terme, sachant que le prix de vente (« *system marginal price* ») sur ces deux types de marchés est librement fixé. Toutefois, sur les marchés spot, le régulateur (RAE) peut exercer une compétence tarifaire en fixant un prix maximal pour la vente (*cap*) ainsi que le prix pour la partie de la production qui relève de l'opérateur historique conformément à la loi *NOME*[28].

S'agissant de la fourniture, les fournisseurs doivent assumer tous les coûts mentionnés dont ils transmettront la charge aux consommateurs finaux, additionnée d'une marge bénéficiaire. Il n'est toutefois pas évident que les prix soient effectivement fixés librement par les fournisseurs, des tarifs réglementés de fourniture d'électricité ou de gaz subsistant.

392. Tel était le cas en Grèce où les tarifs de fourniture de vente d'électricité et de gaz était traditionnellement une compétence partagée entre le ministre du Développement, et l'Autorité de régulation de l'énergie (RAE)[29].

393. En principe, la fixation des prix relève de la liberté d'entreprendre des fournisseurs[30]. Or, la fixation des tarifs par l'État peut limiter la circulation du

---

[26] Les obligations de service public sont prévues à l'art. 3 de la directive 2009/72/CE pour l'électricité et l'art. 3 de la directive 2009/73/CE pour le gaz, et consistent en des obligations pesant sur les opérateurs énergétiques concernant la sécurité d'approvisionnement, la régularité, la qualité, le prix de la fourniture, la protection de l'environnement, l'efficacité énergétique, l'énergie produite à partir des sources renouvelables, la protection du climat, la fourniture de dernier recours, la fourniture universelle. Parce qu'ils créent des coûts supplémentaires à des opérateurs, ils sont compensés par l'État. On analysera en détails ces questions dans un chapitre ultérieur.

[27] On verra dans le cadre du dernier chapitre de notre travail qu'à partir de 2016, la fixation réglementée du soutien aux énergies renouvelables concerne seulement les installations de petite taille.

[28] Ce que le droit français qualifie d'ARENH : Accès Régulé à l'Electricité Nucléaire Historique.

[29] Art. 29 « *Factures et dispositions générales de facturation* » de la loi n° 2773/1999, qui a transposé la première directive 96/92/CE. Voir aussi l'art. 195 « *Dispositions supprimées* » de la loi n° 4001/2011, qui a transposé le troisième paquet des directives 2009/72/CE et 2009/73/CE.

bien de l'énergie et la liberté des fournisseurs de proposer leurs prix aux consommateurs, constituant ainsi une entrave à la concurrence. La question qui se pose alors est de savoir si cette entrave peut être justifiée par des raisons d'intérêt général en étant proportionnée[31]. Dans un premier temps, les tarifs réglementés de vente, même après 2007 et l'ouverture du segment de la fourniture à la concurrence, ont été admis sous quelques conditions. La réglementation des tarifs était considérée comme un moyen d'assurer des buts d'intérêt général, notamment les obligations de service public qui pèsent sur les fournisseurs **(Sous-section I)**.

Cependant, plusieurs années après la libéralisation de la fourniture d'électricité et de gaz, on se demande si cette limitation de liberté par l'intervention étatique en matière tarifaire pourrait toujours être justifiée. On démontrera que les tarifs réglementés de vente ne semblent plus nécessaires à la réalisation des obligations de service public et se révèlent, en tout état de cause, disproportionnés. Ils constituent, par conséquent, une entrave non justifiée à la concurrence **(Sous-section II)**.

Sous-section I :
Les tarifs réglementés de vente en tant que moyen de remplir des obligations de service public

394. Les directives de libéralisation de 2009 n'ont pas fixé de règles spécifiques en matière de tarification ; elles mentionnent seulement que celle-ci doit être transparente, objective, raisonnable, comparable, ne pas conduire à un abus de position dominante et tenir compte des caractéristiques et des coûts du service rendu[32]. Les tarifs doivent manifester un équilibre entre, d'une part, l'amortissement des installations, le bénéfice d'un taux de rendement, l'incitation à développer le réseau et, d'autre part, la nécessité d'offrir une sécurité aux utilisateurs et de ne pas être dissuasifs s'ils souhaitent changer de fournisseur[33].

Les États ont « profité » de ce silence (manque de précision) du législateur européen et ont maintenu des tarifs réglementés de vente. Ils ont justifié leur intervention tarifaire en considérant que les tarifs réglementés

---

30 Décision du CC n° 2013-670 DC du 23 mai 2013, « *Loi portant diverses dispositions en matière d'infrastructures de services de transport* », (cons. 5).

31 En ce sens, voir NICINSKI S., *Droit public des affaires,* Issy-les-Moulineaux Cedex, LGDJ, 8e édition, 2021, pg. 201.

32 Pt. 45, 50, 56 du préambule de la directive 2009/72/CE (électricité) et pt. 43, 47, 53 du préambule de la directive 2009/73/CE (gaz).

33 LEMAIRE C., *Energie et concurrence. Recherches sur les mutations juridiques induites par la libéralisation des secteurs de l'électricité et du gaz naturel,* tome II (thèse sous la direction de Laurence Idot), Aix-en-Provence, Presses Universitaires d'Aix-Marseille-PUAM, 2003, pg. 480.

constituent un moyen de réalisation des buts d'intérêt général, notamment des obligations de service public prévues dans les directives de libéralisation.

395. L'intervention étatique sur le prix a pu être justifiée par diverses raisons telles que la stabilité de prix, l'universalité, la sécurité de l'approvisionnement, la cohésion territoriale, etc.[34]. L'État grec justifia ainsi son intervention en matière de fourniture d'énergie par la nécessité de garantir des tarifs bas aux consommateurs dans le cadre d'une politique de redistribution, cohésion sociale et protection des consommateurs vulnérables[35].

En considérant, *a priori*, que les tarifs réglementés de vente constituaient une limite à la concurrence **(I)**, les États ont cependant justifié leur existence à la lumière des obligations de service public **(II)**.

I. Les tarifs réglementés de vente en tant que limite à la concurrence

396. Même si les directives de libéralisation de 2009 n'interdisent pas expressément l'existence de tarifs réglementés, ces derniers, en raison de leur nature, peuvent porter atteinte à l'exercice des libertés protégées par les traités européens, notamment la libre circulation des marchandises donc du bien de l'énergie[36].

397. Le Professeur Michel Waelbroeck, en 1975, soutenait que les mesures nationales de réglementation des prix constituent des mesures ayant un effet équivalent à des restrictions quantitatives, lesquelles sont interdites dans les traités européens[37]. En effet, aux termes de l'article 34 TFUE (ex-article 28 TCE), « *Les restrictions quantitatives à l'importation ainsi que toutes mesures d'effet équivalent, sont interdites entre les États membres* ». À l'occasion de l'arrêt *Dassonville* rendu en 1974, la Cour de Justice a donné une définition des mesures d'effet équivalent : il s'agit de « *toute réglementation commerciale des États membres susceptible d'entraver directement ou indirectement, actuellement ou potentiellement le commerce intracommunautaire est à considérer comme mesure d'effet équivalent à des restrictions quantitatives* »[38]. Précisément, selon le Professeur, l'application par un État de sa législation sur les prix peut avoir comme résultat de limiter, voire freiner, les importations même si celle-ci s'applique de manière indistincte aux produits nationaux. C'est en ce sens que la réglementation

---

[34] NICINSKI S., *Droit public des affaires*, *op.cit.*, pg. 199.

[35] ROKAS I., ROUSSOS A., STAMATI M., « La rationalisation des tarifs de vente d'électricité et leur harmonisation avec les règles impératives européennes et nationales », *op.cit.*, pg. 32.

[36] Le Titre II (art. 28-33) du TFUE consacre la libre circulation des marchandises.

[37] WAELBROECK M., *Les réglementations nationales de prix et le droit communautaire*, Thèses et travaux juridiques, Bruxelles, Editions de l'Université de Bruxelles, 1975, pg. 19. Dans la même ligne voir NICINSKI S., *Droit public des affaires*, *op.cit.*, pg. 196.

[38] CJCE, aff. 8-74, *Procureur du Roi c./ Benoît et Gustave Dassonville*, (question préjudicielle), 11/07/1974, (pt. 5).

tarifaire peut être considérée comme une mesure ayant un effet équivalent à une restriction quantitative[39].

398. À l'occasion de l'arrêt de principe *Keck et Mithouard* rendu en 1993[40], la Cour de justice a adopté une approche stricte en considérant que toute mesure étatique qui pourrait potentiellement constituer une entrave à l'exercice des libertés prévues dans le traité CE serait considérée comme contraire au marché intérieur qu'il s'agit de privilégier (*market access approach*)[41]. Selon cette jurisprudence, une mesure étatique tarifaire, même si elle ne distingue pas entre produits domestiques et produits importés, dès lors qu'elle complique l'importation d'un bien en privilégiant ainsi un produit intérieur identique, constitue une restriction à la libre circulation des marchandises[42]. La Cour de Justice de l'Union européenne a étendu cette « *market access approach* » à toutes les libertés européennes[43].

---

[39] WAELBROECK M., *ibidem*, pg. 28.

[40] CJCE, C-267/91 et C-268/91, *Bernard Keck et Daniel Mithouard*, 24/11/1993.

[41] La Cour de justice, dans l'arrêt *Keck et Mithouard*, emblématique en matière de libre circulation des biens, a élargi le champ d'application de l'article 34 TFUE, qui prévoit que « *Les restrictions quantitatives à l'importation ainsi que toutes mesures d'effet équivalent, sont interdites entre les États membres* ». Jusqu'à cet arrêt, la Cour sanctionnait les mesures étatiques qui étaient discriminatoires entre les produits intérieurs et les produits extérieurs d'un pays, par exemple des mesures qui favorisaient les produits nationaux (*discrimination approach*). Avec cet arrêt, le juge européen s'est montré plus intrusif dans la fixation des mesures étatiques et a interdit les mesures qui, même si elles sont indistinctement applicables aux produits nationaux et aux produits provenant d'autres États membres, pouvaient éventuellement constituer une barrière d'entrée sur le marché. Cette approche est connue sous le nom de « *market access approach* ». L'impact de cet arrêt est important pour la charge de la preuve. Il suffit pour entrer dans le champ de l'interdiction de l'article 34 TFUE de prouver que potentiellement une mesure étatique pourrait distordre la concurrence. C'est ensuite à l'Etat de prouver que cette mesure étatique devait être admise par exception, dans le cadre des exceptions prévues à l'article 36 TFUE, qui permettent des restrictions à la libre circulation des biens et sont relatives à la moralité publique, à l'ordre public, à la sécurité publique, à la protection de la santé, à la vie des personnes et des animaux, à la préservation des végétaux, à la protection des trésors nationaux, ou encore à la protection de la propriété industrielle et commerciale. La « *market access approach* » était basée sur l'idée développée dans l'arrêt de la Cour de Justice *Cassis de Dijon* de 1979 selon laquelle les biens qui sont produits légalement dans un pays devraient pouvoir circuler librement sur le marché d'un autre État membre. Voir pour une analyse de l'arrêt *Keck* : CRAIG P., DE BURCA G., *EU Law. Text, Cases, and materials*, United Kingdom, Oxford University Press, 6th ed., 2015, pg. 681; BUENDIA SIERRA J.-L., *Exclusive rights and state monopolies under EC law- Article 86 (formerly article 90) of the EC Treaty*, United Kingdom, Oxford University Press, 1999, pg. 205; EDWARD D., « What was *Keck* really about? », *in* AMTENBRINK F., DAVIES G., KOCHENOV D., LINDEBOOM J., *The internal market and the future of European integration. Essays in honor of Laurence GORMLEY*, United Kingdom, Cambridge University Press, 2019, pg. 164-175, pg. 174, 175.

[42] OLIVER P., « Goods and services: two freedoms compared », *in Mélanges en hommage à Michel WAELBROECK*, volume II, Bruxelles, Bruylant, 1999, pg. 1377-1405, pg. 1392; BARNARD C., *The substantive law of the EU. The four freedoms*, United Kingdom, Oxford University Press, 6th edition, 2019, pg. 84.

[43] Concernant la libre circulation des personnes la « *market access approach* » a été retenue par la Cour de Justice dans l'arrêt *Bosman* (CJCE, C-415/93, *Bosman*, 15/12/1995) ; concernant la

399. Les tarifs réglementés de vente limitent la circulation du bien de l'énergie parmi les États membres. Les États ont reconnu cette limitation mais ont justifié leur intervention tarifaire au regard des obligations de service public **(II)**.

II. La justification des tarifs réglementés de vente à la lumière des obligations de service public

400. Les directives de libéralisation de 2009 prévoient la possibilité d'imposer certaines obligations aux opérateurs du marché dans le but d'assurer l'intérêt général. L'article 3 de la directive 2009/72/CE (électricité) et le même article de la directive 2009/73/CE (gaz) prévoient ainsi que « *les États membres peuvent imposer aux entreprises du secteur de l'électricité (et de gaz), dans l'intérêt économique général, des obligations de service public, qui peuvent porter sur la sécurité, y compris la sécurité d'approvisionnement, la régularité, la qualité et le prix de la fourniture, ainsi que la protection de l'environnement, y compris l'efficacité énergétique, l'énergie produite à partir de sources renouvelables et la protection du climat* »[44]. De plus, les directives ont instauré la fourniture dite de dernier recours pour le gaz et l'électricité ainsi que la fourniture universelle d'électricité[45].

Les tarifs réglementés de vente sont ainsi conçus comme des moyens de réaliser les obligations de service public qui pèsent sur les fournisseurs. Une telle approche ressort non seulement de la jurisprudence européenne **(A)** mais également de la jurisprudence nationale **(B)**.

A. Le maintien des tarifs réglementés de vente dans la jurisprudence européenne : l'arrêt *Fédérutility*

401. Dans le célèbre arrêt *Fédérutility* rendue en 2010, la Cour de Justice de l'Union européenne a dû se prononcer sur une question préjudicielle posée par le *Tribunale amministrative regionale per la Lombardia* à propos de la compatibilité de la détermination du prix de fourniture de gaz par les

---

liberté d'établissement, cette approche a été adoptée dans l'arrêt *Gebhard* (CJCE, C-55/94, *Gebhard*, 30/11/1995) ; concernant la libre circulation des services, cette approche a été appliquée dans l'arrêt *Sager*, (CJCE, C-76/90, *Sager c/ Dennemeyer*, 25/07/1991) ; concernant la libre circulation des capitaux, cette approche a été retenue dans l'arrêt *Trummer and Mayer* (CJCE, C-222/97, *Trummer and Mayer*, 16/03/1999). Cours de « Internal Market » donné par le Professeur GORMLEY Laurence dans le cadre du *LLM European Legal Studies* suivi au Collège d'Europe (Bruges) durant l'année académique 2011-12. Voir aussi: BARNARD C., *The substantive law of the EU. The four freedoms*, *ibidem*, pg. 24 et s.

[44] Art. 3 « *Obligations de service public et protection des consommateurs* », par. 2 de la directive 2009/72/CE ; Art. 3 « *Obligations de service public et protection des consommateurs* », par. 2 de la directive 2009/73/CE.

[45] *Ibidem*

autorités publiques italiennes avec le deuxième paquet de libéralisation de 2003 qui a ouvert à la concurrence le segment de la fourniture dans les États membres à partir de 2007.

402. Le juge européen a d'abord admis qu'il n'y avait aucune disposition dans la directive 2003/55/CE qui imposait que le prix de fourniture de gaz naturel soit exclusivement fixé par le jeu libre de l'offre et de la demande ; avant toutefois de relever que cette exigence découlait de la finalité et de l'économie générale de la directive qui vise la création d'un marché concurrentiel du gaz sur lequel tous les fournisseurs doivent pouvoir librement délivrer leur produit aux consommateurs et, réciproquement, tous les consommateurs doivent pouvoir librement choisir leurs fournisseurs[46]. En admettant la restriction à la concurrence, la Cour a justifié l'intervention étatique en matière de prix de fourniture, sous certaines conditions, sur la base de l'article 3 de la directive 2003/55/CE qui prévoit l'imposition d'obligations de service public[47].

Précisément, les juges européens ont répondu à la question posée en indiquant que « *les articles 3, paragraphe 3 et 23, paragraphe 1, de la directive 2003/55 ne s'opposent pas à une réglementation nationale, telle que celle en cause au principal, qui permet de déterminer le niveau du prix de fourniture du gaz naturel par la définition de prix de référence, tels que ceux en cause au principal, après le 1er juillet 2007, à condition que cette intervention : a) poursuive un intérêt économique général consistant à maintenir le prix de fourniture du gaz naturel au consommateur final à un niveau raisonnable eu égard à la conciliation qu'il appartient aux États membres d'opérer, en tenant compte de la situation du secteur du gaz naturel, entre l'objectif de libéralisation et celui de la nécessaire protection du consommateur final poursuivis par la directive 2003/55 ; b) ne porte atteinte à la libre fixation des prix de la fourniture du gaz naturel après le 1er juillet 2007 que dans la seule mesure nécessaire à la réalisation d'un tel objectif d'intérêt économique général et, par conséquent, durant une période nécessairement limitée dans le temps et ; c) soit clairement définie, transparente, non discriminatoire, contrôlable, et garantisse aux entreprises de gaz de l'Union européenne un égal accès aux consommateurs* »[48].

403. Il résulte donc de l'arrêt *Federutility* de 2010 que la Cour de justice n'a pas interdit la réglementation des tarifs en tant que telle ; elle a accepté leur maintien et la possibilité de « coexistence » de tarifs libres et de tarifs réglementés sous certaines conditions. Les juges européens ont jugé que l'intervention devait poursuivre un objectif d'intérêt général qui consiste à assurer un prix de fourniture de gaz naturel raisonnable au consommateur

---

46 CJUE, C-265/08, *Federutility c/ Autorita per l'energia elettrica e il gas* (grande chambre), 20/04/2010, (pt. 18).
47 *Ibidem*, (pt. 21).
48 *Ibid.*, (pt. 47).

final, pour des raisons de cohésion sociale ou de sécurité de l'approvisionnement, sachant que de telles raisons constituent des obligations de service public aux termes de l'article 3 de la directive 2009/73/CE[49]. Une telle intervention doit cependant être proportionnée et notamment limitée dans le temps[50].

404. Selon le Professeur Marcou, la solution de l'arrêt *Fédérutility* ne pouvait être transposée aux tarifs réglementés de vente d'électricité. Pour l'auteur, s'agissant de l'électricité, il existe une obligation permanente de fourniture d'électricité notamment au regard de l'obligation d'universalité qui constitue une « *obligation pérenne* » supposant une fourniture de qualité avec des prix raisonnables, aisément et clairement comparables et transparents[51]. Selon cette position, de l'obligation de service public d'universalité découle la nécessité de garantir l'accès à ce produit de première nécessité, laquelle peut être mieux assurée si les pouvoirs publics maintiennent un contrôle sur les tarifs[52]. Une telle obligation d'universalité n'existe pas quant à la fourniture de gaz. Si les tarifs réglementés de vente de gaz pouvaient être limités et même supprimés dans le temps, au regard des critères posés dans l'arrêt *Fédérutility*, une telle suppression pour les tarifs réglementés de vente d'électricité serait contraire au principe d'universalité qui la régit[53].

La ligne retenue dans l'arrêt *Fédérutility* favorable au maintien des tarifs réglementés de vente a été reprise par les juridictions nationales **(B)**.

B. Le maintien des tarifs réglementés de vente dans les jurisprudences nationales

405. Les juges nationaux ont adopté la même approche que le juge européen lorsqu'ils ont été amenés à se prononcer sur la réglementation des tarifs.

Ainsi, le Conseil d'État grec, à l'occasion d'un litige concernant des coûts imposés par une décision ministérielle aux producteurs d'électricité dans le

---

49 La Cour de Justice a plutôt laissé à l'appréciation de l'État de déterminer la nécessité et la proportionnalité de ces deux raisons évoquées afin de justifier la réglementation tarifaire.

50 CJUE, C-265/08, *précit.*, (pt. 33). COIN R., « Tarifs réglementés de vente du gaz. L'arrêt *Federutility* à l'épreuve du service public à la française », *Revue Energie-Environnement - Infrastructures*, n° 2, février 2015, pg. 31-34, pg. 33 ; LE BRAS B., CHABBERT C., VIDAL L., *La tarification différenciée de l'électricité,* Paris, L'Harmattan, 2015, pg. 127.

51 MARCOU G., STAROPOLI C., « Tarifs réglementés ou concurrence ? Aspects juridiques et comportementaux », *op.cit.*, pg. 230.

52 MARCOU G., « L'exigence constitutionnelle de transposition des directives et les tarifs réglementés de l'électricité et du gaz », *AJDA*, n° 9, 2007, pg. 473-479, pg. 478. Pour une même approche : LONG M., « La tarification de l'énergie : la libéralisation au prisme de l'usager », *op.cit.*, pg. 220.

53 MARCOU G., « Electricité, marché unique et "transition énergétique" : les contradictions du nouveau système électrique et la place des collectivités territoriales », *in* GRALE, *Droit et Gestion des Collectivités territoriales. Collectivités territoriales et énergie : ambitions et contradictions*, *op.cit.*, pg. 71.

cadre des marchés de gros, a tout d'abord considéré que la fixation des tarifs de vente d'électricité pour les consommateurs finaux était contraire à la directive de libéralisation de 2009[54]. Toutefois, il a reconnu la possibilité pour les États d'imposer des obligations de service public afin de protéger les consommateurs. Il a ainsi justifié l'intervention tarifaire de l'État grec au nom de la stabilité des prix pour les consommateurs finaux[55].

406. Plus riche sur la question des tarifs réglementés de vente est la jurisprudence française. Cette question a été posée plusieurs fois devant les juridictions françaises, surtout après 2007 et l'ouverture du segment de la fourniture à la concurrence[56]. En France, les tarifs de l'énergie étaient fixés traditionnellement par les pouvoirs publics dans le but, notamment, de protéger les consommateurs. Dans une décision du 30 novembre 2006, le Conseil Constitutionnel, dans le cadre de son contrôle de la loi qui a transposé dans l'ordre interne le deuxième paquet de libéralisation, a estimé que les tarifs réglementés de vente d'électricité et de gaz méconnaissaient l'objectif d'ouverture des marchés concurrentiels, prévu dans les directives 2003/54/CE et 2003/55/CE[57].

De son côté, le Conseil d'État français, à travers une jurisprudence notable - les arrêts *Société Poweo, Direct Energie, ANODE* - a précisé les conditions de légalité des tarifs réglementés de vente : qu'ils ne doivent pas être inférieurs aux coûts moyens totaux de l'opérateur historique[58] ; qu'ils puissent être concurrencés en permettant à d'autres opérateurs d'entrer sur le marché pour proposer des tarifs évolutifs, égaux ou même inférieurs aux tarifs réglementés ; qu'ils tiennent compte des évolutions des coûts[59]. Ainsi, le Conseil d'État a

---

[54] Arrêt du Conseil d'état grec 2323/2013, (section D), 10/06/2013, (pt. 8).

[55] *Ibidem*, (pt. 12).

[56] NICINSKI S., *Droit public des affaires, op.cit.*, pg. 202.

[57] Décision du CC n° 2006-543 DC du 30 novembre 2006 « Loi relative au secteur de l'énergie », (cons. 9). C'est la première fois que le Conseil Constitutionnel déclare que les dispositions législatives sont inconstitutionnelles au motif qu'elles sont « *manifestement incompatibles* » avec les dispositions d'une directive qu'elles transposent. Néanmoins, selon le Professeur G. Marcou, la décision du Conseil Constitutionnel ne signifie pas que les tarifs réglementés en général sont contraires à l'art. 88-1 de la Constitution française parce qu'elles méconnaissent l'objectif d'ouverture des marchés d'électricité et du gaz. Voir MARCOU G., « L'exigence constitutionnelle de transposition des directives et les tarifs réglementés de l'électricité et du gaz », *op.cit.*, pg. 473 et 477.

[58] Dans l'art. L. 445-3 du Code de l'énergie français, il est prévu que « *les tarifs réglementés de vente du gaz naturel sont définis en fonction des caractéristiques intrinsèques des fournitures et des coûts liés à ces fournitures* » et que « *les tarifs réglementés de vente du gaz naturel couvrent les coûts d'approvisionnement en gaz naturel et les coûts hors approvisionnement* ».

[59] Conseil d'État, 20 décembre 2007, (section contentieux) n° 289012, 289 776, *Ste POWEO-FEDERATION FRANCAISE DES COMBUSTIBLES, CARBURANTS ET CHAUFFAGE* ; Conseil d'État, 28 juillet 2011, n° 321551, *Ste POWEO,* (inédit au recueil Lebon) ; Conseil d'État, 28 novembre 2012, n° 330548, *Ste Energie Direkt*, (publié à Lebon) ; Conseil d'État, 24 avril 2013, n° 352242, *Société Poweo*, (publié à Lebon T p. 622) ; Conseil d'État, 2 octobre 2013, n° 357037, *Association nationale des opérateurs détaillants en énergie (ANODE),* (inédit au recueil

annulé des décrets ministériels qui fixaient des tarifs inférieurs aux coûts à la charge des opérateurs historiques d'énergie en France, EDF et GDF[60]. Toutefois, le Conseil d'État, même s'il a reconnu dans ces arrêts que les tarifs réglementés constituaient une entrave à la concurrence, a tout de même justifié leur existence sur la base des obligations de service public imposables aux fournisseurs. Ainsi, en France, les tarifs réglementés de vente d'électricité et de gaz proposés par les fournisseurs historiques électrique et gazier, ont cohabité avec les tarifs librement fixés par les fournisseurs concurrents.

407. Dans un autre arrêt impliquant à nouveau l'association *ANODE* en date du 15 décembre 2014, le Conseil d'État français a posé à la Cour de justice de l'Union européenne une question préjudicielle portant sur l'interprétation de l'article 3 de la directive 2009/73/CE, demandant si la réglementation des tarifs de gaz naturel en France constituait une entrave au marché intérieur gazier sachant qu'outre des tarifs réglementés il existait des tarifs libres et, dans l'affirmative, si une telle entrave était justifiée[61].

408. Dans son arrêt *ANODE* du 7 septembre 2016, la Cour de justice a répondu en reprenant les critères indiqués dans l'arrêt *Federutility* de 2010. Précisément, elle a d'abord rappelé que « *l'intervention d'un État membre consistant à imposer à certains fournisseurs, parmi lesquels le fournisseur historique, de proposer au consommateur final la fourniture de gaz naturel à des tarifs réglementés constitue, par sa nature même, une entrave à la réalisation d'un marché du gaz naturel concurrentiel prévue à cette disposition, et cette entrave subsiste alors même que cette intervention ne fait pas obstacle à ce que des offres concurrentes soient proposées à des prix inférieurs à ces tarifs par tous les fournisseurs sur le marché* »[62]. Puis, la Cour a poursuivi en indiquant qu'une intervention étatique pourrait néanmoins être admise dans le cadre de l'article 3 de la directive 2009/73/CE qui prévoit des obligations de service public[63]. Les juges européens ont, en effet, souligné que

---

Lebon) ; Conseil d'État, 15 décembre 2014, n° 370321, (9ème-10ème SSR), *Association nationale des opérateurs détaillants en énergie (ANODE),* (inédit au recueil Lebon) ; Conseil d'État, réf., 7 janvier 2015, n° 386076, *Association nationale des opérateurs détaillants en énergie (ANODE)* ; Conseil d'État, 18 mai 2016, n° 386810, *Société Direct Energie*, (publié à Lebon T). Voir aussi : CACCIALI M., « Le maintien des tarifs réglementés d'électricité et de gaz », *RFDA*, n° 2, 2017 publication du Dossier de l'énergie, pg. 268-281, pg. 272 ; AUBY J.-B., « Prix de l'énergie », *Droit administratif - Revue Mensuelle LexisNexis Jurisclasseur*, février 2013, pg. 1-2, pg. 1.

[60] SPECTOR D., « Heurs et malheurs des tarifs régulés de l'électricité en France », *Concurrences*, 4/2009, pg. 30-34, pg. 32 ; Conclusions du rapporteur public SCHLESINGER M., « Contentieux de l'énergie. La fixation des tarifs réglementés et le juge des marchés régulés », *RJEP - Revue mensuelle LexisNexis Jurisclasseur,* décembre 2012, pg. 3-10, pg. 3.

[61] Conseil d'État, 15 décembre 2014, n° 370321, (9ème-10ème SSR), *Association nationale des opérateurs détaillants en énergie (ANODE), op.cit.*

[62] CJUE, C-121/15, *Association nationale des opérateurs détaillants en énergie (ANODE) c/ Premier Ministre c/ Ministre de l'économie, de l'industrie et du numérique c/ Commission de régulation de l'énergie c/ ENGIE,* (5ème chambre), 07/09/2016, (pt. 33).

[63] CJUE, C-121/15, *ibidem,* (pt. 36).

la sécurité de l'approvisionnement et la cohésion territoriale, deux motifs invoqués par la France pour justifier la réglementation des tarifs du gaz, pouvaient être regardées comme des objectifs légitimant le maintien de tarifs réglementés. La Cour a toutefois émis des doutes en termes de proportionnalité et non-discrimination[64]. Dans cet arrêt, elle a semblé vouloir donner un message explicite à tous les États membres.

409. Le Conseil d'État français, tirant les conséquences de l'arrêt *ANODE* de la Cour de Justice du 7 septembre 2016, a statué, dans un arrêt rendu le 19 juillet 2017, que les tarifs réglementés de vente de gaz naturel constituaient une entrave à la réalisation d'un marché concurrentiel du gaz et, par conséquent, que leur justification à la lumière de l'article 3 de la directive 2009/73/CE ne pouvait qu'exceptionnellement être admise[65]. Cet arrêt a préconisé un « *épilogue* », dans les années à venir, des tarifs réglementés de vente de gaz naturel en France[66].

Ainsi avec la loi n° 2019-1147 du 8 novembre 2019 les tarifs réglementés des fournisseurs historiques prendront fin progressivement dans l'ordre juridique français. Concernant le gaz, les tarifs réglementés pour les consommateurs finals non domestiques ayant une consommation annuelle de référence inférieure à 30 MWh ont pris fin au 1er décembre 2020. Pour les consommateurs finals domestiques ayant une consommation annuelle inférieure à 30 MWh, les propriétaires uniques d'un immeuble à usage principal d'habitation consommant moins de 150 MWh par an et les syndicat des copropriétaires d'un tel immeuble les tarifs réglementés perdurent et prendront fin au 1er juillet 2023[67]. Les tarifs réglementés sont cependant offerts uniquement par les opérateurs historiques (ENGIE, ELD) et non par les fournisseurs alternatifs. À partir du 1er juillet 2023, des tarifs libres seront ainsi instaurés pour toutes les catégories de consommateurs et seront offerts par tous les fournisseurs, sans discrimination.

Pour les consommateurs (domestiques et non domestiques) ayant une consommation supérieure aux seuils mentionnés, les tarifs réglementés de vente pour le gaz ont été supprimés dès 2016, après l'arrêt *ANODE* du Conseil d'État français.

Concernant l'électricité, les tarifs réglementés perdurent pour certaines catégories de consommateurs. Depuis le 1er janvier 2021, seules deux catégories souscrivant une puissance inférieure ou égale à 36 kilovoltampères peuvent bénéficier des tarifs réglementés de vente d'électricité : les

---

[64] CJUE, C-121/15, *ibid.*, (pt. 46, 54) ; CACCIALI M., « Le maintien des tarifs réglementés d'électricité et de gaz », *op.cit.*, pg. 275 ; NICINSKI S., *Droit public des affaires*, *op.cit.*, pg. 202.

[65] Conseil d'État, 19 juillet 2017, n° 370321, *Association nationale des opérateurs détaillants en énergie (ANODE)*, (pt. 15).

[66] CACCIALI M., « Le maintien des tarifs réglementés d'électricité et de gaz », *op.cit.*, pg. 275; LAMOUREUX M., *Droit de l'énergie*, Paris, LGDJ, 2e édition, 2022, pg. 338-346.

[67] Art. 63 de la loi n° 2019-1147 du 8 novembre 2019 relative à l'énergie et au climat, *JORF* n° 0261 du 9 novembre 2019, texte n° 1.

consommateurs finals domestiques, y compris les propriétaires uniques et les syndicats de copropriétaires d'un immeuble unique à usage d'habitation ; les consommateurs finals non domestiques qui emploient moins de dix personnes et dont le chiffre d'affaires annuel n'excède pas 2 millions d'euros[68]. Ces tarifs réglementés d'électricité peuvent être proposés uniquement par les opérateurs historiques (EDF, ELD) et non par les fournisseurs alternatifs, ces derniers n'offrant l'énergie qu'aux prix du marché. Pour les autres catégories de consommateurs, les opérateurs historiques offrent au prix du marché.

410. Certes, les tarifs réglementés de vente de l'énergie, dans les jurisprudences européenne et nationale, ont été considérés comme des « entraves à la concurrence » ; cependant, ils pouvaient aussi être synonymes de stabilité, prix raisonnable, sécurité de l'approvisionnement, universalité et base de référence pour les consommateurs en raison de leur faible volatilité et montant peu élevé[69]. Ils étaient ainsi justifiés en tant que moyens de réalisation des obligations de service public qui pouvaient être imposées aux entreprises énergétiques.

On se demande toutefois si le raisonnement suivi dans ces jurisprudences est encore valable et si les tarifs réglementés sont nécessaires pour réaliser les obligations de service public qui pèsent sur les fournisseurs. Les memoranda d'accord, qui ont imposé en Grèce la suppression de la réglementation des tarifs, empêchent-ils la réalisation des obligations de service public ? Les tarifs réglementés de vente sont-ils nécessaires au regard de l'évolution du secteur énergétique **(Sous-section II)** ?

Sous-section II :
Les tarifs réglementés de vente en tant qu'entrave non justifiée à la concurrence

411. Les tarifs réglementés de vente d'électricité en Grèce, même s'ils ont été adoptés pour assurer, en principe, la réalisation d'obligations de services publics, ont eu des effets distorsifs de concurrence disproportionnés. La rationalisation des tarifs était donc une nécessité et les memoranda d'accord ont identifié ce besoin **(I)**. Ils ont conçu cette rationalisation à travers la suppression de la réglementation des tarifs d'électricité envisagée en tant qu'entrave disproportionnée au bon fonctionnement de la concurrence **(II)**.

---

[68] Art. 64 de la loi n° 2019-1147, *ibidem*.

[69] BELOT M., « Tarification de l'énergie sur le marché réglementé et constitution du prix sur le marché dérégulé », *op.cit.*, pg. 17 ; MARCOU G., STAROPOLI C., « Tarifs réglementés ou concurrence ? Aspects juridiques et comportementaux », *op.cit.*, pg. 71 ; GRAND E., VEYRENC T., CHEVALIER J.-M., *L'Europe de l'électricité et du gaz : acteurs, marchés, régulations,* Paris, Economica, 2011, pg. 375.

I. La nécessité de rationalisation des tarifs de vente

412. En Grèce, les tarifs réglementés de vente d'électricité étaient fondés sur les coûts de l'opérateur historique DEI, qui, avant les mesures introduites par les memoranda d'accord, était une entreprise publique assurant toutes les activités de la chaîne énergétique ; tant sur le réseau à travers ses filiales[70] qu'en dehors de celui-ci, avec une position dominante sur les segments de la production et de la fourniture. Néanmoins, les prix finaux étaient fixés par les autorités publiques à un niveau qui ne couvrait pas les coûts de l'opérateur historique[71]. Il s'agissait d'une situation commune aux pays européens pâtissant de la crise économique où les montants des tarifs, afin de protéger les consommateurs, n'étaient pas suffisamment élevés ; une situation préjudiciable au marché que la Commission européenne a pu qualifier de *tariff deficit*[72].

413. La situation économique du fournisseur historique électrique grec a été aggravée pendant la crise économique. Plusieurs consommateurs ont été considérés comme « vulnérables » et susceptibles de bénéficier d'un montant réduit de leur facture par rapport à leur consommation réelle ; une mesure dont la charge supplémentaire créée pesait sur les consommateurs « non vulnérables » qui devaient compenser la tarification diminuée en faveur des consommateurs « vulnérables ». Cependant, certains consommateurs considérés comme « non vulnérables » n'étaient pas non plus toujours en position de régler leurs factures.

414. La fixation de prix au-dessous des coûts pouvait être pertinente à court terme pour les consommateurs finaux en permettant une amélioration de leur situation économique ; toutefois, sur le long terme, une telle pratique distortive de concurrence se fait au détriment de ceux-ci[73].

---

[70] Le gestionnaire du réseau de transport électrique, l'entreprise ADMIE, jusqu'à sa séparation patrimoniale (en 2016) étaient une filiale de l'opérateur historique DEI. Le gestionnaire du réseau de distribution, DEDDIE continue de faire partie de DEI, sa dissociation étant limitée à une dissociation légère, de nature juridique et fonctionnelle.

[71] SYNODINOS C., « Tarifs réglementés de fourniture d'électricité et droit communautaire » (« Ρυθμιζόμενα τιμολόγια στην προμήθεια ηλεκτρικής ενέργειας και κοινοτικό δίκαιο »), *E&D*, 8/2007, pg. 81-85, pg. 85.

[72] Dans son rapport de 2014, la Commission européenne constate que dans certains pays européens, notamment l'Espagne, le Portugal, la Grèce il y a une tendance à ce que les tarifs réglementés pour l'électricité soient fixés en dessous des coûts des opérateurs historiques. European Commission-European Economy, '*Electricity Tariff Deficit : Temporary or Permanent Problem in the EU?*', Economic Papers 534/October 2014, rédigé de: JOHANNESSON LINDEN A., KALANTZIS F., MAINCENT E., PIENKOWSKI J., pg. 1-68, pg. 18 ; disponible sur : http://ec.europa.eu/economy_finance/publications/economic_paper/2014/pdf/ecp534_en.pdf (consulté le 10/08/2022).

[73] Voir le rapport d'ACRE « *ACER/CEER-Annual report on the results of monitoring the internal electricity and natural gas markets in 2017-Electricity and gas retail markets volume* », 03/10/2018, pg. 1-35, pg. 25; disponible sur:

L'opérateur historique, qui ne pouvait couvrir tous ses coûts, est devenu une entreprise déficitaire. Il a dû procéder soit à des emprunts, soit à des subventions croisées à partir des recettes « sûres » des activités monopolistiques des réseaux pour couvrir les « pertes » des activités concurrentielles[74]. De cette manière, les gestionnaires de réseaux n'étaient pas non plus en position de réaliser une gestion efficace des réseaux.

415. En outre, des prix qui ne correspondaient pas à la réalité des coûts est une situation qui donna de mauvais signes aux consommateurs, leur faisant penser que l'électricité n'était pas chère ; une situation qui a conduit à une augmentation de la demande et, en conséquence, à celle de la production et donc des coûts[75]. Une tarification basse avait aussi posé la question de l'existence des aides d'État, au sens de l'article 107 TFUE[76], en faveur des clients industriels[77]. Il n'y a pas de doute sur le fait qu'une telle intervention

---

https://www.acer.europa.eu/Official_documents/Acts_of_the_Agency/Publication/ACER%20Market%20Monitoring%20Report%202017%20-%20Electricity%20and%20Gas%20Retail%20Markets%20Volume.pdf (consulté le 10/08/2022).

[74] ROKAS I., ROUSSOS A., STAMATI M., « La rationalisation des tarifs de vente d'électricité et leur harmonisation avec les règles impératives européennes et nationales » (« Ο εξορθολογισμός των τιμολογίων λιανικής πώλησης ηλεκτρικής ενέργειας και η εναρμόνισή τους με τους επιτακτικούς ευρωπαϊκούς και εθνικούς κανόνες »), *E&D*, 13 et 14/2010, pg. 30-44, pg. 34 ; CHATZIARGURIOU N., « Les nécessités d'une augmentation des tarifs de DEI » (« Οι αναγκαιότητες αύξησης των τιμολογίων της ΔΕΗ »), *E&D*, 10/2008, pg. 63-64, pg. 64.

[75] Les prix de l'électricité doivent refléter les coûts. Prenons un exemple étranger. En Argentine, en raison de la crise économique et financière au début des années 2000, les prix de l'électricité après 2002 étaient artificiellement très bas, ne couvrant pas les coûts des opérateurs, ce qui avait comme conséquence un accroissement de la demande. Cette augmentation de la demande n'était cependant pas accompagnée d'une augmentation de la production. Par conséquent les importations ont été augmentées de Bolivie (gaz naturel), du Quatar (GNL) et du Venezuela (fuel). La demande croissante et une offre faible ont provoqué des pics et des *blackouts*. Le Gouvernement argentin a octroyé des subventions aux entreprises et a contracté des emprunts à la Banque Mondiale, provoquant une instabilité macroéconomique. Puis, le Gouvernement a imposé un rationnement/limitation en utilisant l'énergie, ce qui a préjudicié à la croissance économique. Il a alors fallu trouver les moyens d'attirer les investisseurs privés pour la production d'électricité, afin d'absorber la demande croissante et d'éviter les dysfonctionnements. Pour ce faire, la rationalisation des tarifs dans le but de la couverture des coûts était nécessaire. Voir : BRAUN M., « Power cuts in Argentina: a crisis foretold », dans le journal de Buenos Aires *Herald.com* du 18 janvier 2014.

[76] Selon l'article 107 par. 1 TFUE : « *Sauf dérogations prévues par les traités, sont incompatibles avec le marché intérieur, dans la mesure où elles affectent les échanges entre États membres, les aides octroyées par les États ou au moyen de ressources d'État sous quelque forme que ce soit qui faussent ou qui menacent de fausser la concurrence en favorisant certaines entreprises ou certains productions* ».

[77] SYNODINOS C., « Droit de l'énergie et aides d'État » (« Δίκαιο ενέργειας και κρατικές ενισχύσεις »), *E&D*, 11/2009, pg. 57-64, pg. 62.

tarifaire décourageait de nouveaux fournisseurs à entrer sur le marché sachant que leurs coûts ne seraient pas entièrement couverts[78].

416. De plus, pendant la crise économique, l'État grec, afin d'augmenter ses recettes, a ajouté des taxes sur les factures d'électricité non liées avec l'énergie (comme c'était le cas de la taxe foncière) tandis que le législateur prévoyait qu'en cas de non-paiement par les consommateurs, il y aurait rupture d'électricité. Le Conseil d'État a cependant supprimé l'inclusion de cette taxe sur les factures d'électricité en considérant qu'elle était contraire au principe d'universalité d'électricité, à la vie digne des personnes et au droit de la propriété[79].

417. La rationalisation des tarifs de vente était nécessaire compte tenu de leur effets distorsifs de concurrence sur le marché. La rationalisation était conçue à travers leur suppression. Pour les memoranda d'accords, les tarifs réglementés de vente constituaient une entrave disproportionnée à la concurrence **(II)**.

II. Les tarifs réglementés de vente en tant qu'entrave disproportionnée à la concurrence

418. Les tarifs réglementés de vente ont été maintenus dans un premier temps dans les jurisprudences européenne et nationale à une époque où le segment de la fourniture était depuis peu ouvert à la concurrence (2007). Donc, pour une période transitoire, limitée dans le temps, les tarifs réglementés de vente pouvaient être admis. De plus, les marchés de gros des États membres fonctionnaient alors de manière non coordonnée et ces derniers, afin d'assurer que la volatilité des prix sur les marchés de gros ne soit pas transférée au marché de détail, fixaient des tarifs réglementés. L'intervention étatique et la limitation de la liberté d'entreprendre des fournisseurs étaient justifiées par un argument de protection des consommateurs contre des augmentations imprévues de prix.

419. En 2015, l'harmonisation du fonctionnement des marchés de gros a été envisagée à travers l'*European Target Model*. La Grèce a alors procédé, on l'a analysé, à l'adaptation de ses marchés de gros électrique et gazier en fonction de ce modèle. Dès lors, les échanges se sont multipliés dans le cadre de bourses pour l'électricité ou de nœuds (*hubs*) pour le gaz naturel. La multiplication des échanges entre les opérateurs, sur plusieurs temps (court et long terme), avant l'injection de l'électricité ou de gaz dans le réseau offre une plus grande prévisibilité, leur permettant de mieux gérer la volatilité des prix d'électricité. Les bourses d'électricité et les nœuds de gaz sont des

---

[78] GERADIN D., « L'ouverture à la concurrence des entreprises de réseau. Analyse des principaux enjeux du processus de libéralisation », *Cahiers de droit européen*, n° 1-2, 1999, pg. 13-48, pg. 34.

[79] Conseil d'État décision n° 1972/2012 (section plénière), 25/07/2012, (pt. 25).

mécanismes du marché qui, par nature, favorisent la participation de plusieurs opérateurs et la concurrence entre eux. Les marchés de gros se « couplent », autrement dit s'unifient, et les interconnexions se développent. Du *market coupling* peut résulter le *price coupling*.

La nouvelle configuration des marchés de gros pourrait préserver les consommateurs d'une volatilité des prix sur les marchés de gros. C'est la concurrence en amont et en aval qui engendrera un abaissement des prix pour les consommateurs. Ce sont les interconnexions qui garantiront la sécurité de l'approvisionnement et la cohésion sociale. En d'autres termes, c'est le marché lui-même qui assurera la réalisation des obligations de service public pesant sur les fournisseurs. L'intervention tarifaire de l'État sur les marchés de détail fixant les tarifs ne semble dès lors plus nécessaire afin d'assurer la réalisation des obligations de service public.

420. Comme l'a dit Marcel Boiteux, expert en matière de tarifs d'électricité en France, les tarifs réglementés de vente ne correspondent pas à la nature du marché d'électricité ; « *les tarifs sont faits pour dire les coûts, comme les horloges pour dire l'heure* »[80]. Les prix de l'électricité sont très volatiles et varient en fonction de l'heure, du jour, du mois… Plus la demande s'accroît, plus le prix s'élève. Une réglementation des tarifs annuels ne prend pas en compte toutes les variations éventuelles.

Selon l'expert, l'État ne peut être un bon régulateur en fixant les tarifs d'électricité pour une autre raison importante. Une bonne réglementation des prix d'électricité requiert une connaissance approfondie des mécanismes du marché[81]. La tarification de l'électricité (facturation du réseau, des interconnexions…) est une tâche très compliquée, même pour les entreprises du secteur[82]. Le régulateur étant extérieur au marché, comment pourrait-il détenir une connaissance satisfaisante des coûts[83] ? Il se base sur les coûts déclarés, corrects ou non, par les centrales de l'opérateur historique[84].

421. Quand le prix de vente est librement fixé par le marché, celui-ci n'échappe pas à tout contrôle. Des règles différentes s'appliquent cependant selon qu'il s'agisse de tarifs réglementés ou de tarifs libres : pour les tarifs réglementés, imposés par les pouvoirs publics, l'article 106 TFUE relatif aux

---

80 Audition de M. Marcel BOITEUX, ancien président d'honneur d'EDF devant l'Assemblée Nationale, Rapport n° 2618, enregistré à la Présidence de l'Assemblée nationale le 5 mars 2015, fait au nom de la Commission d'enquête sur les tarifs de l'électricité, pg. 186 ; disponible sur http://www.assemblee-nationale.fr/14/rap-enq/r2618.asp (consulté le 10/08/2022).

81 BOITEUX M., « Deux régulations », *Commentaire*, n° 133, printemps 2011, pg. 83-86, pg. 84.

82 *Ibidem*, pg. 85.

83 Selon Marcel Boiteux, le régulateur est victime de la dissymétrie de l'information qui le rend impuissant et il ne peut que se tromper quant à la fixation des prix d'électricité étant donné qu'il est extérieur à l'entreprise. BOITEUX M., « Évolution technologique ou pensées unique ? », *in* CHEVALIER J.-M., EKELAND I., FRISON-ROCHE M.-A., *L'idée du service public est-elle encore soutenable ?*, Paris, PUF, 1999, pg. 201-204, pg. 203 ; BOITEUX M., « Deux régulations », *op.cit.*, pg. 85.

84 BOITEUX M., « Deux régulations », *ibidem*

aides d'État s'applique[85]; pour les tarifs librement fixés, à l'initiative des parties, ce sont les articles 101 et 102 TFUE qui sont applicables, interdisant des prix anormalement bas[86] ou des prix excessifs[87]. Le régulateur peut aussi imposer certaines obligations à des entreprises qui détiennent des parts de marché importantes[88].

L'existence ou la possibilité d'un retour aux tarifs réglementés de vente pour les clients est susceptible d'entraver une véritable concurrence sur le marché, car les consommateurs ont l'habitude de préférer les tarifs réglementés de l'opérateur historique[89].

422. Conscient de cela, le Conseil d'État français, dans son arrêt du 18 mai 2018 *Société Engie et ANODE* portant sur les tarifs réglementés d'électricité, a admis, en premier lieu, que les tarifs réglementés constituaient une entrave à la directive de libéralisation 2009/72/CE[90]. Le

---

[85] S'agissant des tarifs réglementés imposés par l'État, c'est l'art. 106 TFUE relatif aux aides d'État qui s'applique ; non les art. 101 et 102 TFUE qui présupposent un comportement autonome de l'entreprise. Si les tarifs réglementés sont très élevés, cela pourrait constituer une aide en faveur de l'opérateur historique, considérant les coûts qui ont été pris en compte pour la fixation des tarifs. Si les tarifs sont très bas, en-dessous des coûts de l'opérateur historique, cela pourrait constituer une aide d'État en faveur des concurrents de l'opérateur historique. Dans les deux cas, des tarifs très élevés ou très bas, la législation nationale crée des distorsions à la concurrence, donc se trouve en contradiction avec les dispositions sur la libre circulation des marchandises de l'art. 34 TFUE. Voir : LEMAIRE C., *Énergie et concurrence. Recherches sur les mutations juridiques induites par la libéralisation des secteurs de l'électricité et du gaz naturel, op.cit.*, pg. 510 ; GENEVAZ S., « Libéralisation et réglementation des tarifs de l'électricité », *Concurrences*, 4-2009, pg. 22-24, pg. 22.

[86] Dans l'arrêt *AKZO* la Cour de Justice fait la distinction entre trois cas afin de vérifier si la fixation de prix par une entreprise dominante est abusive : a) des prix qui sont inférieurs à la moyenne des couts variables (c'est-à-dire de ceux qui varient en fonction des quantités produites) par lesquels une entreprise dominante cherche à éliminer un concurrent, doivent être considérés comme abusifs. Dans ce cas il y a une présomption d'abus automatique ; b) des prix inférieurs à la moyenne des coûts totaux, qui comprennent les coûts fixes et les coûts variables, mais supérieurs à la moyenne des coûts variables doivent être considérés comme abusifs lorsqu'ils sont fixés dans le cadre d'un plan ayant pour but d'éliminer un concurrent ; c) des prix supérieurs à ceux des concurrents, il n'y a pas d'abus. Pt. 70-72 de l'arrêt CJCE, C-62/86, *AKZO Chemie BV c/ Commission des Communautés européennes,* (5e chambre), 03/07/1991. LEMAIRE C., *Energie et concurrence. Recherches sur les mutations juridiques induites par la libéralisation des secteurs de l'électricité et du gaz naturel, op.cit.*, pg. 510.

[87] CJCE, aff. 27/76, *United Brands c/Commission des communautés européennes*, 14/02/1978, (pt. 250).

[88] La loi grecque n° 4001/2011 prévoit que l'autorité de régulation RAE peut imposer certaines obligations aux fournisseurs gaziers ayant des parts de marché importants, c'est-à-dire de plus de 40 %. Parmi de telles obligations figure l'imposition de prix maximaux (« caps ») pour les tarifs des clients éligibles. Pareillement, dans le secteur électrique, RAE peut imposer des mesures réglementaires aux fournisseurs électriques ayant des parts de marché importantes. V. art. 83 « *Fournisseurs avec part de marché élevé* » et art. 140 « *Tarifs généraux et règles de facturation* », par. 6 de la loi n° 4001/2011.

[89] COLSON J.-P., IDOUX P., *Droit public économique, op.cit.*, pg. 227.

[90] Conseil d'État, 18 mai 2018, n° 413688, n° 414656, *Société Engie et Association nationale des opérateurs détaillants en énergie (ANODE)*, (publié au Recueil Lebon).

juge a aussi constaté que la réglementation allait au-delà de ce qui est nécessaire pour atteindre l'objectif d'intérêt général de stabilité des prix et, pour cette raison, est incompatible avec la directive 2009/72/CE[91]. Finalement, le Conseil d'État a décidé d'annuler le décret ministériel contesté fixant les tarifs, mais uniquement pour le futur. Une annulation rétroactive du décret aurait, en effet, eu comme conséquence la remise en cause de la validité d'une trentaine de millions de contrats de fourniture conclus avec des tarifs réglementés[92].

423. Le quatrième paquet de libéralisation (*Clean Energy Package*), notamment la directive n° 2019/944 adoptée en juin 2019, plus explicite que les directives de 2009, a ouvert la voie pour la suppression des tarifs réglementés de vente d'électricité dans les États membres[93]. Le législateur européen a posé la règle selon laquelle les fournisseurs déterminent librement le prix de fourniture pour leurs clients et que l'intervention publique dans la fixation des prix de fourniture peut se réaliser uniquement pour les clients résidentiels vulnérables ou en situation de précarité énergétique et sous certaines conditions[94]. En effet, pour ces catégories de consommateurs, les interventions publiques « *a) poursuivent un objectif d'intérêt économique général et ne va pas au-delà de ce qui est nécessaire pour atteindre cet objectif d'intérêt général ; b) sont clairement définies, transparentes, non discriminatoires et vérifiables ; c) garantissent aux entreprises d'électricité de l'Union un égal accès aux clients ; d) sont limitées dans le temps et proportionnées en ce qui concerne leurs bénéficiaires ; e) n'entraînent pas de coûts supplémentaires pour les acteurs du marché d'une manière discriminatoire* »[95].

Par ailleurs, pour les clients résidentiels ou les microentreprises, qui ne sont pas considérés comme vulnérables ou en précarité énergétique, les États peuvent, selon la directive, maintenir des tarifs réglementés durant une période transitoire dans le respect des conditions présentées ci-dessus mais aussi d'autres critères énoncés dans la directive[96].

Les États sont toutefois obligés de présenter des rapports à la Commission européenne sur la nécessité et la proportionnalité des tarifs réglementés de fourniture ainsi que sur les progrès accomplis dans la mise en

---

91 BOITEAU C., GEOFFRON P., « Les tarifs réglementés de vente de l'électricité : enjeux et limites », Commentaire sur l'arrêt du Conseil d'État assemblée, 18 mai 2018, Société Engie et Association nationale des opérateurs détaillants en énergie (ANODE), n° 413688 et 414656, Lebon, *RFDA* n° 4, 2018, pg. 686-696, pg. 691.

92 *Ibidem*, pg. 692.

93 Art. 5 « *Prix de fourniture basés sur le marché* » de la directive n° 2019/944 du Parlement européen et du Conseil du 5 juin 2019 concernant des règles communes pour le marché intérieur de l'électricité et modifiant la directive 2012/27/UE, *JOUE* L 158/125 du 14/06/2019.

94 Art. 5, par. 1 et 3 de la directive n° 2019/944, *ibidem*

95 Art. 5, par. 4, *ibid.*

96 Art. 5, par. 6 et 7, *ibid.*

place d'une concurrence effective entre les fournisseurs[97]. La fin des tarifs réglementés pourrait être actée lors du réexamen de la directive n° 2019/944 prévu au plus tard le 31 décembre 2025[98].

Cette approche d'un prix de fourniture fondé sur le marché est reprise dans les propositions de la Commission pour un *Hydrogen and Decarbonised Gas Package* de 2021[99].

424. La suppression des tarifs réglementés de vente en Grèce, même si elle l'a été de manière brutale - sans période transitoire et imposée par les memoranda d'accord - était une mesure nécessaire étant donné les effets distorsifs de cette tarification sur le marché. L'intervention tarifaire de l'État, au nom des obligations de service public, ne semble plus nécessaire compte tenu de l'unification des marchés. Outre, la suppression des tarifs réglementés, d'autres mesures ont été adoptées pendant la crise économique visant l'ouverture totale du marché de détail à la concurrence **(Section II)**.

Section II :
L'ouverture totale du marché à la concurrence

425. La fourniture d'électricité a été ouverte à la concurrence au niveau européen à partir du 1er juillet 2007, mais cela n'était pas le cas pour l'ensemble des consommateurs en Grèce. Même après 2007, une partie des consommateurs ne pouvaient effectivement pas choisir (« élire ») librement leur fournisseur et étaient obligés d'être approvisionnés par les opérateurs historiques. L'établissement des « clients éligibles » est un élément crucial pour le fonctionnement de la concurrence sur le marché de détail. Une telle évolution pour l'ensemble des consommateurs ne s'est produite qu'en 2018 en Grèce **(Sous-section I)**.

Outre cette évolution importante, d'autres mesures complémentaires ont été adoptées dans le but de consolider la concurrence sur les marchés de détail **(Sous-section II)**.

---

[97] Art. 5, par. 9, *ibid.*

[98] Art. 5, par. 10, *ibid.*

[99] Art. 4 « *Prix de fourniture fondés sur le marché* » de la proposition de la Commission Européenne, COM (2021) 803 final, Bruxelles, le 15 décembre 2021, « *Proposition de directive du Parlement Européen et du Conseil concernant des règles communes pour les marchés intérieurs des gaz naturel et renouvelable et de l'hydrogène* ».

Sous-section I :
L'établissement des « *clients éligibles* »

426. En Grèce, il y avait deux catégories de clients non éligibles : les consommateurs des îles non interconnectées et les consommateurs de certaines régions approvisionnées en gaz naturel. C'est à partir de 2018 que ces clients sont devenus « *éligibles* », tant sur les îles non interconnectées **(I)** que dans les régions fournies en gaz naturel **(II)**.

I. L'établissement des « *clients éligibles* » sur les îles non interconnectées

427. Les îles non interconnectées ont bénéficié d'une dérogation octroyée par la Commission européenne quant à l'application de certaines dispositions de la directive 2009/72/CE[100]. Selon cette décision, les dispositions de la directive relatives à l'accès des tiers au réseau des îles, l'ouverture à la concurrence de la production et la fourniture n'étaient pas applicables. Ainsi, pour la production et la fourniture d'électricité sur ces îles, l'opérateur historique électrique DEI détenait un monopole. Cette dérogation devait être applicable, selon la décision de la Commission, jusqu'au 17 février 2019 pour le monopole de fourniture et le 1er janvier 2021 pour le monopole de production[101].

428. L'autorité de régulation a cependant pris l'initiative d'accélérer l'ouverture à la concurrence sur le segment de la fourniture des îles pour la consacrer avant les dates prévues dans la décision de la Commission européenne[102]. Cette ouverture a cependant été progressive : à partir de 2016, les consommateurs en Crète ont été considérés comme éligibles, c'est-à-dire aptes à choisir leur fournisseur ; en 2017, cela a été le cas de Rhodes ; puis en 2018, des consommateurs de toutes les îles. À la fin de 2018, on dénombrait 14 fournisseurs alternatifs sur les îles non interconnectées, à côté

---

[100] Décision de la Commission n° 536/2014/UE du 14 août 2014 accordant à la République hellénique une dérogation à certaines dispositions de la directive 2009/72/CE du Parlement européen et du Conseil, *JOUE* L 248/12 du 22/08/2014.

[101] Art. 2, par. 2 et art. 3 par. 6 de la décision de la Commission n° 536/2014/UE, *ibidem*.

[102] Décision de la RAE n° 908/2017 « *Désengagement de la totalité des îles non interconnectées de la dérogation quant à la fourniture d'électricité à partir du 01.01.2018 selon la décision n° 2014/536 de la Commission européenne et l'art. 137A/2017 par. 1 de la loi n° 4001/2011* », *JO* B 4461 du 19/12/2017. Voir aussi le rapport de la RAE pour la Commission européenne : « *National Report 2018. Regulation and performance of the electricity market and the natural gas market in Greece in 2017* », Athènes, décembre 2018, pg. 1-146.

de l'opérateur historique[103]. Toutefois, en 2018, malgré l'ouverture à la concurrence des îles, l'opérateur historique électrique a maintenu une part de marché de 93,30 % sur le marché de détail de ces dernières[104].

429. Jusqu'à l'ouverture à la concurrence, les clients étaient soumis aux tarifs réglementés basés sur les coûts de leur fournisseur unique, l'opérateur historique (DEI). Puis, à partir de 2018, tous les clients sur les îles ont pu choisir librement leur fournisseur et des tarifs libres. Après cette date, tous les consommateurs de Grèce, du continent et sur les îles, ont donc été considérés comme éligibles et approvisionnés suivant des tarifs libres. Les tarifs sont toutefois restés réglementés pour les consommateurs « vulnérables ».

430. Les directives de 2009 ont encore renforcé les droits des clients éligibles[105]. Tous les clients ont désormais le droit de se procurer leur électricité auprès du fournisseur de leur choix indépendamment de l'État dans lequel il est enregistré ; ils ont le droit de changer de fournisseur ; ils doivent être informés sur leur consommation, les coûts qui pèsent sur eux, l'exercice de leurs droits et les voies de règlement des litiges[106].

Outre les consommateurs des îles non interconnectées, une autre catégorie de consommateurs était non éligible : les consommateurs de gaz naturel dans certaines régions en Grèce **(II)**.

II. L'établissement des « *clients éligibles* » pour le gaz naturel

431. S'agissant du gaz naturel, il convient de faire une distinction entre les clients établis dans les régions qui étaient considérées comme marchés émergents **(A)** et les clients établis dans régions non considérées comme marchés émergents **(B)**. En effet, l'ouverture à la concurrence pour ces deux catégories de clients diffère.

A. Les « *clients éligibles* » sur les marchés gaziers émergents

432. On a déjà relevé que le marché gazier grec était considéré comme un « *marché émergent* » et certaines règles prévues dans la directive de libéralisation 2009/73/CE n'étaient pas applicables[107]. Cette exception concernait les trois régions qui étaient initialement approvisionnées avec du

---

[103] Regulatory Authority for Energy (RAE), « *National Report 2019. Regulation and performance of the electricity market and the natural gas market in Greece in 2018* », Athènes, décembre 2019, pg. 1-129, pg. 68.

[104] *Ibidem*, pg. 69.

[105] Art. 3 « *Obligation de service public et protection des consommateurs* » et Annexe I « *Mesures relatives à la protection des consommateurs* » de la directive 2009/72/CE.

[106] *Ibidem*. Pour le gaz voir aussi l'art. 3 « *Obligations de service public et protection des consommateurs* », par. 5 et Annexe I « *Mesures relatives à la protection des consommateurs* » de la directive 2009/73/CE.

[107] Art. 49 « *Marché émergents et isolés* », par. 8 de la directive 2009/73/CE.

gaz naturel : Attiki, Thessalie et Thessalonique[108]. L'exception concernait précisément trois catégories de règles relatives : à la dissociation du gestionnaire du réseau de distribution gazier de l'activité de fourniture ; à l'accès des tiers au réseau gazier ; à l'ouverture de la fourniture à la concurrence. Ce régime d'exception était prévu pour être applicable jusqu'en 2031 pour les régions de Thessalonique et Thessalie et jusqu'en 2030 pour la région d'Attiki[109]. Ainsi, selon cette dérogation les entreprises de fourniture pour ces régions, les EPA (EPA Attiki, EPA Thessalie, EPA Thessalonique), filiales de l'opérateur gazier DEPA, étaient aussi, dans le même temps, gestionnaires du réseau de distribution de gaz. Aussi, le segment de la fourniture n'étant pas ouvert à la concurrence et les consommateurs étaient approvisionnés exclusivement par l'opérateur historique à travers ses filiales sur la base des tarifs réglementés. L'accès au réseau d'opérateurs tiers n'était pas possible dans ces régions.

433. Toutefois les memoranda d'accord que la Grèce a signés ont eu pour conséquence d'accélérer l'ouverture à la concurrence du marché gazier grec[110], bien avant 2030/2031, dates initialement prévues. Les memoranda ont notamment prévu qu'à partir du 1er janvier 2016, aura lieu une dissociation comptable pour les activités gazières, c'est-à-dire des comptes séparés pour l'importation du gaz, le réseau de transport et le réseau de distribution et de fourniture de gaz. Puis, dès le 1er janvier 2017, la dissociation juridique et fonctionnelle du réseau de distribution gazier a été introduite s'agissant des entreprises fournissant le gaz aux consommateurs[111].

Le segment de la fourniture pour ces trois régions a connu une libéralisation progressive qui s'est achevée en 2018. Pour les clients industriels, ce segment a été ouvert dès 2017 et pour toutes les catégories de consommateurs, résidentiels inclus, ce segment a été ouvert à partir de 2018. Depuis lors, les clients choisissent librement leur fournisseur sans restrictions géographiques et les tarifs aussi sont libres[112]. De plus, les EPA sont obligés d'informer les clients de leur droit de changer de fournisseur[113].

---

[108] Voir aussi l'analyse : Partie I / Titre I / Chapitre II / Section II / Sous-section I.

[109] Décision ministérielle D1/18 887/2011, *JO* B 1521 du 13/11/2001 ; décision ministérielle D1/C/F7/11 818/2000, *JO* B 1087 du 31/08/2000 ; décision ministérielle D1/C/F7/11 819/2000, *JO* B 1086 du 31/08/2000.

[110] Loi n° 4336/2015, « *Accord de soutien de MES/Pensions/Affligés/Fiscal/Transpositions/Gaz naturel* », *JO* A 94 du 14/08/2015.

[111] On a aussi analysé que la loi n° 4602/2019 a introduit une dissociation patrimoniale du réseau de distribution gazier. Loi n° 4602/2019, « *Recherche, exploitation et gestion du géothermique dynamique du pays, création de l'autorité pour des recherches géologiques et miniers, dissociation de la propriété de réseau de distribution de gaz, et autres provisions* », *JO* A 45 du 09/03/2019.

[112] Art. 82 « *Clients éligibles* », par. 1 de la loi n° 4001/2011.

[113] *Ibidem*

À la fin de 2018, il y avait 21 fournisseurs de gaz naturel sur le marché grec[114].

Outre les clients des régions qui étaient considérées comme des marchés émergents, certains clients des régions hors ces marchés émergents sont aussi concernés **(B)**.

B. Les « *clients éligibles* » hors marchés gaziers émergents

434. En dehors des trois EPA (EPA Attiki, EPA Thessalie, EPA Thessalonique), c'est-à-dire pour les autres régions approvisionnées plus récemment avec du gaz naturel, notamment les régions de Corinthe, Macédoine, Thrace, Péloponnèse[115], les dérogations mentionnées ne s'appliquaient pas[116]. Pour ces régions, les dispositions des directives de libéralisation étaient donc applicables. Il n'y avait pas d'exclusivité de fourniture en faveur de l'opérateur historique mais une concurrence entre les fournisseurs. Les clients pouvaient ainsi librement choisir leur fournisseur, à partir de l'ouverture du segment de la fourniture à la concurrence en 2007, et les tarifs étaient librement fixés dans les contrats de fourniture par les opérateurs[117]. En outre, spécifiquement pour ces régions, à partir de 2008, les consommateurs industriels sont devenus éligibles et, à partir de 2009, les consommateurs résidentiels également[118].

435. La troisième directive de libéralisation a renforcé les droits des clients éligibles : avoir accès à des contrats de fourniture précis et possibilité de les dénoncer ; recevoir des informations sur les prix et les pratiques ; disposer d'un choix des modes de paiement ; possibilité de changer gratuitement de fournisseur ; avoir accès à un bon niveau de service et à un traitement des plaintes, être informés de leur consommation ; bénéficier de la mise en place de systèmes intelligents de mesure[119].

436. Outre l'établissement de « *clients éligibles* » sur les marchés de détail électrique et gazier, des mesures complémentaires ont été adoptées visant à y favoriser la concurrence **(Sous-section II)**.

---

[114] Regulatory Authority for Energy (RAE), « *National Report 2019. Regulation and performance of the electricity market and the natural gas market in Greece in 2018* », *op.cit.*, pg. 115.

[115] Art. 21 « *Entreprises de fourniture de gaz naturel* », par. 3 de la loi n° 3428/2005.

[116] Art. 82 relatif aux clients éligibles de la loi n° 4001/2011.

[117] *Ibidem*

[118] Art. 25 « *Clients éligibles* » de la loi n° 3428/2005 qui transpose le deuxième paquet de libéralisation, notamment la directive 2003/55/CE. V. loi n° 3428/2005, « *Libéralisation du marché de gaz naturel* », *JO* A 313 du 27/12/2005. FORTSAKIS T., *Energy Law in Greece*, Netherlands, Athens, ed. Kluwer Law International, Sakkoulas, 2009, pg. 73.

[119] Art. 45 « *Marchés de détail* » et annexe I « *Mesures relatives à la protection des consommateurs* » de la directive 2009/73/CE. V. aussi le « *Code de fourniture de gaz naturel aux clients* », *JO* B 1969 du 01/06/2018.

Sous-section II :
Des mesures complémentaires favorisant la concurrence

437. Des mesures complémentaires ont été adoptées visant à rendre le marché de fourniture plus concurrentiel. Dans ce but, des « *gas release programs* » ont été mis en œuvre sur le marché gazier **(I)**, tandis que sur le marché électrique a été supprimé un obstacle relatif à l'existence de plafonds cantonnant l'acquisition de parts de marché par les fournisseurs **(II)**.

I. Les « gas release programs »

438. À partir de 2013, l'opérateur historique gazier DEPA a dû vendre du gaz à ses concurrents à la suite d'une décision de l'Autorité de la Concurrence grecque. Plus spécifiquement, la décision n° 551/VII/2012[120] a sanctionné le gestionnaire du réseau de transport de gaz, l'entreprise DESFA, en le condamnant à payer une amende de 4 299 163 euros pour violation des règles de la concurrence, notamment pour abus de position dominante[121]. En effet, DESFA avait refusé l'accès aux installations de GNL à Revithoussa à une entreprise concurrente durant la période allant de novembre 2009 à mai 2010. À l'époque DESFA était une filiale de l'opérateur historique DEPA[122] et l'approvisionnement du gaz concernait les régions qui n'étaient pas considérées comme « *émergentes* », alors ouvertes à la concurrence. Le résultat de ce refus était que le concurrent de DEPA n'avait pas pu accéder au réseau (ici les installations de GNL) et n'avait donc pas pu approvisionner ses clients. Le refus d'accès n'était pas justifié pour des raisons objectives liées à la capacité du réseau. Par conséquent, DESFA a été sanctionné avec une amende et son entreprise mère DEPA a dû prendre des engagements, connus sous le nom de « *gas release programs* ».

439. La cession de gaz (*gas release*) implique « *la rétrocession par les opérateurs historiques, à leurs concurrents, d'une certaine quantité de leur approvisionnement (sous forme de contrats ou d'installations), à l'initiative des Etats ou des régulateurs, afin de permettre aux fournisseurs d'acquérir de nouvelles parts de marché* »[123]. Même si les directives de libéralisation ne

---

[120] Décision n° 551/VII/2012 de l'Autorité de la Concurrence (section plénière) du 12 novembre 2012, « *Décision sur la plainte de : a) de l'entreprise Alouminion contre les entreprises DESFA et DEPA devant RAE (décision 1175/2010), b) de l'entreprise Alouminion contre l'entreprise DEPA* », pg. 1-69.

[121] Art. 102 TFUE ; art. 2 « *Exploitation abusive de position dominante* » de la loi n° 3959/2011, « *Protection de la libre concurrence* », *JO* A 93 du 20/04/2011.

[122] Conformément à l'*ITO model* (Chapitre IV « *Gestionnaire de réseau de transport indépendant* » de la directive 2009/73/CE)

[123] CHATON C., GASMI F., GUILLERMINET M.-L., OVIEDO J., « Un instrument de court terme pour stimuler la concurrence : le gas release », *Revue économique*, vol. 59, n° 3, mai 2008, pg. 475-486, pg. 476 ; SABLIERE P., *Droit de l'énergie*, Paris, Dalloz, 2014, pg. 1593.

prévoient pas de procédure d'accès à la production/importation de gaz, de tels mécanismes ont souvent été mis en œuvre, sous la pression des autorités de la concurrence (nationales ou la Commission européenne) ou des régulateurs nationaux, comme un moyen de déconcentration du marché en amont et de renforcement de la concurrence sur le marché en aval[124].

Depuis la décision précitée de l'Autorité de la concurrence grecque, DEPA a ainsi adopté des programmes prévoyant la cession de parts du gaz naturel dans le cadre d'enchères sur une base trimestrielle et annuelle. A ainsi été offerte à des tiers opérateurs la possibilité de participer au marché de gros, d'accéder au réseau et de fournir du gaz[125]. Ces engagements ont une durée de 10 ans ; ils devraient donc s'appliquer jusqu'en 2023.

Toutefois DEPA Commerce a demandé la modification de la décision n° 551/VII/2012 de l'Autorité de la concurrence et des engagements consécutifs étant donné que le but des obligations imposées à l'entreprise a été atteint. Le marché gazier est devenu plus fluide avec l'entrée sur le marché de plusieurs opérateurs et une diminution de la part de marché de DEPA Commerce à un taux inférieur à 60 %. De plus, dans ses décisions n° 723/2020[126] et n° 737/2021[127], l'Autorité de la concurrence a accepté la demande de DEPA Commerce de mettre fin à ses obligations de cession de quantités de gaz naturel à ses concurrents par le biais d'enchères électroniques.

440. Outre ces programmes de « *gas release* » mis en place sur le marché gazier pour renforcer la concurrence, une autre mesure a été adoptée, à l'égard du marché électrique cette fois, visant à éliminer un obstacle à la concurrence : la suppression du plafonnement des parts de marché que les opérateurs pouvaient obtenir **(II)**.

---

[124] SABLIERE P., *ibidem*, pg. 1595.

[125] Regulatory Authority for Energy (RAE), « *2015 National Report to the European Commission (covering the period 01/01/2014-31/12/2014* », Athens, 15 october 2015, pg. 1-100, pg. 81.

[126] Décision n° 723/2020 de l'Autorité de la Concurrence du 21 décembre 2020, « *Décision de l'Autorité de la Concurrence à la demande de DEPA Commerce pour l'examen de l'engagement sous le numéro 3 pris par l'entreprise, conformément à la décision n° 551/VII/2012 de l'Autorité de la Concurrence, telle que modifiée et valable sur la base de ces décisions n° 589/2014, n° 596/2014, n° 618/2015, n° 631/2016, et n° 651/2017* », *JO* B 731 du 25/02/2021.

[127] Décision n° 737/2021 de l'Autorité de la Concurrence du 9 juin 2021, « *Décision à la demande de DEPA Commerce pour réexamen par l'Autorité de la Concurrence et la levée éventuelle des engagements prises en vertu de la décision n° 551/VII/2012, telle que modifiée et valable sur la base de ces décisions n° 589/2014, n° 596/2014, n° 618/2015, n° 631/2016, et n° 651/2017, n° 723/2020* », *JO* B 5728 du 10/12/2021.

II. La suppression du plafonnement des parts de marché détenues par les opérateurs

441. On l'a vu, la loi *NOME* grecque a prévu un taux maximal de détention de parts de marché pour les fournisseurs. Cette exigence n'existe pas dans la loi *NOME* française, qui a pourtant inspiré la loi *NOME* grecque. Cette dernière dispose, en effet, qu'après 2019, aucune entreprise ne pourra posséder plus de 50 % de parts de marché sur le marché de détail d'électricité en Grèce[128]. Le but de cette mesure était de limiter une concentration sur le marché d'électricité grec, où la position de l'opérateur historique DEI était centrale.

442. Une telle imposition nous paraît cependant critiquable et contradictoire. D'une part, les memoranda d'accord visaient au renforcement de la concurrence sur des marchés de détail libéralisés alors que, dans le même temps, en imposant cette loi, ils ont contribué à la mise en place d'un taux maximal de détention de parts de marché pour les opérateurs durant une période illimitée. Le premier perdant de cette mesure est l'opérateur historique DEI, auparavant hyper-dominant sur le marché électrique. Et si l'on tient compte des autres mesures imposées à son encontre sur d'autres segments de la chaîne électrique, telle la dissociation patrimoniale du réseau de transport qui auparavant lui appartenait, ou la cession obligatoire d'une partie de sa production en application de la loi *NOME*, on voit bien que l'on arrive progressivement à son démantèlement. Une telle mesure, en combinaison avec les autres mentionnées, conduiront à la disparition d'un opérateur clé sur le marché. S'agissant des opérateurs concurrents, la loi rend le marché d'électricité grec peu attirant et constitue une entrave à leur liberté d'offrir des services[129].

443. D'une part, une telle imposition prive les consommateurs de la possibilité de choisir librement leur fournisseur, une capacité qui est l'essence du pouvoir d'éligibilité des clients dont on a parlé.

De plus, une telle imposition est contraire au droit de l'Union européenne, notamment l'article 102 TFUE. Ce dernier n'empêche pas la domination d'une entreprise sur le marché, qui peut être le résultat de ses mérites et actions efficaces, mais ce qui est interdit est l'abus de cette position dominante[130].

---

[128] Art. 135 « *Enchères de vente des produits à terme d'électricité avec livraison physique* », par. 1 de la loi n° 4389/2016, « *Dispositions urgentes pour l'application de l'accord relatif à des objectifs budgétaires et des réformes structurelles et d'autres dispositions* », *JO* A 94 du 27/05/2016.

[129] Art. 56-62 TFUE relatifs à la libre prestation des services.

[130] CJCE, aff. 85/76, *Hoffmann-La Roche &Co c/ Commission européenne*, 13/02/1979.

Le plafonnement des parts détenues par un opérateur sur le marché de détail semble donc bien constituer une limitation à une liberté fondamentale, celle de la libre circulation des marchandises[131]. Une telle restriction sans limite temporelle est en tout cas disproportionnée.

444. Le plafonnement des parts de marché sur le marché de détail d'électricité a été supprimé en novembre 2019[132]. Donc, les entreprises énergétiques peuvent désormais librement obtenir des parts de marché et les consommateurs choisir leur fournisseur.

---

[131] Art. 34 TFUE.

[132] Art. 1 « *Suppression des enchères NOME* » de l'acte de contenu législatif « *Dispositions très urgentes de compétence du Ministre de l'environnement et de l'énergie ; des affaires intérieures ; des finances et ; de la santé* », *JO* A 145 du 30/09/2019. Cet acte a été ratifiée avec la loi n° 4638/2019, « *Ratification de : a) l'acte de contenu législatif du 25/09/2019 "Urgente disposition pour l'exemption de l'obligation de paiement d'impôt d'habitation (A 142), b) l'acte de contenu législatif du 30/09/2019 'Dispositions très urgentes de compétence du Ministre de l'environnement et de l'énergie ; des affaires intérieures ; des finances et ; de la santé' (A 145), c) l'acte de contenu législatif du 04/10/2019 'Dispositions très urgentes de la compétence du ministère de la santé et autres dispositions' (A 150)"*, *JO* A 181 du 18/11/2019.

Conclusion du chapitre II

445. Les mesures adoptées pour le marché énergétique en aval, pendant la crise économique en Grèce, ont été déterminantes. La mesure la plus importante a été la suppression des tarifs réglementés de vente d'électricité.

Les États, face au silence des directives de 2009, continuaient de fixer des prix de fourniture de vente d'énergie, même après la libéralisation du segment de fourniture en 2007. Cette réglementation tarifaire, bien qu'elle constituât une entrave à la concurrence, était justifiée par les États comme un moyen nécessaire de réaliser les obligations de service public pesant sur les fournisseurs telles que la stabilité des prix ou la sécurité de l'approvisionnement.

446. Or, en Grèce, les tarifs réglementés d'électricité avaient créé des effets distorsifs sur le marché, dans une mesure disproportionnée étant donné que les tarifs étaient fixés au-dessous des coûts de l'opérateur historique. Une rationalisation des tarifs de vente a donc été nécessaire. Les memoranda d'accord ont considéré ce besoin et imposé la suppression des tarifs réglementés de vente d'électricité à partir de 2013, sauf pour les clients « vulnérables » et les clients des îles non interconnectées, jusqu'à leur interconnexion avec le réseau continental.

447. Les memoranda d'accord ont imposé en Grèce, de manière brutale, la suppression des tarifs réglementés, sans période transitoire, adoptant ainsi une lecture restrictive des directives européennes. Ce faisant, ils ont en réalité repris l'essence de la libéralisation européenne : limiter les interventions étatiques sur un marché libéralisé.

448. Les marchés se « couplent » avec l'*European Target Model* et de nouveaux instruments ont été mis à disposition des opérateurs. Par ailleurs, les interconnexions énergétiques se sont développées. Face à ces évolutions, l'intervention étatique en matière tarifaire crée des obstacles non justifiés au nom des obligations de service public. Or, le marché lui-même pourrait assurer les obligations de service public qui pèsent sur les fournisseurs.

449. Les tarifs réglementés n'étaient toutefois pas le seul obstacle à la concurrence sur le marché énergétique de détail. Des mesures visant l'ouverture totale du marché ont été envisagées. Ce n'est qu'à partir de 2018 que les clients des îles non interconnectées et tous les clients de gaz naturel ont été considérés comme « *éligibles* » et ont donc pu librement choisir leur fournisseur. C'est à partir de 2018 que les tarifs du gaz ont aussi pu être librement déterminés.

450. De plus, des mesures complémentaires ont été introduites visant à renforcer la concurrence sur les marchés de détail électrique et gazier. En effet, des programmes de « *gas release* » ont permis l'accès au marché gazier à des opérateurs autres que l'opérateur historique. Par ailleurs, sur le marché électrique, il a été décidé la suppression du plafonnement d'acquisition de parts de marché par les opérateurs. Désormais, les fournisseurs peuvent donc acquérir les parts de marché sans limitation de leur nombre.

451. En conclusion, les obstacles qui persistaient sur le marché en aval, tant pour l'électricité que pour le gaz, ont été éliminés avec les mesures prises durant la crise économique rendant ainsi le marché grec plus concurrentiel.

Conclusion du titre II

452. Pendant longtemps en Grèce et en dépit du mouvement de libéralisation lancé au niveau européen, les segments hors réseaux, en amont comme en aval, n'ont pas été ouverts à la concurrence. Les mutations connues par ces activités pendant la crise économique, en application des memoranda d'accord et sous l'effet de la législation de l'Union européenne, sont-elles été cruciales.

453. Quant aux activités en amont, des mesures de réorganisation de la production d'électricité ont été adoptées. La sanction de l'accès privilégié de l'opérateur historique électrique aux gisements de lignite par la Cour de justice de l'Union européenne, sur le fondement des articles 102 et 106 TFUE, a conduit à l'adoption de la loi grecque *NOME* en 2016 (sur le modèle de la loi homonyme française) qui a octroyé à des concurrents de l'opérateur historique le droit de prendre en charge une partie de la production jusqu'alors entièrement assurée par ce dernier.

454. Par ailleurs, afin de pouvoir garantir qu'une augmentation du nombre des opérateurs producteurs, consécutive à l'ouverture à la concurrence, permette effectivement de couvrir la demande, deux mécanismes ont été introduits visant la stabilité et l'équilibre du réseau électrique : le mécanisme d'interruptibilité et le mécanisme de flexibilité.

455. S'agissant du gaz, une diversification des sources d'approvisionnement a été encouragée à travers, notamment, la création de plusieurs interconnexions internationales tels les gazoducs *TAP*, *IGB*, *IGI Poseidon*, *Eastmed*. Sont aussi promus et développés des projets d'exploitation des ressources en hydrocarbures présentes sur le territoire grec.

456. D'autre part, depuis 2015, l'européanisation des marchés de gros d'électricité et de gaz à travers l'*European Target Model* est envisagée. Ce modèle instaure une multiplication des échanges parmi les opérateurs, selon plusieurs temps, à long et à court terme, avant l'entrée sur les réseaux électrique et gazier. De plus, des enceintes communes pour ces échanges ont été mises en place, notamment des bourses d'électricité et des *hubs* pour le gaz. Ainsi, le *Hellenic Energy Exchange S.A.* pour l'électricité et un « *Virtual trading hub* » pour le gaz ont été créés en 2018.

Le fonctionnement des marchés à long terme pour l'électricité a commencé en mars 2020 et celui des marchés d'électricité spot en novembre 2020. Par ailleurs, en 2022, a été décidé l'insertion des marchés spot de gaz naturel dans le *Hellenic Energy Exchange*.

457. De tels dispositifs sont appropriés pour transformer le marché énergétique grec en marché concurrentiel. Les barrières à l'entrée du réseau ont été éliminées pour les opérateurs et un cadre régulatrice organisé et européanisé a été adopté permettant une plus grande confiance de ces derniers. En outre, la création de points d'échange pour l'électricité et le gaz peuvent conduire à ce que le pays devienne un nœud énergétique important au sud-est de l'Europe. La concurrence peut également renforcer la sécurité en approvisionnement, réduire le coût de l'énergie et, *in fine*, bénéficier aux consommateurs.

458. Quant aux marchés en aval des réseaux, la suppression des tarifs réglementés de vente pour l'électricité en 2013 et pour le gaz en 2018, sauf pour les clients vulnérables, est la mesure la plus radicale à avoir été imposée par les memoranda d'accord. Or, une telle suppression relève d'une lecture restrictive des directives européennes de libéralisation, les tarifs réglementés ayant effectivement été maintenus dans les autres États membres. Selon la jurisprudence européenne elle-même, la fixation de tarifs constituait, dans un premier temps, un moyen de garantir la réalisation des obligations de service public qui reposent sur les opérateurs. Toutefois, avec l'évolution du marché énergétique, l'intervention étatique pour la fixation des tarifs ne semble plus nécessaire, à notre avis, pour assurer l'effectivité des obligations de service public.

Ainsi, la suppression des tarifs réglementés de vente constitue une mesure positive pour le marché énergétique grec dans la mesure où l'intervention étatique engendre des effets distorsifs de concurrence. De plus, la suppression des tarifs réglementés de vente sera désormais aussi une réalité pour les autres États membres puisque le quatrième « paquet de l'énergie » (*Clean Energy Package*), adopté en 2019, ainsi que les propositions de la Commission pour un *Hydrogen and Decarbonised Gas Package* de 2021 prévoient de manière expresse leur aménagement, puis la fixation de tarifs libres au plus tard en 2025.

459. En outre, concernant les marchés de détail, les memoranda d'accord ont accéléré l'ouverture de certains marchés à la concurrence. Tel a été le cas du marché du gaz naturel, un marché émergent en Grèce, pour lequel ce n'est qu'à partir de 2018 que les clients sont devenus éligibles et ont donc pu choisir librement leur fournisseur gazier. La même année, les consommateurs des îles non interconnectées ont pu aussi librement choisir leur fournisseur électrique et ainsi ne pas être obligatoirement approvisionnés par le fournisseur historique.

460. Toutefois, le fait que les memoranda aient imposé une participation bornée dans cet environnement libéralisé est critiquable. En effet, la participation sur le marché électrique a été plafonnée à 50 % pour une durée illimitée ; une mesure qui constituait une restriction disproportionnée à l'exercice des libertés fondamentales telle la libre circulation du bien de l'électricité. Ce plafonnement a cependant été supprimé en 2019.

461. En conclusion, des mesures fondamentales ont effectivement été adoptées pendant la crise économique à l'égard des activités énergétiques hors réseaux, en amont et en aval. Elles ont visé à restructurer les marchés et à consolider les conditions de développement de la concurrence dans un cadre européanisé.

Conclusion de la partie I

462. Le passage d'un système monopolistique à des marchés concurrentiels dans le cadre de la libéralisation européenne repose sur l'idée selon laquelle la concurrence est plus à même de satisfaire les besoins des consommateurs[1]. Il y a plus de vingt ans, au moment du déclenchement du processus de libéralisation européenne dans le secteur de l'énergie, les marchés électrique et gazier en Grèce étaient caractérisés par des rigidités. Ils ont pendant longtemps été dominés par les opérateurs historiques, entreprises verticalement intégrées, qui contrôlaient tous les segments de la chaîne énergétique - production, réseaux de transport et de distribution, fourniture - en disposant de droits monopolistiques *de facto* et *de jure* qui empêchaient l'entrée de nouveaux opérateurs sur le marché.

463. Pendant la crise économique en Grèce, durant la période 2009-2018, les trois memoranda d'accord signés par le pays avec la *Troïka* ont envisagé des réformes majeures dans le domaine de l'énergie. Ces accords, reprenant les directives de libéralisation 2009/72/CE et 2009/73/CE, ont visé à changer la structure du marché énergétique en imposant un découplage des chaînes électrique et gazière entre les activités monopolistiques de réseau et les activités concurrentielles hors réseaux. Les principaux objectifs de ces mesures étaient de séparer les réseaux et de renforcer la concurrence hors réseaux.

464. Quant aux réseaux, les memoranda ont voulu une dissociation effective des réseaux de transport électrique et gazier des activités concurrentielles hors réseaux ; une différenciation qui a pris la forme d'une séparation patrimoniale. Il a effectivement été considéré que dissocier la propriété du gestionnaire de réseau de transport en le détachant des entreprises verticales qui contrôlaient la production et fourniture était préférable. Le gestionnaire du réseau se retrouvait alors dans une meilleure position pour accomplir les tâches liées au réseau telles que la promotion et la gestion des interconnexions, la préservation de l'équilibre du réseau, ou encore l'assurance d'un accès à celui-ci de manière neutre et non discriminatoire pour tous les opérateurs intéressés.

---

[1] THIRION N., « Des rapports entre le marché et la puissance publique : de l'État providence à l'État régulateur », *in* THIRION N. (dir.), *Crise et droit économique*, Bruxelles, Larcier, 2014, pg. 237-257, pg. 239.

465. Concernant les réseaux de distribution électrique et gazier, leur différenciation des activités hors réseaux est restée modérée, prenant la forme d'une séparation juridique et fonctionnelle. Le gestionnaire du réseau de distribution d'électricité et de gaz reste ainsi une filiale des entreprises verticales. Toutefois, mentionnons que pour le réseau de distribution gazier, un régime mixte de dissociation a été prévu en Grèce à partir de 2019 : une dissociation juridique et fonctionnelle et une dissociation patrimoniale pour les acquisitions qui ont eu lieu après 2019.

466. S'agissant surtout du marché gazier, les memoranda d'accord ont conduit à une évolution rapide. La Grèce était un marché émergent, exempté des dispositions de la directive de libéralisation 2009/73/CE ; il n'y avait donc pas de dissociation entre les activités gazières et l'opérateur historique gazier jouissait de droits exclusifs. Puis, de 2016 à 2019, les memoranda ont successivement imposé : une dissociation comptable, une dissociation juridique et fonctionnelle du réseau de distribution pour le segment de fourniture, l'établissement de clients éligibles à la fourniture de gaz, une dissociation patrimoniale du réseau de distribution gazier.

467. De nos jours, les marchés électrique et gazier en Grèce sont en voie de développement à travers la multiplication d'interconnexions extérieures et intérieures. S'agissant de l'expansion vers l'extérieur, l'illustrent en particulier : l'interconnexion électrique *EuroAsia Interconnector* (Grèce-Chypre-Israël) ; les interconnexions gazières avec le gazoduc *TAP* qui importe en Grèce du gaz azerbaidjanais ; le gazoduc *IGB* (Grèce-Bulgarie) qui est une nouvelle voie d'importation du gaz russe ; le gazoduc *IGI Poseidon* (interconnexion entre la Grèce et l'Italie) ; le gazoduc *Eastmed* (Grèce-Chypre-Israël) pour l'exploitation des hydrocarbures de la mer Méditerranée. En effet, des réseaux bien interconnectés et étendus favorisent la concurrence et les échanges entre les États membres et promeuvent l'approfondissement d'un marché intérieur européen de l'énergie.

468. Les interconnexions à l'intérieur du pays visent le développement du réseau de gaz dans plusieurs régions et l'interconnexion électrique des îles non interconnectées avec le réseau continental. Les îles non interconnectées jouissaient d'une exemption à la directive de libéralisation 2009/72/CE : ces marchés n'étaient pas ouverts à la concurrence et l'opérateur historique électrique disposait de droits exclusifs de fourniture. Le marché électrique dans l'ensemble des îles a cependant été ouvert à la concurrence en 2018.

469. Concernant les activités sur la chaîne énergétique hors réseaux, en amont et en aval de ceux-ci, ces segments devaient être libéralisées au niveau européen mais des distorsions persistaient sur le marché grec. Les memoranda d'accord ont donc voulu consolider la concurrence en leur sein.

470. Pour les segments en amont des réseaux, s'agissant des marchés de gros, l'*European Target Model* a été adopté en 2015 en apportant des réformes importantes : les échanges se multiplient et se réalisent tant à long terme qu'à court terme avant l'injection de l'énergie dans le réseau ; des bourses d'électricité ont été institutionnalisées et le *Hellenic Energy Exchange* a été créé ; des nœuds de gaz naturel, sous la forme de « *Virtual Trading Points* », ont aussi été développés.

De plus, sur les marchés en amont, la loi *NOME* a octroyé aux concurrents de l'opérateur historique électrique la possibilité d'accéder aux gisements de lignite. En outre, des programmes similaires de « *gas release* » par l'opérateur historique gazier au bénéfice de ses concurrents ont été mis en œuvre et une diversification des sources d'approvisionnement en gaz naturel a été promue à travers les interconnexions précitées. Mentionnons également le développement de projets pour l'exploitation d'hydrocarbures grecques.

Les échanges de gros gaziers à court terme se sont multipliés et, à partir de 2022, peuvent se réaliser au sein de l'*Hellenic Energy Exchange*.

471. Concernant les marchés en aval des réseaux, leur européanisation a également été envisagée avec la suppression des tarifs réglementés de vente pour tous les consommateurs, sauf ceux qui sont vulnérables. De plus, à partir de 2018, tous les clients en Grèce sont devenus éligibles, notamment les clients des îles non interconnectées et les consommateurs de gaz naturel sur le continent. Ils peuvent ainsi désormais librement choisir leur fournisseur électrique et gazier.

472. Les mesures introduites par les memoranda d'accord sur le marché énergétique grec peuvent éliminer un certain nombre des problèmes que connaît celui-ci. Les monopoles *de jure* ou *de facto* des opérateurs historiques ont pris fin en 2018. La verticalité des opérateurs historiques aussi ; ceux-ci se trouvent désormais dans la même position que leurs concurrents. La libéralisation du marché gazier et des îles non interconnectées a été accélérée. Ainsi, le marché de l'énergie grec s'européanise de plus en plus en s'émancipant des interventions étatiques qui créaient des distorsions à la concurrence non justifiées.

473. Par ailleurs, la position géographique de la Grèce, au sud-est de l'Europe, fait d'elle un passage reliant trois continents. Le pays envisage ainsi dans les années à venir de devenir un nœud énergétique majeur : un producteur en gaz naturel ; un nœud pour les échanges boursiers d'électricité et de gaz naturel ; un passage pour le transfert d'électricité et de gaz vers les pays européens en renforçant ce faisant la sécurité en approvisionnement de ceux-ci[2]. Enfin, un marché énergétique concurrentiel et fluide réduit le coût de l'énergie en permettant aux consommateurs de bénéficier effectivement de ce bien, promeut la compétitivité des entreprises, encourage la création d'emplois et fait circuler l'économie.

474. Les mesures adoptées en Grèce en application des memoranda d'accord sont prévues dans les directives de libéralisation de l'énergie de 2009. Ces documents ont toutefois retenu une lecture restrictive de ces directives : la

---

[2] Rapport annuel de l'Institut de l'énergie du Sud-est de l'Europe : « *Le secteur énergétique grec* », fevrier 2019, pg. 1-184 ; disponible sur :
https://www.iene.gr/articlefiles/file/meletes/iene-meleti-2019.pdf (consulté le 10/08/2022).

dissociation patrimoniale du réseau de transport, la loi *NOME*, la suppression des tarifs réglementés sont des mesures qui ont été dictées à la Grèce par la *Troïka*, dans un contexte de crise économique, en tant que conditions pour recevoir des prêts. Le législateur grec a ainsi été privé du choix des mesures laissées par les directives européennes aux autres États membres. Et il ne s'agit pas du seul exemple de différence de traitement. On en analysera d'autres dans la deuxième partie de notre travail.

475. Malgré l'absence d'initiative ou d'action du législateur grec et le fait que la libéralisation de l'énergie en Grèce a été réalisée à travers des memoranda d'accord, les mesures introduites vont vers la bonne direction étant donné qu'elles ont permis la création de marchés concurrentiels de l'énergie. Le législateur grec n'aurait pas eu le courage politique de prendre lui-même de telles mesures. Cependant, de telles mesures pourraient devenir obligatoires dans toute l'Union européenne à travers les futurs « paquets de l'énergie » ; ceci est déjà le cas pour la suppression progressive des tarifs réglementés de vente prévue dans le *Clean Energy Package* adopté en 2019 et dans les propositions de la Commission pour un *Hydrogen and Decarbonised Gas Package* de 2021.

Dès lors, même si de telles réformes ont constitué une transformation « brutale » du marché énergétique grec, de notre point de vue, elles ont finalement été nécessaires et donc bienvenues.

476. Les mutations structurelles de la chaine énergétique, électrique comme gazière, grecque ont été suivies de mutations fonctionnelles. Une nouvelle régulation devait accompagner les changements introduits sur la chaîne énergétique. Sans doute, dans le cadre de cette nouvelle architecture du marché énergétique grec, un contrôle fort des autorités de régulation sera essentiel, en coopération avec leurs homologues européens, afin d'assurer la transparence et le bon fonctionnement de celui.

Le rôle traditionnel de l'État, en tant qu'offreur de services sur le marché, a été substitué par un rôle de contrôleur. L'État se voit obligé à de plus en plus privatiser. Dans ce contexte, le régulateur énergétique joue un rôle déterminant et doit adapter les instruments à sa disposition afin de remplir un double objectif : le renforcement de la concurrence et la préservation de l'intérêt général. La régulation voit ainsi son contenu évoluer sur un marché en mutation de surcroît caractérisé par une crise économique comme c'est le cas de la Grèce. Dans la suite de notre analyse, on examinera en détail les transformations fonctionnelles connues par le marché énergétique grec qui ont été voulues par les memoranda d'accord en accompagnement des modifications structurelles de la chaîne énergétique **(Partie II)**.

Index alphabétique

(Les chiffres renvoient aux paragraphes)

J. - K. -

L.

M.

N.

O.

P.

Table des matières

Structures éditoriales du groupe L'Harmattan

L'Harmattan Italie
Via degli Artisti, 15
10124 Torino
harmattan.italia@gmail.com

L'Harmattan Hongrie
Kossuth l. u. 14-16.
1053 Budapest
harmattan@harmattan.hu

L'Harmattan Sénégal
10 VDN en face Mermoz
BP 45034 Dakar-Fann
senharmattan@gmail.com

L'Harmattan Cameroun
TSINGA/FECAFOOT
BP 11486 Yaoundé
inkoukam@gmail.com

L'Harmattan Burkina Faso
Achille Somé – tengnule@hotmail.fr

L'Harmattan Guinée
Almamya, rue KA 028 OKB Agency
BP 3470 Conakry
harmattanguinee@yahoo.fr

L'Harmattan RDC
185, avenue Nyangwe
Commune de Lingwala – Kinshasa
matangilamusadila@yahoo.fr

L'Harmattan Congo
219, avenue Nelson Mandela
BP 2874 Brazzaville
harmattan.congo@yahoo.fr

L'Harmattan Mali
ACI 2000 - Immeuble Mgr Jean Marie Cisse
Bureau 10
BP 145 Bamako-Mali
mali@harmattan.fr

L'Harmattan Togo
Djidjole – Lomé
Maison Amela
face EPP BATOME
ddamela@aol.com

L'Harmattan Côte d'Ivoire
Résidence Karl – Cité des Arts
Abidjan-Cocody
03 BP 1588 Abidjan
espace_harmattan.ci@hotmail.fr

Nos librairies en France

Librairie internationale
16, rue des Écoles
75005 Paris
librairie.internationale@harmattan.fr
01 40 46 79 11
www.librairieharmattan.com

Librairie des savoirs
21, rue des Écoles
75005 Paris
librairie.sh@harmattan.fr
01 46 34 13 71
www.librairieharmattansh.com

Librairie Le Lucernaire
53, rue Notre-Dame-des-Champs
75006 Paris
librairie@lucernaire.fr
01 42 22 67 13

www.ingramcontent.com/pod-product-compliance
Lightning Source LLC
LaVergne TN
LVHW011313061026
849535LV00005B/1531

* 9 7 8 2 1 4 0 3 1 3 5 5 4 *